JN241951

特殊化学設備取扱者
安全必携

特別教育用テキスト

中央労働災害防止協会

序

わが国の化学工業は、昭和30年代から40年代にかけての石油化学技術の導入を契機として急速に発展したが、この間、重大な爆発・火災事故が発生したこともあった。その後、第1次、第2次のオイルショックを経て、化学プラントについて、省エネルギー化、省力化、高度化、コンピューター制御化等が進められるとともに、ファインケミカル化指向にも著しいものがあり、これに伴うバッチプロセスのプラントにおいて爆発・火災事故の発生が見られた。さらには、近年、石油コンビナート等における事故は減少傾向になく、多数の死傷者を伴う深刻な爆発事故も発生している。こうした重大事故は、緊急シャットダウンやスタートアップ、設備の保守作業中などの「非定常作業」で発生しているケースが多く、その原因・背景には、リスクアセスメントが不十分であることや人材育成・技術伝承の不足等の問題がある。このため、石油コンビナート等の事業者に対して、重大事故に係る問題解決に向けた取組み、事故災害の再発防止対策の徹底等が求められている。

このような状況において化学プラントの爆発・火災事故を防止するため、これらの取扱い、整備および修理にたずさわる作業者に対する安全教育の確実な実施について、国から関係者に強く求められてきた。化学プラントの態様が急速に変化しつつある最近の状勢を考えるとき、今後ますますこの種の教育の的確な実施が必要となってきている。特に化学プラントの中でも、危険性の高い特殊化学設備については、その取扱い、整備および修理の業務に従事する作業者は労働安全衛生法に基づき定められた規程に則った特別の教育を受けた者でなければならないこととされている。本書は、この特別教育用のテキストとして現場作業者向きに編集されたものである。

今般、最新の法令や知見に基づいた見直しを行った。本書が広く活用されて化学プラントの安全な取扱いの一助となれば幸いである。

平成30年7月

中央労働災害防止協会

特殊化学設備の取扱い、整備及び修理の業務に係る特別教育

【学科】

科　　目	範　　囲	時　間
危険物及び化学反応に関する知識	危険物の種類、性状及び危険性　化学反応の概要　発熱反応等の危険性	3時間
特殊化学設備、特殊化学設備の配管及び特殊化学設備の附属設備（以下「特殊化学設備等」という。）の構造に関する知識	特殊化学設備の種類及び構造　計測装置、制御装置、安全装置等の構造　特殊化学設備用材料	3時間
特殊化学設備等の取扱いの方法に関する知識	使用開始時の取扱い方法　使用中の取扱い方法　使用休止時の取扱い方法　点検及び検査の方法　停電時等の異常時における応急の処置	3時間
特殊化学設備等の整備及び修理の方法に関する知識	整備及び修理の手順　通風及び換気　保護具の着用　ガス検知	3時間
関　係　法　令	法、令、安衛則及びボイラー及び圧力容器安全規則（昭和47年労働省令第33号）中の関係条項	1時間

【実技】

特殊化学設備の整備又は修理の業務のみを行う者については、実技教育は、行うことを要しないものとする。

1　特殊化学設備等の取扱い　10時間

2　特殊化学設備等の整備及び修理　5時間

目　次

第 1 章

危険物および化学反応に関する知識

ポイント

■ この章では、危険物および化学反応に関する知識を得る。

■ 危険物の種類や性状、および危険性について学習する。

■ また、化学反応の概要とリスクアセスメントの実施について学ぶ。

化学工場においては、原材料、製品として多くの種類の化学物質が使用され、製造工程も多様であり、一般的にその特徴としては、次のような点が挙げられる。

① 物の化学的性質を利用すること。

② 潜在エネルギーが大きいこと。

③ 原材料、製品を設備と配管で結んで取り扱い、コンビナートでは他の事業場との需給が行われること。

④ 連続運転が多いこと。

⑤ 計測や量、流速、圧力等の調整は自動計装によるところが多いこと。

⑥ 原材料、製品に多くの危険物、有害物および反応性、腐食性の強い物質が取り扱われていること。

そのため、化学工場では、他の種類の工場と比較すると、設備、取扱物質、安全管理面などに大きな差異がある。たとえば、操作ミスの場合、機械工場などでは、不良品ができる程度ですむことが多いが、化学工場では、それが要因となって異常反応などをひき起こして大事故につながることがしばしばある。

また、メンテナンスの不良、設備の経年劣化などに起因する設備上の欠陥があった場合、化学工場では、高圧、高温状態等の特殊な条件により破裂、爆発などのきわめて大きな災害をひき起こすリスクが高くなる。したがって、化学工場では、これらの点にも十分配慮し、設備のリスク管理に基づく安全対策とともに危険物や化学反応に関する正しい知識を作業者等に十分教育し、常に安全な操作が行われるよう管理の徹底を図る必要がある。

1　危険物の種類、性状および危険性

産業界をはじめ各方面で使用され、現代生活に欠かすことができない化学物質の中には危険有害性を有する物質が多く含まれている。そのため、これらによる爆発、火災等の災害や、ばく露による健康障害等の発生のおそれがある。したがって、危険有害性について、SDS、災害事例、トラブル事例等をもとによく理解し、定期的にリスクアセスメントを実施して、その結果に基づきリスク低減措置の検討を行い、適切に措置を実施したうえで、その化学物質を正しく取り扱う必要がある。

化学物質には性状を理解するためには、GHS分類に基づく分類結果や注意事項を理解することが必要である。爆発性の物、発火性の物、酸化性の物、引火性の物および可燃性のガスなどがある。GHS分類とは「化学品の分類および表示に関する世界調和システム（Globally Harmonized System of Classification and Labeling of Chemicals)」（略してGHS）に基づいて、化学物質の危険有害性を区分することをいい、危険有害性に関する情報を適切に伝達し、使用者がより安全に化学品を取り扱うために必要な措置を実施できるように開発されたシステムである。

GHS分類に基づく危険有害性は以下図1-1の通り分類される。

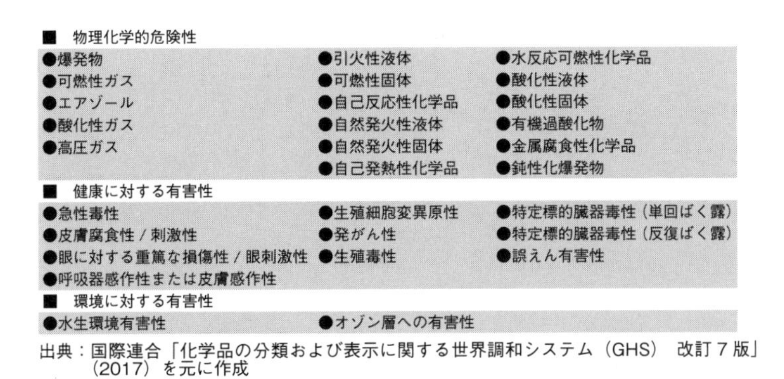

出典：国際連合「化学品の分類および表示に関する世界調和システム（GHS）　改訂7版」（2017）を元に作成

図1-1　国連GHS（改訂7版）の危険有害性クラス

化学物質の危険性については、国連GHS分類と労働安全衛生法（以下、安衛法）では異なっており、安衛法上の危険物は安全衛生施行令別表第1（表1-1）に以下の通り規定されている。

さらには、「化学物質等による危険性又は有害性等の調査等に関する指針」の9(1)ウ（イ）に示す方法に、危険物ではないが危険物と同様の危険性を有する化学物質等としてGHSまたはJIS7252に基づき分類された物理化学的危険性のうち爆発物、有機過酸化物、可燃性固体、酸化性ガス、酸化性液体、酸化性固体、引火性液体ま

表1-1　安全衛生施行令における危険物

（安衛令別表第１の危険物（第１条、第６条、第９条の３関係）

①　爆発性の物

1　ニトログリコール、ニトログリセリン、ニトロセルローズその他の爆発性の硝酸エステル類
2　トリニトロベンゼン、トリニトロトルエン、ピクリン酸その他の爆発性のニトロ化合物
3　過酢酸、メチルエチルケトン過酸化物、過酸化ベンゾイルその他の有機過酸化物
4　アジ化ナトリウムその他の金属のアジ化物

②　発火性の物

1　金属「リチウム」
2　金属「カリウム」
3　金属「ナトリウム」
4　黄りん
5　硫化りん
6　赤りん
7　セルロイド類
8　炭化カルシウム（別名カーバイド）
9　りん化石灰
10　マグネシウム粉
11　アルミニウム粉
12　マグネシウム粉及びアルミニウム粉以外の金属粉
13　亜二チオン酸ナトリウム（別名ハイドロサルファイト）

③　酸化性の物

1　塩素酸カリウム、塩素酸ナトリウム、塩素酸アンモニウムその他の塩素酸塩類
2　過塩素酸カリウム、過塩素酸ナトリウム、過塩素酸アンモニウムその他の過塩素酸塩類
3　過酸化カリウム、過酸化ナトリウム、過酸化バリウムその他の無機過酸化物
4　硝酸カリウム、硝酸ナトリウム、硝酸アンモニウムその他の硝酸塩類
5　亜塩素酸ナトリウムその他の亜塩素酸塩類
6　次亜塩素酸カルシウムその他の次亜塩素酸塩類

④　引火性の物

1　エチルエーテル、ガソリン、アセトアルデヒド、酸化プロピレン、二硫化炭素その他の引火点が－30度未満の物
2　ノルマルヘキサン、エチレンオキシド、アセトン、ベンゼン、メチルエチルケトンその他の引火点が－30度以上0度未満の物
3　メタノール、エタノール、キシレン、酢酸ノルマル―ペンチル（別名酢酸ノルマル―アミル）その他の引火点が0度以上30度未満の物
4　灯油、軽油、テレビン油、イソペンチルアルコール（別名イソアミルアルコール）、酢酸その他の引火点が30度以上65度未満の物

⑤　可燃性のガス（水素、アセチレン、エチレン、メタン、エタン、プロパン、ブタンその他の温15度、一気圧において気体である可燃性の物をいう。）

たは可燃性ガスに該当する物が示されており、労働安全衛生規則第4章等の各条項を確認する方法が示されている。これらのことから法規制の遵守を確認することでもリスクアセスメントを実施したこととして認められているが、使用実態に基づいたリスクアセスメントを効果的に実施するという点では、取扱い物質のGHS分類結果等をもとにリスクアセスメントを実施すべきである。参考に、労働安全衛生法施行令の危険物とGHS分類の危険性の関係を以下に示す（表1-2）。

(1) 爆発性の物

これに属する危険物には、硝酸エステル類、ニトロ化合物、有機過酸化物などがあり、いずれも可燃性の物質であるとともに酸素含有物質である。

したがって、自らの酸素を消費しながら燃焼するので、他の可燃物と異なり、その燃焼はきわめて急速で爆発的である。

これは可燃物と酸素供給源とが共存している状態のものと考えられるので点火源を与えることは危険である。加熱はもとより、衝撃を与えたり、摩擦したり、他の薬品と接触させることなどはしてはならない。硝化綿などのように長時間のうちに分解が進み、やがて自然発火を起こすものもあるので、このような分解しやすいも

表1-2　GHS分類と労働安全衛生法施行令の危険物の危険性の関係

GHS分類	安衛令
爆発物	爆発性の物
可燃性ガス	可燃性のガス
エアゾール	
酸化性ガス	
高圧ガス	
引火性液体	引火性の物
可燃性固体	発火性の物
自己反応性化学品	爆発性の物
自然発火性液体	
自然発火性固体	発火性の物
自己発熱性化学品	
水反応可燃性化学品	発火性の物
酸化性液体	酸化性の物
酸化性固体	酸化性の物
有機過酸化物	爆発性の物
金属腐食性物質※	

※金属腐食性：
直接的に爆発火災の要因とはならないが、腐食の進行により設備等からの漏洩をまねき、爆発火災に至ることがあるリスクを考慮しなければならない場合がある。

のの貯蔵にあたっては、室温、湿気、通気等に注意しなければならない。

また、爆発性の物の燃焼（火災）は空気中での可燃物の燃焼と異なり、分解による酸素の供給が行われるので、燃焼が激しく、それ自体の分解も激しく行われる。したがって消火についての考え方としては、これらの分解を止めるために①水で冷却して分解温度以下に下げる、あわせて②可燃物の燃焼も抑える、同時に③延焼を防ぐことである。

しかし、実際は分解が急速であり消火の困難な場合が多く、多くの場合は③の延焼を防ぐ措置によることになる。

消火剤としては、窒息効果を目的とするものでは効果がなく、水を多量に使用するのがよい。

爆発性の物の性状、危険性、主な種類等を示すと表 1-3 のとおりである。

(2) 発火性の物

これに属する危険物には、金属カリウム、金属ナトリウム、炭化カルシウム（カーバイド）等水と作用して発熱反応を起こし、あるいは可燃性ガスを発生して燃焼または爆発するいわゆる禁水性の物と、黄りん、赤りん、マグネシウム粉、アルミニウム粉等比較的低温で着火しやすい可燃性の物とがある。

禁水性の物は、容器の破損や腐食を防ぎ水分との接触を避けなければならない。

表 1-3　爆発性の物の性状等

性状等	危険性	主な種類	用途	取扱い方法	消火方法
自己燃焼物質 → 爆発 （火花、高温体、加熱衝撃、摩擦）（他の薬品との混合、接触）	爆発				
●有機の硝化物および有機の過酸化物 ●可燃性物質であり、酸素含有物質である（空気がなくても燃焼する。自己の酸素を消費しながら燃焼するので、他の可燃物と異なり、その燃焼はきわめて急速で爆発的である） ●酸素との反応により、長時間のうちには、分解が進み、やがては自然発火するものもある ●自然分解→発火（例：ニトロセルローズ、ニトログリセリン） ●他の薬品との混触→発火（例：メチルエチルケトンパーオキサイド（MEKPO）	●自然発火 ●燃焼速度大→自己燃焼 ●混触→発煙、発泡、発火	●有機の硝化物 硝酸エステル類 ・ニトログリコール ・ニトログリセリン ・ニトロセルローズ ・硝酸エチル ニトロ化合物 ・トリニトロベンゼン ・トリニトロトルエン ・ピクリン酸 ●有機の過酸化物 ・過酢酸 ・メチルエチルケトンパーオキサイド ・過酸化ベンゾイル	火薬、セルロイドの製造、溶剤 爆薬、医薬品、染料の製造 重合用触媒 漂白剤の製造	●室温に注意 ●通風をよくする ●湿気を避ける。 ●火気、加熱、衝撃、摩擦を避ける ●他の薬品類との混触を避ける。 ●他の可燃物と共存させない	●火災の際には、大量の水で冷却し、分解温度以下に温度を下げる ●燃焼速度大なので消火と並行して延焼防止が大切である ●危険物が少量のときは初期消火はできるがそれ以外では爆発現象に注意し遠隔消火による ●酸素含有物質であるから窒息消火は効果がない

表 1-4　発火性の物の性状等

性状等	危険性	主な種類	用途	取扱い方法	消火方法
禁水性物質 → 発熱（反応）（← 水または湿気） ●固体 ●水と接触すると危険 発熱反応を起こし可燃性ガスや有毒ガスが発生する ●概して不燃性 例外は金属カリウム、金属ナトリウム	可燃性ガスの発生 → 爆発 有毒ガスの発生 ●水と作用して発熱する ●金属カリウム、金属ナトリウムは空気中で燃える	●金属カリウム ●金属ナトリウム ●炭化カルシウム ●りん化石灰 ●亜二チオン酸ナトリウム（ハイドロサルファイト）	有機薬品 染料 その他合成化学 アセチレンの製造 合成繊維原料 溶接用、灯用 水中用信号筒 還元剤 漂白剤 薬品原料	●金属カリウム、金属ナトリウムは保護液中に保存する ●水分に触れさせない ●素手で触れない ●容器の完全化 ●小分け貯蔵 ●火気厳禁 ●乱暴に取り扱わない ●体内に吸い込まない	●適応する消火剤は見当たらないので乾燥砂（窒息消火）を用いて消火する ●注水は厳禁 ●ただし金属カリウム、金属ナトリウムは膨脹ひる石、膨脹真珠岩の使用可 ●金属カリウム、金属ナトリウムが燃えているときは四塩化炭素、炭酸ガスの使用不可 ●カーバイド火災に泡消火の使用は不可
可燃性固体 → 発火 → 爆発（← 比較的低温の加熱） ●自然発火 ●燃えやすい固体 → 比較的低温で発火 ごくわずかの火気で燃焼 ●燃焼速度が速い ●それ自体が有害 ●燃焼の際、有毒ガスを発生 ●酸化剤との接触は発火危険をさらに増大	●自然発火 ●有毒ガス発生 硫化水素 酸化窒素 無水りん酸 青酸ガス 二酸化いおう 一酸化炭素 可燃性ガス発生……水素 ●粉じん爆発	●黄りん ●硫化りん ●赤りん ●セルロイド類 ●金属粉A（マグネシウム粉、アルミニウム粉） ●金属粉B（金属粉A以外の金属粉）	りん酸、赤りん、りん化石灰等の製造 マッチ製造、合成化学 マッチ、鋳物、医薬、合成化学 フィルム、玩具、装身具、小間物 印刷、塗料、包装 塗料、合金	●火気厳禁 ●高温体と接触させない ●加熱をしない ●保護液の補充 ●酸化剤を接触させない ●金属粉は水や酸と接触させない（発熱する）	●火災の際には、水で冷却するのが有効 ●金属粉は水による消火は爆発を起こし危険なので、乾燥砂で窒息消火をする

また、雨水、漏水、氷、雪などとの接触のないよう管理しなければならない。消火方法としては注水は厳禁で、乾燥砂を用いるのがよく、貯蔵については小分けで保存したり、保護液中に貯蔵する場合は、保護液から露出しないようにする。

一方、比較的低温で着火しやすい可燃性物質は、燃焼速度が速い固体で、有毒のものや、燃焼のとき有毒ガスを発生するものもある。したがって、酸化剤との接触を避け、炎、火花、高温体への接近、接触や加熱を避けねばならない。

消火は水で冷却するのが有効であるが、金属粉については水と接触して発熱し、爆発を起こしたり、燃焼金属を飛散させるので、水による消火は禁止すべきである。

発火性の物の性状、危険性、主な種類等を示すと表 1-4 のとおりである。

(3) 酸化性の物

これに属する危険物は、一般に不燃性物質であるが、他の物質を酸化させ得る酸素を多量に含有している強酸化剤である。したがって、反応性に富み、加熱、衝撃、摩擦等により分解し、酸素を放出しやすく、可燃物と混合していればきわめて激しく燃焼し、場合によっては爆発することがある。また、濃硝酸のような他の化学薬品との接触によっても分解することがある。

酸化性の物の貯蔵、取扱いにあたっては、加熱、衝撃、摩擦等分解を起こす条件を与えないこと、分解を促す薬品類との接触を避けることや換気のよい冷所に貯蔵することが必要である。容器等に収納しているものは、容器等の破損を防ぎ、内容物が漏出しないようにすること、とくに、潮解性のあるものは防湿を考え、容器を密閉することが必要である。

酸化性の物による火災については、空気中での可燃物の燃焼と異なり、分解による酸素の供給が行われるので燃焼が激しく、危険物自体の分解も激しく行われる。そのため、消火は酸化剤の分解を止める必要から、水で冷却して分解温度以下に下げ、併せて可燃物の燃焼も抑え、同時に延焼を防ぐべきである。しかし、分解が急速であるため消火困難の場合が多く、多くの場合は延焼を防ぐ措置によることになる。

なお、酸化性の物のなかで、アルカリ金属等の過酸化物（過酸化カリウム、過酸化ナトリウム、過酸化バリウム等）については、水と反応して発熱する性質（空気中の水分でも徐々に分解する。）があるので貯蔵、取扱いにあたっては、とくに水や湿気に触れることを防ぐとともに、消火剤の水を嫌うので、事故の際の消火を考慮して他の酸化性の物とは、同一の室に貯蔵しないことが望ましい。

酸化性の物の性状、危険性、主な種類などを示すと表 1-5 のとおりである。

（4）引火性の物

これに属する危険物は、いわゆる引火性または可燃性の液体で多くの種類のものがある。引火点の低いものは常温以下でも炎や火花などにより引火燃焼し、引火点

表 1-5　酸化性の物の性状等

性　状　等	危　険　性	主　な　種　類	用　途	取扱い方法	消　火　方　法
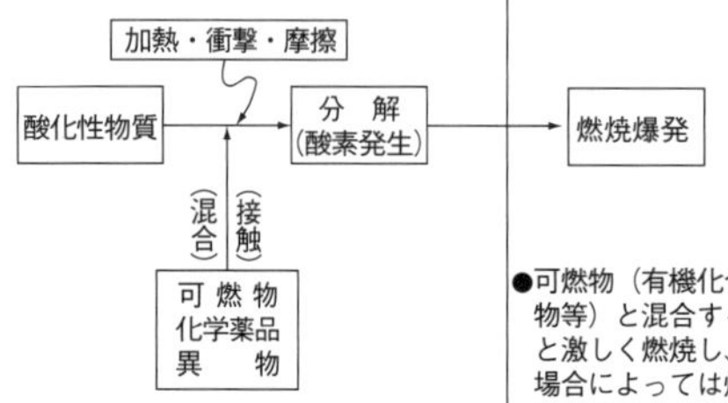 加熱・衝撃・摩擦 酸化性物質 → 分解（酸素発生） → 燃焼爆発 （混合）（接触） 可燃物 化学薬品 異物 ●一般には { 助燃性 / 不燃性 } → 酸素を多量に含有 他の物質を酸化、すなわち燃焼させる（酸化剤） ●加熱、衝撃、摩擦により分解し、酸素を発生する ●大部分のものが潮解性を有する ●硝酸アンモニウムのように火災時爆発するものもある	●可燃物（有機化合物等）と混合すると激しく燃焼し、場合によっては爆発する	●塩素酸塩類 ・塩素酸カリウム ・　〃　ナトリウム ・　〃　アンモニウム ・　〃　第一すず ・　〃　バリウム ・　〃　亜鉛 ・　〃　銀 ・　〃　水銀 ・　〃　鉛 ●過塩素酸塩類 ・過塩素酸カリウム ・　〃　ナトリウム ・　〃　アンモニウム ●無機過酸化物 ・過酸化カリウム ・　〃　ナトリウム ・　〃　バリウム ・　〃　マグネシウム ・　〃　カルシウム ●硝酸塩類 ・硝酸カリウム ・　〃　ナトリウム ・　〃　アンモニウム ・　〃　バリウム ・　〃　マグネシウム ●亜塩素酸塩類 亜塩素酸ナトリウム ●次亜塩素酸塩類 次亜塩素酸カルシウム	マッチ、花火、火薬の製造 漂白剤 殺菌剤 肥料、染料、硝酸、医薬の製造 酸化剤 消毒剤	●加熱、衝撃、摩擦を避ける ●可燃物、化学薬品と共存させない ●多量に取り扱う場合は、保護具を使用する ●作業後皮膚は水でよく洗う ●通風のよい冷所に保管する ●容器は密せん、密封する	●酸化性物質そのものの分解による酸素供給が行われるので、窒息消火は効果がなく、大量の水で冷却して分解温度以下に温度を下げなければならない ●ただし、無機過酸化物は水と反応して発熱するので、水は厳禁である。この場合乾燥砂が適当である

が高いものも引火点以上に加熱させれば、同様の危険性がでてくる。たとえば天ぷら油は普通の状態で火を近づけても引火しないが、天ぷらを揚げるときのように加熱し、引火点以上の温度に達すれば引火するので、引火の危険性は引火点と液温とを比較して考えることが必要である。また、エチルアルコールのように引火点が13℃で常温付近のものは、冬季は引火しがたいが、少し暖房の効いた部屋では引火の危険性があり、夏季は液温が引火点を超えているので、引火の危険性は常にあるといえる。したがって、引火点が常温付近のものは、とくに液温、気温に留意することが大切である。

引火性の物から発生する蒸気は、ほとんどが空気よりも重く、空気と混合した場合、わずかの点火源で激しく爆発を起こす危険性がある。また引火性の物に属する多くの液体類は水より軽く水に溶けにくいため、水の上に浮き、広く拡がるので側溝や下水溝など低いところに流れ込み、思いもよらぬ所まで流れて、何らかの点火源で引火し大事故になる危険性がある。

引火性の物の管理については、このような性状、危険性等を常に十分に考慮することが必要であり、①引火点以下に保つように努めること、②加熱を避けること、③液体や蒸気の漏えいを防止することなどのほか、④静電気、火気等の点火源対策、⑤引火時の緊急措置等について確立しておくことが重要である。

引火性の物の性状、危険性、主な種類等を示すと表1-6のとおりである。

表1-6　引火性の物の性状等

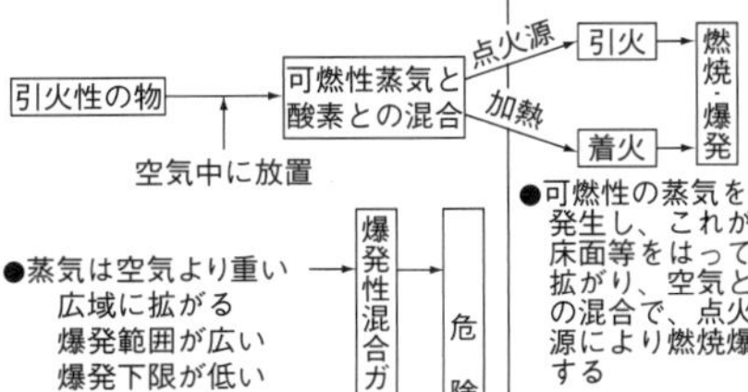

性状等	危険性	主な種類	用途	取扱い方法	消火方法
引火性の物 →（空気中に放置）→ 可燃性蒸気と酸素との混合 →（点火源）→ 引火 → 燃焼・爆発／→（加熱）→ 着火 → 燃焼・爆発 ●蒸気は空気より重い 広域に拡がる 爆発範囲が広い 爆発下限が低い 着火温度が低い → 爆発性混合ガス生成 → 危険性が大である。 ●水に不溶 (例外：エチルアルコール、アセトン等) → 危険性が大である。 ●水より軽い（例外：酢酸）→ 危険性が大である。 ●引火しやすい 引火点が低い。引火点が高くても着火温度が低いので引火点以上に加熱されると引火点の低いものと同様の危険性が生じる → 危険性が大である。 ●人体に有害 → 危険性が大である。	●可燃性の蒸気を発生し、これが床面等をはって拡がり、空気との混合で、点火源により燃焼爆発する ●水に浮く物は広範囲に拡がり、引火した場合火面が拡大される。この場合火災となると液からさらに可燃性蒸気が発生しながら燃えるが、このときこの蒸気は熱分解を伴うため、多くは空気量不足から黒煙となって立ち昇る (例外：アルコール類) ●静電気を発生しやすい	●引火点が－30℃未満の物 ・エチルエーテル ・ガソリン ・アセトアルデヒド ・酸化プロピレン ・二硫化炭素 ●引火点が－30℃以上0℃未満の物 ・ノルマルヘキサン ・酸化エチレン ・アセトン ・ベンゼン ・メチルエチルケトン ●引火点が0℃以上30℃未満の物 ・メチルアルコール ・エチルアルコール ・キシレン ・酢酸ペンチル (酢酸アミル) ●引火点が30℃以上65℃未満の物 ・灯油・軽油 ・テレピン油 ・イソペンチルアルコール (別名：イソアミルアルコール) ・酢酸	有機溶剤 塗料基剤 燃料 有機合成 試薬 防腐剤 消毒殺虫剤 医薬品 界面活性剤	●引火点以下に保つ (理想的) ●蒸気の漏えい防止 ●火気厳禁 ●加熱、衝撃を避ける ●静電気対策をとる ●通風を図る (拡散させ爆発範囲下限界以下にする) ●直射日光を避ける ●容器は密せん、密封する	●窒息消火による ・泡消火器 ・ドライケミカル消火器 ・炭酸ガス消火器 ・乾燥砂 ●タンク等の火災の場合は、外部より冷却し、可燃性蒸気の発生をおさえる。また、火面拡大防止のため、油の流動を防ぐには、土砂、土のう等を利用する

(5) 可燃性のガス

これに属する危険物には、温度15℃ 1気圧において気体であり可燃性であるもの、たとえば水素、アセチレン、エチレン、メタン、プロパン等がある。これらの可燃性のガスは、空気または酸素と混合して、ある濃度範囲にあるときに着火すればガス爆発を起こす。この濃度範囲を混合ガスの爆発範囲という。

近年、化学技術の進歩に伴い可燃性のガスが、高圧状態で製造され、貯蔵され、消費されているが、このような高圧のガスの場合は、危険性はさらに大きなものとなる。可燃性のガスで高圧であるがための災害としては、たとえばガス容器の破裂、高圧ガスの噴出、さらにこれによる爆発性混合ガスの爆発、噴出ガスの引火によるガス火災などが挙げられ、直接の取扱者だけでなく周囲の者までが死傷を被っているケースが多いことに注目しなければならない。

可燃性のガスの性状、危険性、主な種類等を示すと表 1-7 のとおりである。

表 1-7　可燃性のガスの性状等

性状等	危険性	主な種類	用途	取扱い方法	消火方法
可燃性物質 → 爆発性混合ガス ← 空気（または酸素） ●温度15℃、1気圧において気体である ●可燃性である ●ほとんどのガスは、無色・無臭である。ただし不純物を含むと、特有な臭気になるものがある ●空気より軽く拡散しやすいガスと、空気より重く滞留しやすいガスとがある ●金属との反応性（水素による水素脆性、アセチレンによるアセチリドの生成等）に富むガスがある ●種々の化学反応を起こしやすいものがある（アセチレン、エチレン等） ●液化ガスは蒸発して気化する際、大量の熱を奪って低温になる ●麻酔性のあるものがある（プロパン、ブタン、エチレン等）	爆発性混合ガス —点火源→ ガス爆発 ●空気（または酸素）と混合して爆発性混合ガスができる ●引火性、爆発性が大きい ●高圧ガスになると危険性はさらに大きくなる （たとえば高圧の水素が急激に噴出すると自然発火することがある） ●圧縮禁止ガス (i) アセチレン、エチレン、水素中の酸素の容量が全容量の2%以上のもの (ii) 酸素中のアセチレン、エチレン、水素の容量の合計が全容量の2%以上のもの (iii) 可燃性ガス（アセチレン、エチレン、水素を除く）の中の酸素の容量が全容量の4%以上のもの (iv) 酸素中の可燃性ガスの容量が全容量の4%以上のもの ●液化ガスの蒸発では、凍傷に注意する ●静電気の発生で着火することがある ●大量の放出は周囲の酸素が減少し窒息を起こす。	●温度15℃、1気圧において気体である可燃性のガス ・水素 ・アセチレン ・エチレン ・メタン ・エタン ・プロパン ・ブタン	工業用原料 燃料 冷媒 噴射剤 溶接、切断、熱処理用	●漏えいのないようにする 漏えい検査を綿密に行う ●絶対に火気を使用しない ●換気、通風をよくする ●加熱、衝撃等の乱暴な取扱いをしない ●静電気対策をする ●直射日光を避ける ●大量放出による窒息防止を図る	●火災が小さいときは、ドライケミカル消火器、液化炭酸ガス消火器、注水によって消火する ●火災が大きいときは、注水冷却を行い、他の容器や建物等への延焼のおそれがあるときは、注水して延焼防止をする

2　化学反応の概要とリスクアセスメントの実施

(1) 化学反応一般

物質が変化して、もとの物質と異なる物質が生成する変化を「化学変化」といい、ある物質と他の物質が相互に作用して、化学変化する現象を「化学反応」という。

また、2種類以上の物質から、新たに別種の物質ができる変化を「化合」といい、ある物質が何らかの作用で分裂してもとの物質と異なった2つの物質が生成する変化を「分解」という。

化学変化には熱の発生、あるいは吸収を伴い、これを「反応熱」という。これは原料系の熱エネルギーと生成系の熱エネルギーが等しくないためであり、熱の発生を伴う反応を「発熱反応」、熱の吸収を伴う反応を「吸熱反応」といい、このような熱エネルギーには、生成熱、燃焼熱、分解熱、中和熱、溶解熱、希釈熱などがある。

(2) 燃　　焼

化学反応のうち、物質が酸素と激しく化合し、反応熱がきわめて大きく、その結果、発光を伴う現象を「燃焼」という。燃焼が起こるためには「可燃物」、可燃物を酸化する「酸素供給体」、可燃物と酸素供給体とを活性化させるための「点火源（熱源）」の3つが揃わなければならない。これらの可燃物、酸素供給体、点火源（熱源）の3つを「燃焼の3要素」と呼んでいる。

なお、逆に、燃焼が起こらないようにする方法（火災が発生した場合の消火方法）は、①可燃物の除去、②酸素の遮断、③冷却、のいずれかであり、上の3要素が揃わないようにすればよい。

A　可燃物

可燃物には、酸化されやすい物質のすべてが含まれるが、酸化しにくいもの、反応熱の小さいものは可燃物といわないのが普通である。このほか、たとえば二酸化炭素のようにすでに酸素と化合しており、もはや酸素と化合できないものおよび窒素ガスと酸素の反応のように吸熱反応を起こすものも発熱反応とはならないので、可燃物にはなり得ない。

B　酸素供給体

燃焼には、酸素が必要であり、普通、酸素を約20％含んでいる空気によって供給される。空気中の酸素以外では、化合物中に酸素を含む酸化剤が酸素供給体となることがある。たとえば酸化性の物、とくに過酸化物は分子中に酸素を含み、加熱、衝撃、摩擦等により容易に分解して、酸素を放出するので、酸素供給体となる。

C　点火源

点火源には、炎のような火気の状態のもののほか、加熱、衝撃、摩擦、電気火花、アーク、静電気などがある。また、外部との熱の出入りを断ち、爆発範囲にある可燃性の混合ガスを圧縮すると、内部の分子運動により発生した熱で着火することがあり、このような場合は、断熱圧縮が点火源である。このほか山積みされた石炭や油類のしみたぼろ布、あるいはセルロイド類等の自然発火は、蓄積した酸化熱が点火源である。

(3) 爆　　発

一般に爆発とは、熱と光を発する酸化反応（燃焼）が急激に進み、爆裂音と衝撃圧力を伴い、瞬時的に反応が完了する現象をいうが、本質的には、急激な圧力の上昇であり、「化学変化および物理化学変化によって起きる急激な圧力上昇現象である」と定義される。

爆発の種類を分類すると次のようになる。

① 爆発性の物の爆発

② アルミニウム等の金属粉、石炭、プラスチック、小麦粉等の粉末や可燃性のものの霧滴が空気中に一定濃度以上分散して発火源により爆発を起こす粉じん爆発

③ 酸化性のものを可燃物や還元性物質と混合したため、あるいはこれらの混合物が摩擦、衝撃、加熱などにより起こす爆発

④ 引火性の物から出る蒸気や可燃性のガスが空気などの支燃性ガスと混合して爆発性混合ガスを形成し、これが点火源によって起こす混合ガス爆発

⑤ 炭素と水素とに分解するアセチレンの爆発のように、支燃性ガスがなくても、単一成分（アセチレンの他にエチレン、酸化エチレン等）が発火源によって起こすガスの分解爆発

⑥ 溶解状態のアルミニウムなどに水が入って過熱状態になり瞬間的に気化して爆発現象を呈するように、液化ガス、有機液体、水などが過熱状態になって起

こる蒸気爆発

（4）酸化、還元等

A　酸化

酸素と他の物質との化合、ある物質から水素を奪いとる反応などが酸化反応（広義にはイオンまたは中性の原子が、電子を失って正の原子価が増す変化をいう。）であり、たとえば金属が酸素と結合して金属酸化物を生ずることがこれにあたる。

酸化反応は発熱であり、反応の速度を制御しないと燃焼の危険性が存在し、また、反応には酸化性を有する物が使用されるので取扱いに注意を要する。

B　還元

酸化物から酸素を奪いとるか、物質が水素と結合して新たな化合物となる反応などが還元反応（広義には酸化とは反対に電子を得る変化である。）であり、たとえば金属の酸化物から酸素が奪われて金属になることがこれにあたる。

還元反応は、ふつう発熱反応であるが比較的危険性は少ない。しかし、還元剤や、還元された物質の反応性が高い場合は危険であり、たとえば水素添加は高圧で水素を使用すること、触媒等を使用することなどのために危険性が増大する。

C　中和

酸性物質と塩基性物質が反応して塩を生ずる反応である。実験室で酸とアルカリを混ぜて発熱したために事故が起こった例は多く、急激に中和すると発熱して危険であるので注意を要する。

D　ニトロ化

有機化合物の分子にニトロ基（$-NO_2$）を導入する反応である。これは、発熱反応であること、時には生成物が爆発性のものであること、ニトロ化剤として硝酸、発煙硝酸、濃硝酸—濃硫酸の混酸等を使用すること、また、副反応が起こりやすいことなど危険性が大きい。この反応では、とくに温度の制御が大切である。

E　エステル化

一般にアルコールと酸から脱水してエステルを生成する反応で、たとえば酢酸とアミルアルコールを反応させ酢酸アミルエステルを生成する反応がこれに相当する。エステル化反応は、一般には反応速度が遅いため触媒が使われていて、危険性は少ないが、ニトロエステルのような爆発性のものを生成する場合は危険である。

F　ハロゲン化

1個またはそれ以上のハロゲンが、有機化合物中に付加または置換によって導入される反応で、ハロゲンの種類によってふっ素化、塩素化、臭素化および沃(よう)素化に区別される。この反応は、発熱反応であり、爆発の危険性があり腐食も起こりやすい。

G　スルホン化

有機化合物の中に、スルホン酸基（$-SO_3H$）を導入して、スルホン酸（RSO_3H）が生成する反応で、高濃度の硫酸と高温が必要である。この反応は、発熱反応である。

H　アルキル化

有機化合物にアルキル基を置換または付加によって導入する反応である。この反応は、高温、高圧下では遅くおだやかな発熱反応である。

I　アミノ化

有機化合物中の炭素に結合して、アミノ基（$-NH_2$）に置き換える反応またはニトロ化合物やニトリルを還元してアミノ化合物を得る反応である。この反応は、発熱反応である。

J　加水分解

無機化合物または有機化合物の水による分解反応であり、たとえば弱酸と強塩基からなる塩ならば酸と水酸イオンに、エステルならば酸とアルコールに分解する。この反応は、比較的遅く、ごくわずかに発熱する。

K　熱分解

無機物および有機物が熱によって分解する反応である。その代表的なものは、石油の熱分解（単にクラッキングともいう。）であり、高圧、高温により小さい分子に分解させる。この反応は、吸熱反応である。

L　重合

単位物質が脱離または付加を伴うことなく、その倍数の分子量を持つ物質に移行する化学変化をいう。単位物質は１種類だけではなく、２種以上の場合もある。この反応は発熱反応で、反応の制御が不能になって事故に結びつく場合が多い。

(5) 取扱いにあたって留意すべき物性

危険物を取り扱う時にはそれぞれの危険物についての性状を知っておくことが必要であるが、以下、爆発や火災に関係ある諸物性のうちでとくに危険性に関係の深い事項について挙げることとする。

A　水との混合性

水と反応しないで、水と混合し、または溶解する危険物は、危険が生じた時に散水することによって危険性を少なくすることができる。たとえば、消火に水を使用すると、単に温度を下げるだけでなく、水で希釈して蒸発量を減少させることができる。

また、水と混合することにより静電気の発生を抑えることもできる。一方、水に溶けない液体で水より比重の小さいものは、水に浮くので本格消火は困難となるが、たとえば引火点が室温以上の灯油の場合などでは、火災の初期に散水して冷却し、温度を引火点以下に下げて冷却効果により初期消火に役立つことがある。

B　蒸気密度

引火性の物および可燃性のガスの蒸気密度は、普通0℃、1気圧または15℃、1気圧の条件下でのその蒸気1m^{3}の質量（重さ）をいうが、一般的には、空気より軽いか重いかを判断するのに便利なため、空気の密度を1とした場合の気体比重を蒸気密度として使っている。

蒸気密度（空気＝1）が1より小さいもの、たとえば水素、アンモニア、メタンなどは室内上部にたまり、1より大きいLPGやガソリン蒸気は床面にただようので、漏えいした場合には、このような性状に応じた適切な換気や点火源の撤去の措置が必要である。

C　融点

大気圧下で固体の温度を次第に高めていくと、一定の温度で融解して液体になる。この時の温度を「融点」という。爆発性の物や酸化性の物以外の常温で固体のものは取扱い上危険性が少ないが、油脂やパラフィン等は火災になると、熱によって融解し火災を拡大する。

D　沸点

液体の温度を次第に高めていけば、それに伴って蒸気の発生もさかんになり、ついには外圧（この場合大気圧＝1気圧）と等しくなり、沸騰を始める。この時の温度をその液体の「沸点」という。沸点が低いものほど蒸発しやすく、室温で引火の危険性が高いといえる。可燃性のガスはもちろんのこと、引火性の物のうち酸化エチレン、アセトアルデヒド、ジエチルエーテル等が比較的沸点が低いので、危険性が高いといえる。したがって、沸点の低い物質は、冷所に貯えて気化を少なくするようにする必要がある。

E　引火点

空気中で可燃性の液体の表面に点火源を近づけて引火するのに必要な濃度の蒸気を発生する最低の温度をいう。引火性の液体の温度がその引火点より高いときは、点火源により常に引火する危険があり、反対に引火点以下の温度にあるものは、点火源を近づけても引火しない。たとえば、ガソリンの引火点は－43℃であるから、室温では常に引火の危険性があるが、灯油の引火点は40℃～50℃であるので、室温では引火することはない。しかし、灯油や機械油でもそれが布にしみたり、霧状にある時は、室温でも容易に引火するので注意を要する。

F　発火温度

物質を空気中または酸素中で加熱した場合、他より火炎や火花などの点火源を与えなくても発火する最低温度をいい、これは着火温度または自然発火温度ともいわれる。また、発火温度は、圧力が高い条件下では低くなる傾向にあるので、高温、高圧下にある物質の発火については、十分留意する必要がある。

発火温度のとくに低い物質には、二硫化炭素、エチルエーテル、アセトアルデヒドなどがあるが、これらの発火温度はいずれも200℃以下であり、たとえばスチームパイプなどによっても発火して火災を起こすので、注意しなければならない。

G　爆発範囲

可燃性の液体の蒸気または可燃性のガスが、空気または酸素と適当な割合で混合しているとき、これに点火すれば爆発を起こす。この適当な混合割合の範囲を「爆発範囲」または「燃焼範囲」といい、混合ガスに対する容量パーセントで表される。その最低の濃度を「爆発下限界」、最高濃度を「爆発上限界」という。

爆発範囲は圧力および温度が高くなると広くなり、また、空気中よりも酸素中の方が広い。一般に示されている爆発範囲は、とくにことわりのない限り空気中での常温、常圧における値である。酸化エチレン、アセチレン、水素、二硫化炭素、エーテル等のように爆発範囲の広いもの、および灯油、二硫化炭素、ガソリン、プロパン等のようにとくに爆発下限界の低いものほど危険である。また、このほか、引火性の液体では、室温付近で爆発混合気を作っているものも危険性が大である。

たとえばエチルアルコールでは、その温度が20～55℃になっていると液面上の蒸気の濃度は6.0～36.5％で爆発範囲内に入っている。このように室温付近で液面上に爆発混合気を作っている引火性の液体の主なものとしてはメチルアルコール、酢酸エチル、ベンゼン、エチルエーテル、二硫化炭素などがある。

主な可燃性の液体および気体の爆発範囲等を示すと表1-8のとおりである。

表 1-8　主な可燃性の液体および気体の爆発範囲（空気中）

気　体	分子式	爆発範囲	
		下限界（Vol%）	上限界（Vol%）
アセチレン	C_2H_2	2.5	100.0
アセトン	C_3H_6O	2.5	12.8
アンモニア	NH_3	15	28.0
イソブタン	C_4H_{10}	1.8	8.4
一酸化炭素	CO	12.5	74.0
エタノール	C_2H_6O	3.3	19.0
エタン	C_2H_6	3.0	12.5
エチレン	C_2H_4	2.7	36.0
ガソリン	—	1.2 − 1.5	7.1 − 7.6
o-キシレン	C_8H_{10}	0.9	6.7
ジエチルエーテル	$C_4H_{10}O$	1.9	36.0
水素	H_2	4.0	75.0
トルエン	C_7H_8	1.2	7.1
二硫化炭素	CS_2	1.3	50.0
ブタン	C_4H_{10}	1.6	8.5
プロパン	C_3H_8	2.1	9.5
プロピレン	C_3H_6	2.0	11.1
ヘキサン	C_6H_{14}	1.1	7.5
ベンゼン	C_6H_6	1.2	7.8
ペンタン	C_5H_{12}	1.5	7.8
メタン	CH_4	5.0	15.0
メチルアルコール	CH_4O	—	—

（注）　上表の値は主として日本化学会編「化学防災指針集成（Ⅱデータ・取扱編）　諸物質の火災危険性表」（1996）から抜すい集録した。

H　燃焼熱

物質が燃焼するとき、単位量当たりで発生する熱量をその物質の「燃焼熱」という。その単位は kJ/mol、kJ/kg などで表される。燃焼熱は測定で求められるが、可燃性のガスや液体の蒸気の燃焼熱と爆発下限界との一定の関係、または有機化合物の構造と燃焼熱との間の規則的な関係から、計算によっても近似的に求めることができる。

I　最小発火エネルギー

可燃性のガスや液体の蒸気あるいは爆発性の粉じんが、空気中にあるときにこれを発火させるに必要な最低のエネルギーをいう。その単位は、ミリジュール（mJ）で表される。

1mJ は 1J の 1000 分の 1 であり、約 4.2J が 1cal に相当する。可燃性のガスや液体の蒸気の空気中における最小発火エネルギーは、約 0.2mJ 程度であるが、これは、人体に約 2kV の静電位の電荷が帯電して放電するときのエネルギーに相当する（人体への帯電は、気温 20 ～ 25℃、湿度 30 ～ 40％のときポリエステル、レーヨン混紡のものを着て腕を 5 回まわすと、10kV の静電位の電荷が帯電するといわれている。）。

最小発火エネルギーが低い物質は、アセチレン、水素、二硫化炭素などで、わずかな電気火花でも爆発しやすいので注意しなければならない。

(6) リスクアセスメントの実施

化学物質を取り扱うすべての事業場を対象にリスクアセスメントが義務化されており、「化学物質等による危険性又は有害性等の調査等に関する指針」（平成 27 年 9 月 18 日公示）に実施内容、実施体制等、実施時期、リスクの見積り方法などが示されている。

この指針のもとに、①化学物質等を原材料等として新規に採用し、または変更するとき、②化学物質等を製造し、または取り扱う業務に係る作業の方法または手順を新規に採用または変更するとき、③化学物質等による危険性または有害性等について変化が生じ、または生ずるおそれがあるときには、リスクアセスメントを実施しなければならない。さらには、リスクアセスメントの評価結果に基づきリスク低減措置を講じ、爆発・火災や健康障害等の防止に活用することが求められている。図 1-2 にリスクアセスメントの流れを示す。

なお、リスク低減措置の内容を検討するにあたっては次に掲げる優先順位で進める。

ア　危険性または有害性のより低い物質への代替、化学反応のプロセスなどの運転条件の変更、取り扱う化学物質などの形状の変更など、またはこれらの併用によるリスクの低減

※　危険有害性の不明な物質に代替することは避けるようにすること。

イ　化学物質のための機械設備などの防爆構造化、安全装置の二重化などの工学的対策または化学物質のための機械設備などの密閉化、局所排気装置の設置などの衛生工学的対策

ウ　作業手順の改善、立入禁止などの管理的対策

エ　化学物質などの有害性に応じた有効な保護具の使用

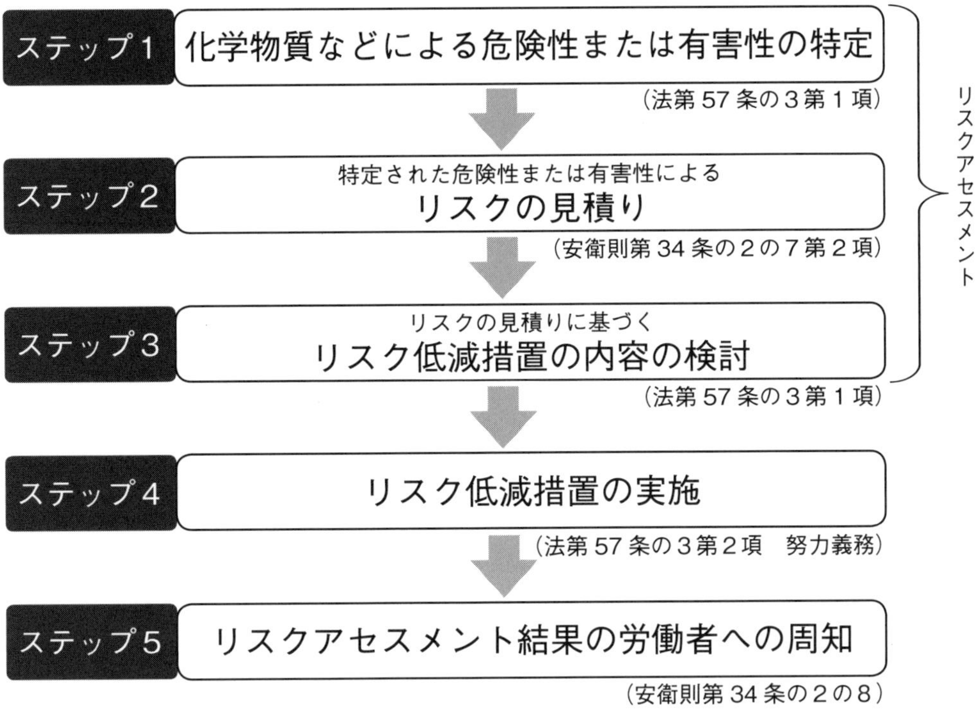

ステップ1　化学物質などによる危険性または有害性の特定
（法第57条の3第1項）

ステップ2　特定された危険性または有害性による
リスクの見積り
（安衛則第34条の2の7第2項）

ステップ3　リスクの見積りに基づく
リスク低減措置の内容の検討
（法第57条の3第1項）

（ステップ1〜3：リスクアセスメント）

ステップ4　リスク低減措置の実施
（法第57条の3第2項　努力義務）

ステップ5　リスクアセスメント結果の労働者への周知
（安衛則第34条の2の8）

図1-2　リスクアセスメントの流れ

第2章

特殊化学設備等の構造に関する知識

ポイント

■　この章では、特殊化学設備等の構造に関する知識を得る。

■　反応器、蒸留塔、熱交換器、加熱炉、管、管継手および弁、ポンプ、送風機および圧縮機などの種類と構造を学ぶ。また、計測装置、安全装置等、防爆性能を有する電気機械器具、消火設備等、自動火災報知設備などの構造も学習する。化学設備用材料についても学ぶ。

1 反 応 器

反応器は、化学反応を行わせるための機器であり、化学反応を最適条件で最も効率よく行わせる必要がある。

化学反応は、その関与する物質、濃度、反応温度、圧力、時間、触媒などに影響され、さらに工業的装置においては、物質移動および熱移動にも影響されるので、それらのすべてを満足するような構造形式であり操作できる反応器を選定することが重要になってくる。

(1) 反応器の分類

反応器は、操作方法および構造形式によって以下のように分類することができる。

A 操作方法による分類（図 2-1 参照）

ア 回分式均一相反応器

A 液または A ガスの一定量と B 液または B ガスの一定量を仕込み、これを攪拌しつつ加熱、冷却などを行って反応を進行させ、一定量の R 液または R ガスを作って、これを回収して、1 回の操作が終わるような場合に用いる反応器である。

イ 半回分式反応器

反応器に反応物質の 1 成分を仕込んでおき、他の成分を連続的に送入して反応を進行させ反応終了後、全内容物を取り出す形式の反応器、または最初に全反応成分を仕込んでおき、反応により生じた生成物の 1 つを連続的に抜き出していき終了後、器内の内容物を取り出す形式の反応器である。

ウ 連続式反応器

反応器の一方に連続的に原料液体を流入し、他方から連続的に反応生成液体を流出する形式の反応器で、反応器内の濃度、温度、圧力などは時間的な変化がない。

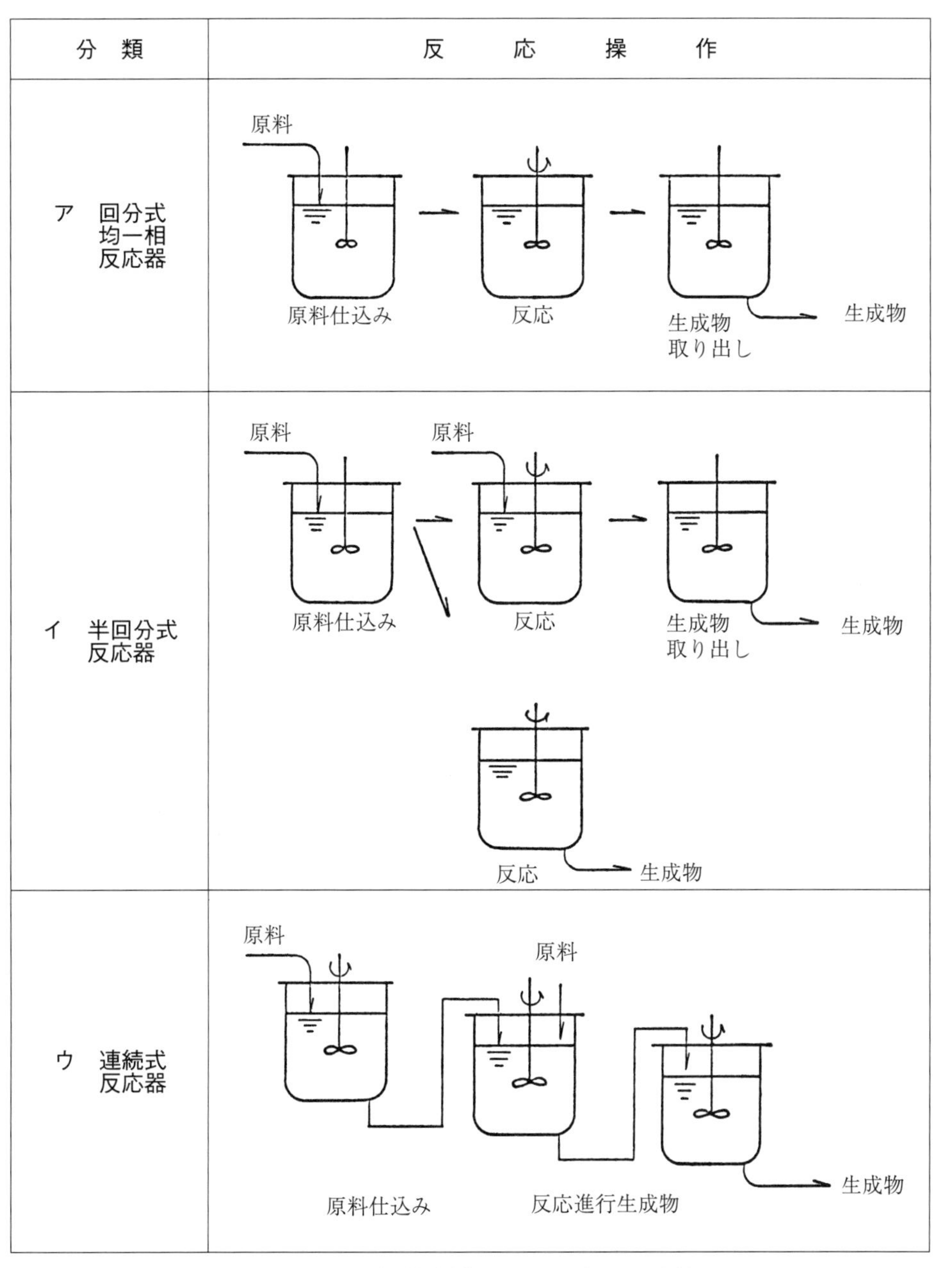

図 2-1 操作方法による反応器の分類

B　構造方式による分類

ア　管型反応器（図 2-2 参照）

反応器の一端に原料を連続的に送入し、管内で反応を進行させ、他端から連続的に流出する形式の反応器で、流れの進行方向に混合の起こらない流れ、すなわちピストン流で反応物質が流通することから、反応物質の濃度や温度は管内の各位置で一様でなく、入口から出口にかけて流れの方向に濃度分布、温度分布が生じてくる。

この反応器では、反応がきわめて速く起こることや、処理量の多い大規模生産に用いることが多く、伝熱面積が十分とれるので激しい発熱反応の場合にも温度調節の操作が容易に行える。

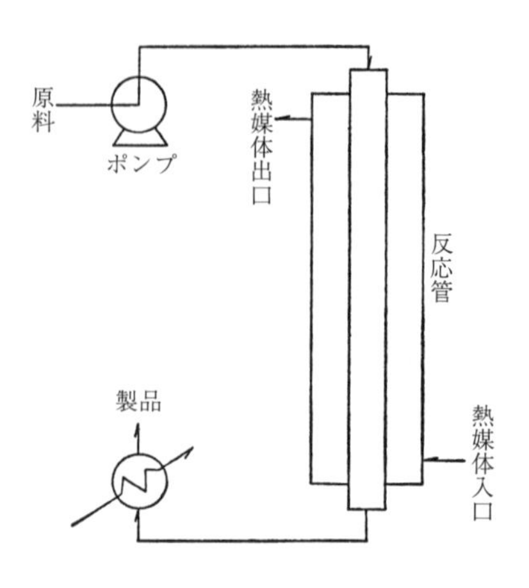

図 2-2　管型反応器

イ　塔型反応器（図 2-3 参照）

直立円筒状の反応器で、塔の上方または下方から原料流体を送入し、他方から反応生成流体を連続的に流出する形式のものである。

管式反応器に比べて反応塔の径が大きく、したがって、塔内では流体はピストン流で流通することが困難で、ピストン流と完全混合流の中間の状態である不完全混合流で流通することが多い。

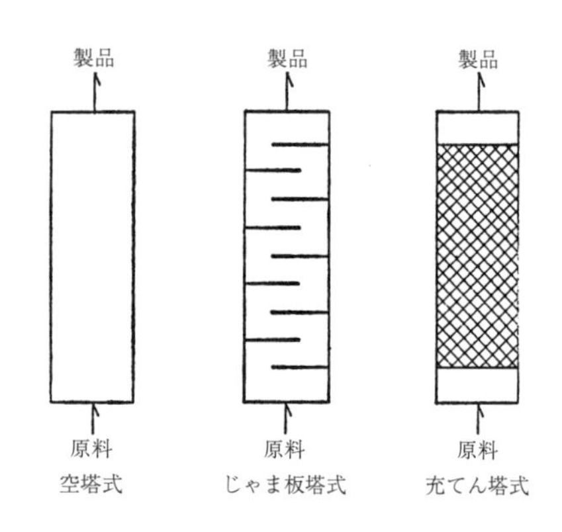

図 2-3　塔型反応器

ウ　攪拌槽型反応器（図 2-4 参照）

攪拌機を取り付けた槽型の反応器で回分式、半回分式および連続式のものがある。連続式のものには、一段式のものと多段式のものがある。

槽内は完全混合が行われているので、反応器内の反応物の濃度および生成物の濃度はどこをとっても一定である。したがって、反応

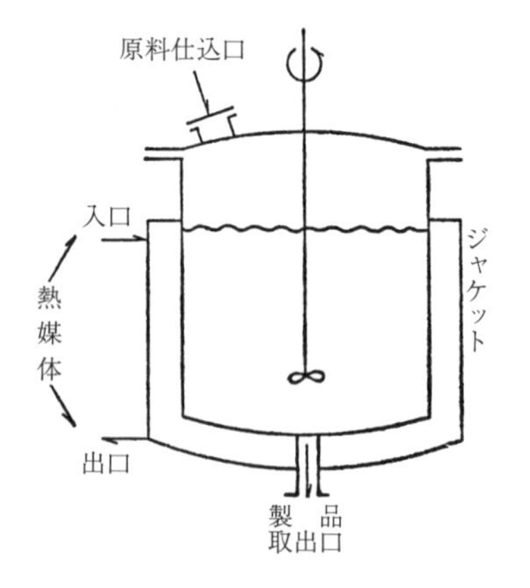

図 2-4　攪拌槽型反応器

器に供給した反応物の一部がそのまま流出する欠点もある。

エ　流動層型反応器

円筒状容器に固体粒触媒を充てんし、下方から原料気体を吹き込むと触媒は流動化状態となり、反応が円滑に行われる。この反応器では反応熱の除去や触媒の再生が比較的に容易である。

(2)　反応器の運転および保守

反応器の運転および保守については、反応器の操作方法や構造形式により、最適条件や問題点が挙げられるが、一般的には、運転の安定性と最適化制御の二面が重要な点である。

とくに、後者の最適化制御で最も進歩したものが、コンピューターによるプロセス制御である。これは、反応器出口における生成物の正しい組成あるいは反応器自体の運転条件の最適なものをコンピューターに記憶させておいて、常に機械による最適制御を行うものである。

2 蒸 留 塔

蒸留塔は、蒸気圧の異なる液体混合物から“蒸発しやすさの差”を利用して、ある成分を分離することを目的とした装置である。その構造、原理、種類等は以下のとおりである。

(1) 蒸留塔の構造

図 2-5 のように蒸気となった低沸点成分は、塔頂より取り出され凝縮器で凝縮され製品となる。そのまま運転を続けると塔中の各段の液は次第に低沸点成分が減少して、逆に塔頂の蒸気中に次第に高沸点成分が増加してくる。このため、製品を一定濃度に保つには凝縮液の一部を最上段へ送り返してやる必要があり、これを「還流」という。

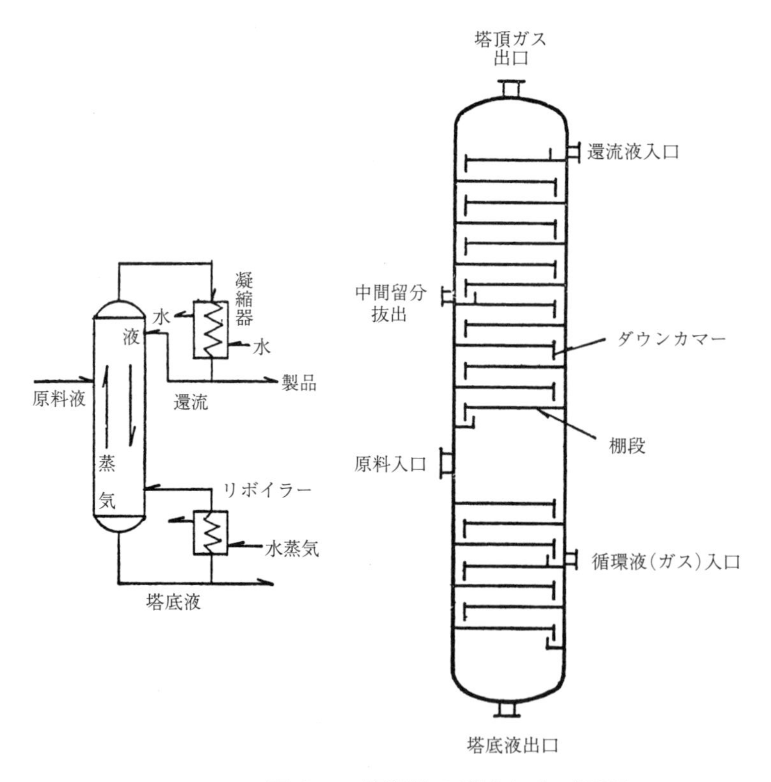

図 2-5 蒸留塔の構造および原理

塔内の各段では、過剰の液が順次下段に流れながら、上昇する蒸気と接触している。塔底に落ちた液はリボイラーで加熱され、低沸点成分は再び蒸発還流され高沸点成分のみ缶出液として取り出される。原料は塔の途中から送入されている。

(2) 蒸留塔の種類

A 充てん塔

塔内に固体の充てん物（図 2-6 参照）を充てんし、蒸気と液体との接触面積を大きくしたものである。

充てん塔は、塔径の小さな蒸留塔あるいは腐食性の激しい物質の蒸留などに利用される。

充てん物の中で最も一般的に使用されているものにラシヒリングがあり、これは直径 ½ ～ 3B、高さ 1 ～ 1½B 程度の円筒状のもので磁製、カーボン製、鉄製等がある。

B 棚段塔

特定の構造の数個または数十個の棚段から成り立っており、個々の棚段を単位として蒸気と液体の接触が行われている。

ア 泡鐘塔

図 2-7 に示すように泡鐘が段上に多数配列されており、蒸気は、上昇して泡鐘の内側で下向きになり、泡鐘内の液面をスロットの高さ以下に押し下げて、スロットから噴出し気液が混合する。

液は、上段から降下管へ流れ込み下段に流出する。液が降下管に流入する所に溢流堰が設けられ棚段上にはこの高さ以上に液が滞留している。

イ 多孔板塔（パーフォレートトレイ）

多数の小孔を開けた棚段で、泡鐘が小孔におき替えられたもので、降下管、溢流堰は全く同様な構造になっている。

ウ リップルトレイ（図 2-8 参照）

図 2-8 に示すように多孔板を波型にし、1 段毎にその波の方向を変えて塔内に取り

図 2-6 充てん物

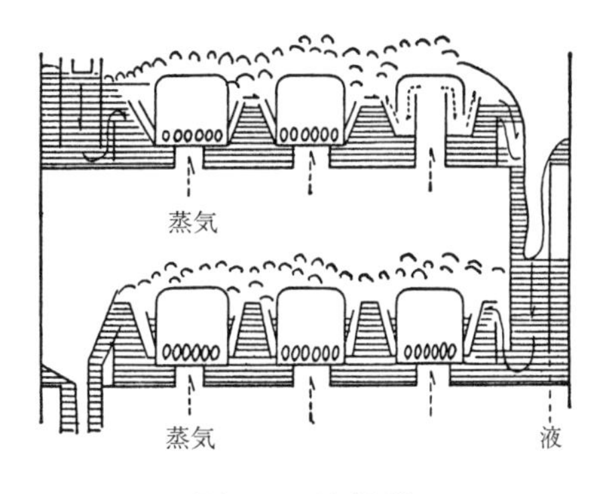

図 2-7 泡鐘塔

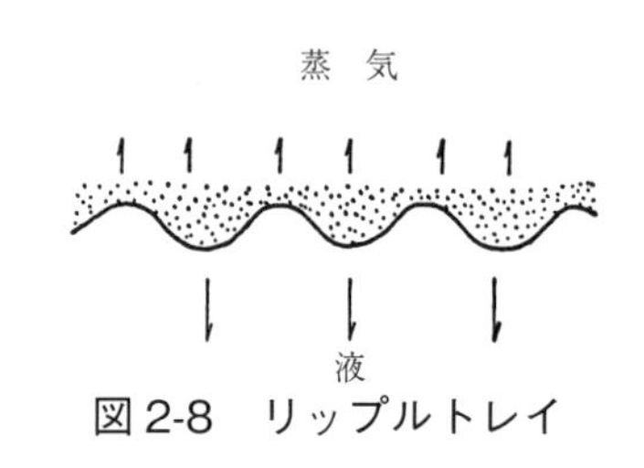

図 2-8　リップルトレイ

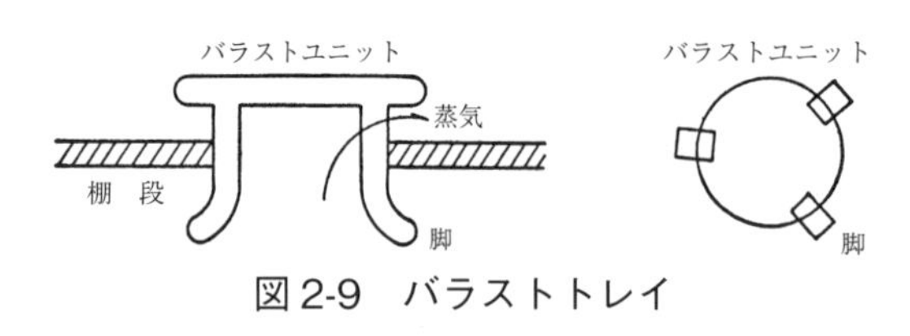

図 2-9　バラストトレイ

付けたものである。

多孔板塔と異なる点は、降下管がなく、液は谷間から降下し、蒸気は塔全面から上昇する。

エ　バラストトレイ

泡鐘の代わりに図 2-9 のようにバラストユニットを取り付けたものであり、上昇する蒸気により押し上げられ、その開度は通過する蒸気量により異なる。蒸気は横方向に噴出して気液の接触が行われる。

バラストの開度が小の時は多孔板塔に似て、開度が大の時は泡鐘塔に似るが、いずれにしてもきわめて効率が高い蒸留塔である。

C　蒸留方式の分類（表 2-1）

表 2-1　蒸留方式の分類

蒸留方式	回分式	連続式	取扱い方法
単 蒸 留	回分単留	平衡蒸留	1　減圧蒸留 2　常圧 〃 3　高圧 〃 4　抽出 〃 5　共沸 〃 6　水蒸気蒸留
精　　留	回分精留	連続精留	

単蒸留と精留の違いは、沸騰と凝縮を繰り返す「還流」を行うか否かにあり、還流を行うのが精留である。

回分式と連続式の違いは、前者は 1 回毎に原料を仕込み直し、後者は連続的に原料を仕込む点である。

(3)　蒸留塔の操作

A　一般的な蒸留方法

蒸留塔のうち、棚段塔の連続精留について一般的な場合におけるスタートと運転上の注意は次のとおりである。

ア　スタートにおける注意事項

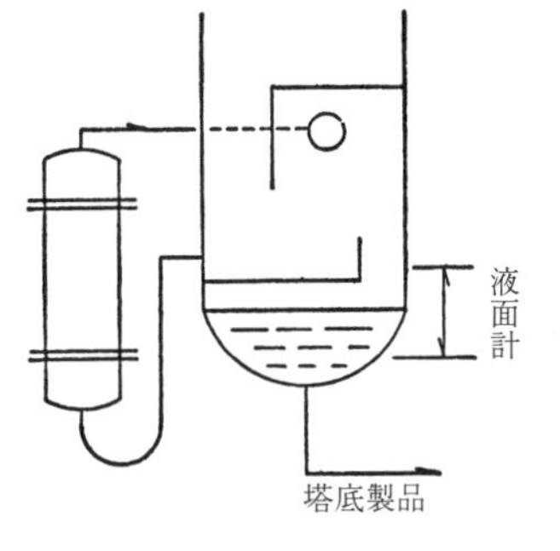

図 2-10　リボイラーの一例

① 必要なラインのラインアップを確認する。

② 凝縮器に冷却水を通水する。

③ 蒸留塔へ原料液の供給を開始する。この際の流量は、最大規定量の半分以下とする。

④ 液が塔底にたまってきたら、リボイラーにスチームを徐々に通して加熱を開始する。ただし､図 2-10 のようなリボイラーもあって、この場合は、塔底へ液がたまる時間に比べ、リボイラーに液のたまる時間が多少遅れるので、リボイラーの空焚きに注意する。

⑤ 蒸発が始まると還流槽に液がたまってくる。液面が 50 ～ 70％程度になると還流ポンプをスタートし、還流を開始する。還流量は塔頂製品が目的の組成（オンスペック）となるまで規定量より多くする。

⑥ 蒸留塔の運転が安定したならば、供給量を規定まで徐々に増量する。これに伴いリボイラースチーム、塔頂塔底の抜出量、還流量も当然増量してやる必要がある。

⑦ 製品規格がオンスペックになったならば､還流量を規定の比率まで落とし、それに比例してリボイラースチームの量も減少させる。

一方、オンスペックとなるまでは原料タンクへリサイクルされるかブローダウンされていた塔頂、塔底製品をそれぞれ所定の貯蔵タンクへ移送を開始する。

⑧ ほとんどの蒸留塔は原料供給量､塔頂および塔底抜出量､還流量､リボイラースチーム量などの制御がすべて自動制御操作によるようになっているので、運転の安定した後は自動制御装置に切り換えて運転を行うことが望ましい。

イ　運転上の注意事項

(ｱ)　原液の濃度と供給段

蒸留塔は原料供給段より上が濃縮部（あるいは精留部)、下が回収部と呼ばれる。濃縮部は重質分を完全に濃縮して塔頂へ出さないように働き、回収部では軽質分を回収して塔底へ逃がさないように働く。そして、それぞれ濃縮と回収に必要な段数が決定されるので、最適な蒸留作用を行う際の原料供給段の位置が決定される。

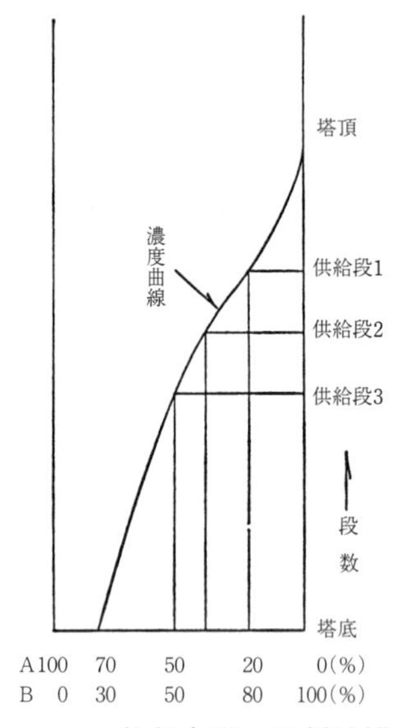

図 2-11　蒸留内塔の原料液濃度こう配

したがって、原料の濃度が判明すれば、塔頂あるいは塔底からの製品の規格により供給段が決まる。たとえば、いま、AとBの2物質を蒸留して純粋のBを塔頂から取り、AとBの混合物を塔底から抜き出すとすると塔内は図 2-11 のとおりの濃度こう配をとる。

たとえば、原料の組成が A22%、B78%であるとすれば、これは当然供給段1に供給されるべきであり、濃度こう配に外乱とならず、良好な蒸留操作が期待される。

ところが、これを供給段3に供給したりすると、Bを回収する段数が少なく、塔底へのBの逃げが多くなり好ましくない。

(ｲ)　還流量の増減

蒸留操作を行う必要な塔の総段数は、分離の難易および還流量によって決定される。したがって、段数が不足している塔では、リボイラーの能力に余裕があれば、還流量を増加して蒸留操作の改善を図ることができる。

一般に還流比（還流量／留出量）は、簡単な分離操作の場合 0.5 ～ 2.0、分離操作の困難な場合 6 ～ 10 が普通であるが、塔の理論段数（分離操作を行うに必要な理論的段数で計算により求めるもの、実際の段数は理論段数の 1.5 ～ 2 倍程度）が 30 段以上、また、実段数が 50 段以上の超精密蒸留においては、還流比が 10 を超えることもある。

(ｳ)　温度こう配

蒸留塔では軽質分（低沸点成分）は塔頂へ、重質分（高沸点成分）は塔底へ移動するので、塔内は塔頂温度が最も低く、塔底になるに従って温度が上ってくる。この温度の変化率は、非常に急な部分もあれば、非常にゆるやかな部分もあり、段番号と温度との関係を示したものが温度曲線と呼ばれ図 2-12 にその例を示す。

図 2-12 に示した4本の温度曲線について考えてみる。

① (1) は、塔頂、塔底付近で変化が少なく、ともに相当純度の高い物質が得られていることを示している。2成分の分離を行う際には、このような温度曲線が得られる。

② (2) は、塔頂のみ変化が少なくて純粋な物質が得られ、塔底は混合物があって濃度こう配がついている。

③ (3) は、(2) の逆で塔底に純粋な物質が得られる。

④ (4) は、全般的に温度こう配がなく、沸点差の少ない2成分を分離することを示す。

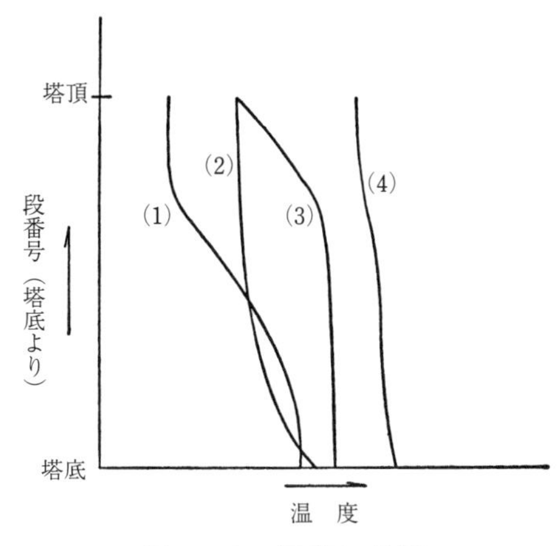

図2-12　温度こう配

これらは適正な蒸留が行われていると仮定した場合の事例だが、蒸留操作が適正でなければ、同じ蒸留塔においても温度こう配が変わってくる。したがって蒸留塔について、その最適な状態での温度曲線を描いておいて、日常の運転においてそれと実際とを照合して原料および製品の品質の変化を予知し事故を防止することが望ましい。

(ｴ) 圧力こう配

蒸留塔には、温度こう配のほか圧力こう配が存在する。圧力は温度ほど測定する箇所が多くないが、塔頂圧と塔底圧あるいは両者の差は、常に測定され、塔運転の指針となる。

塔底圧は、塔頂圧より常に高いが、この圧力差の起こる原因としては次の点が挙げられる。

① 蒸気が棚段を通過する際の摩擦抵抗によるもの（通常1段あたり0.4～0.7kPa（3～5mmHg））

② 棚段上の液内を泡となって蒸気が通過する際の静圧によるもの（通常1段あたり0.8～1.2kPa（6～9mmHg））

であり、①は、蒸気量の増大、あるいはポリマーなどの棚段への付着、閉塞により、②は、棚段上の液量増加により、それぞれ増加して圧力差を大きくする。

したがって、運転中はこの圧力差に注意を払う必要がある。

(ｵ) 蒸留塔の適正運転負荷

蒸留塔では、負荷が大きすぎても小さすぎても、また、負荷のうちに蒸気負荷と液負荷のバランスがくずれても効果が下がる。蒸留塔を適正に運転するための負荷範囲が存在するので、これを泡鐘段について説明すると次のとおりで

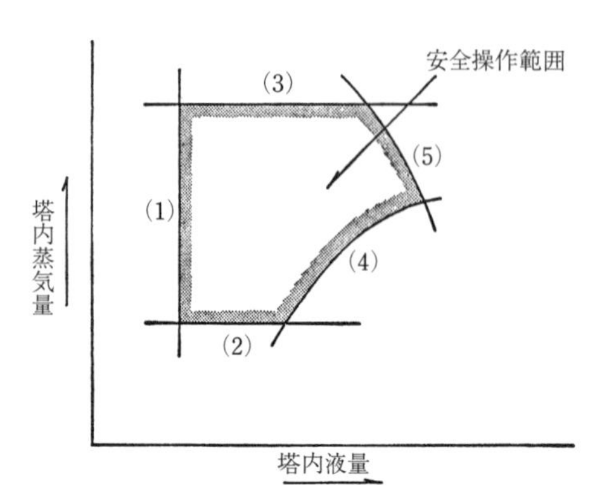

図 2-13　泡鐘段における運転負荷の範囲

ある（他の棚段についても原則的に適用される。）。泡鐘段においては（1）～（5）の５本の限界線（図 2-13 参照）に囲まれた部分が効率、気液の流動性および接触、気泡の発生などの点で良好な範囲といえる。

① （1）は、蒸気量が多くて液量が少ないときに起こる現象で、液量がこの限界線以下となると蒸気は段上の液と接触せずに上昇することになり、塔内液量の最小許容限界線といえる。

② （2）と（4）は、蒸気量に対して液量が多く気泡の発生も不連続となりこの蒸気量が限界線以下となると、著しい場合は、液が蒸気上昇管をつたって降下する（この現象をバックトラッピングという。）
こととなり、塔内蒸気量の最小許容限界線といえる。

③ （3）は、液量に対して蒸気量が非常に多く、この限界線を超えると、いわゆる飛沫同伴（エントレイメントと呼ばれる。）を起こして液を上段へ吹き上げることとなり、蒸気の最大許容限界線といえる。

④ （5）は、フラッディング限界線と呼ばれ、この限界を超えると液、蒸気ともに多くなり、ダウンカマーまで液と気泡で充満することとなる。

次にこれらの限界線をはずれたときの見分け方としては、一般的には、次のような現象で判断することとし、この場合とくにｂが重要であり、監視を十分にする。

a　蒸留効果が低下して製品がオフスペック（目的の組成からはずれる。）となる。

b　温度、圧力曲線が大幅に乱れる。

c　還流槽の液面が突然上昇する。

安全操作範囲からはずれ混乱が生じたら、塔頂または製品を原料タンクへリサイクルさせるとともに原因を確かめることが必要である。

B　特殊な蒸留方法

ア　減圧蒸留（真空蒸留）

取扱物質の沸点が高く適当な加熱媒体のない場合や加熱により分解を起こしやすい物質を取り扱う場合には、沸点を下げて処理するため、減圧または真空にする必要がある。

減圧または真空にするためには、エジェクターまたは真空ポンプを使用して還流槽で行うのが普通であり、絶対圧 2 ～ 3kPa（15 ～ 22.5mmHgAbs）までで、工業的にはそれ以下の減圧はほとんど行われていない。

なお、この蒸留方法については、圧力損失が相当大きくなること、絶対圧が低い場合にわずかな圧力変動によってもその影響を受けること、減圧であるために空気が混入しやすいことなどの問題がある。この方法による設備では、配管との接合フランジ面、マンホール、ハンドホール類など各部の日常の監視とともに、ポンプ系統ベーパーロック（液の移送が不能となる。）に注意する必要がある。減圧蒸留方法のフローシートを図 2-14 に示す。

イ　抽出蒸留

分離しようとする物質の沸点がほとんど違わない場合、普通の蒸留操作で分離するには膨大な段数（たとえば 200 段とか 300 段）が必要となり実用には使えない。そこで、溶媒と呼ばれる第 3 成分を塔頂近くに大量に装入すると、2 成分の一方を吸収しながら塔内を降下し、1 つの特定成分は溶媒とともに塔底へ移動する。

これは、溶媒に重質分すなわち蒸発しにくい物質を使うので、これによって 1 成

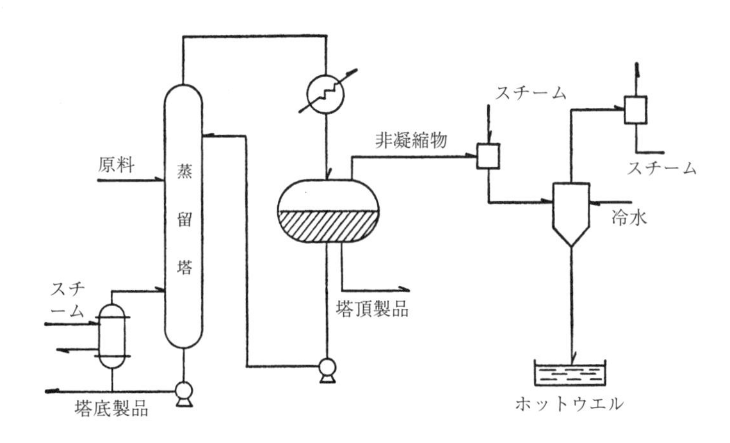

図 2-14　減圧蒸留方法のフローシートの例

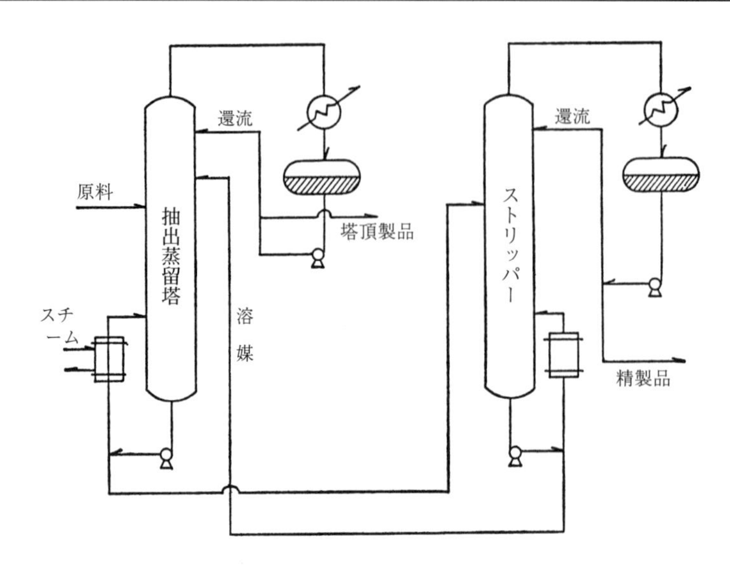

図 2-15　抽出蒸留方法のフローシートの例

分の沸点が上昇し、このため２成分間に適当な沸点差が生じ、分離しやすくなり、溶媒が原料中から１つの成分を効果的に抽出するものであり、この方法を「抽出蒸留」と呼ぶ。

抽出蒸留塔においては塔頂および塔底の製品は次のようになる。

① 抽出されない物質は塔頂から抜き出され、一部還流に使用し、他は塔頂製品として留出する。

② 溶媒に吸収された物質は、他の蒸留塔（ストリッパーと称する。）で溶媒から分離する必要があるので、塔底物はこのストリッパーへ供給される。

抽出蒸留方法のフローシートを図 2-15 に示す。

なお、この蒸留については、溶媒の損失は当然起こるから溶媒の補充が必要であり、また、溶媒の組成が落ちると抽出効果も落ちるので、組成を一定に保つ必要がある。

ウ　共沸蒸留

沸点差が相当大きい（たとえば 10℃以上）物質の混合物の蒸留にあたって、段数を増しても、還流を増しても、ある限度以上には分離できないことがある。

このような混合物を「共沸混合物」といい、その沸点はそれぞれの純粋物質の沸点と異なる。

共沸混合物を分離する方法としては、たとえば２成分系共沸混合物の場合には、抽出蒸留のように第３成分を添加する方法がある。この場合、第３成分は原料中の

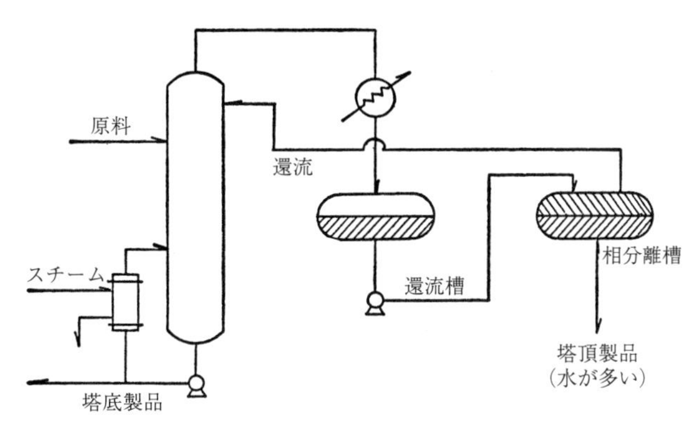

図 2-16　共沸蒸留方法のフローシートの例（アルコールー水系）

2成分から1成分を抽出するばかりでなく、2成分とさらに別の3成分系共沸混合物を作り、他の成分と沸点が異なるため、塔頂あるいは塔底に原料中の1成分を全量伴って出てくる。つまり原料中にA、Bの2成分があって、Aを純粋の形で取り出したいとき適当な添加剤Cを選んで添加すると、A－B－C系の共沸混合物とAとに分離することができることとなる。

共沸蒸留はアルコール－水系のように相互に溶解している混合物から水を除去するのに用いられることが多く、図 2-16 にそのフローシートを示す。

これはアルコール－水系の混合物にベンゼンを添加して、塔底から純粋のアルコールを得るプロセスであるが、一般の蒸留装置と異なるのは、還流中にベンゼンが多く含まれ塔頂製品中に水が多くなるように相分離を行う相分離槽があることである。なお、塔頂製品は、原料中へリサイクルされ再び蒸留されることが多い。

エ　水蒸気蒸留

水にほとんど溶け合わない揮発性液体に直接水蒸気を吹き込みながら加熱すると、その液体は本来の沸点よりも相当低い温度で留出する。

これが水蒸気蒸留の原理であり、一般に水蒸気蒸留は次のような場合に用いられる。

①　物質の沸点が高く、常圧で蒸留すると分解する可能性のある場合

②　熱源の温度が低いため、原液が蒸発温度に達することが困難である場合

これは、減圧蒸留の場合と類似しているが、減圧蒸留に比べて装置が簡単であることが利点である。

(4)　蒸留塔の保守

蒸留装置はプラントの心臓部ともいえる部分であり、その主体をなす蒸留塔に事故が発生すれば、プラントの停止はもとより、関連部門にまで影響を及ぼす可能性があるので、とくに次のような項目に重点をおいて点検を励行することが必要である。

また、これらの点検結果は、正確に記録しておくことが大切である。

A　日常点検項目（運転中に点検可能な項目）

① 保温材、保冷材の破損状況はどうか。

② 塗装の劣化状況はどうか。

③ フランジ部、マンホール部、溶接部からの外部への漏れがないか。

④ 基礎ボルトはゆるんでいないか。

⑤ 蒸気配管に熱膨張による無理な力が加わっていないか、腐食などで肉厚が薄くなっていないか。

B　開放の際点検すべき項目

① トレイの腐食状態はどうか、程度と範囲はどうか。

② ポリマーなど生成物、錆などで泡鐘が詰まっていないか、多孔板の目詰まりはないか、バラストユニットは固着していないか。

③ 溢流堰の高さは設計通りか。

④ 溶接線の状況はどうか、泡鐘は棚段に固定されているか。

⑤ 漏れの原因となる割れ、傷はないか。

⑥ ライニング、コーティングの状況はどうか。

3 熱 交 換 器

(1) 熱交換器の種類

高温流体と低温流体との間で熱の移動を行わせる装置であり、その作用の例を図示すると図2-17のとおりである。

すなわち、図のように2つに仕切られた容器内で、一方から150℃の水蒸気を送入し、他方から20℃の空気を送入すると、空気は、水蒸気から熱を奪い、20℃以上の高温の空気になって排出され、逆に水蒸気はもとの水蒸気より冷えて出てくる。これは高温流体から低温流体に熱が移動したからである。

熱交換器は、その使用目的、構造により次のようなものに分類される。

A 使用目的による分類

① 熱交換器 廃熱の回収を目的とする。

② 冷却器(クーラー) 高温側流体の冷却を目的とする。

③ 加熱器(ヒーター) 低温側流体の加熱を目的とする。

④ 凝縮器(コンデンサー) 蒸気の凝縮を目的とする。

⑤ 蒸発器 低温側流体の蒸発を目的とする。

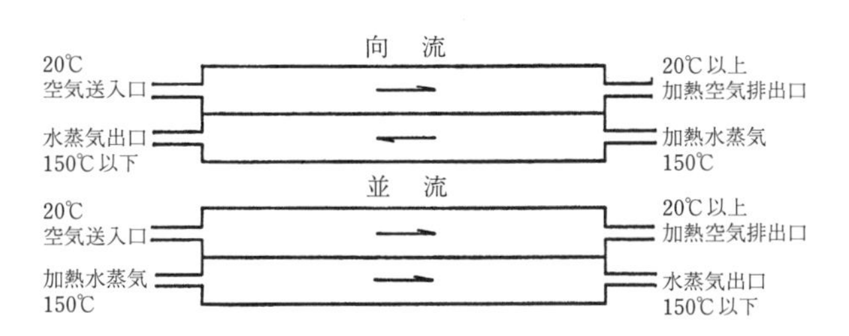

図2-17 熱交換器の原理

B　構造による分類

ア　多管式熱交換器（図 2-18）

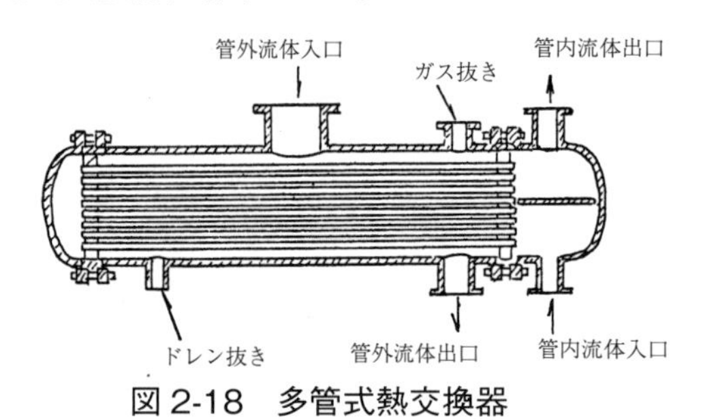

図 2-18　多管式熱交換器

イ　二重管式交換器（図 2-19）

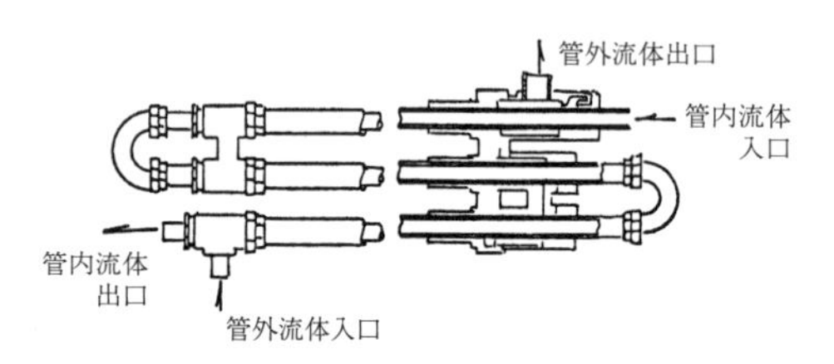

図 2-19　二重管式熱交換器

ウ　コイル式熱交換器（図 2-20）

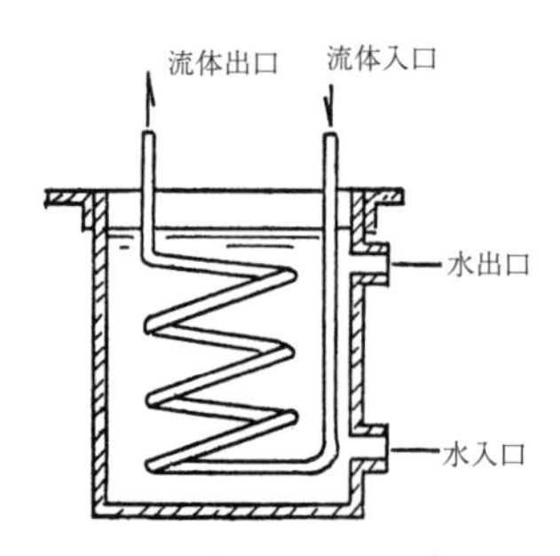

図 2-20　コイル式熱交換器

C　熱交換器の主な用途

熱交換器は、化学装置のいろいろな部分に使用されており、その主な使用箇所、使用目的等は、次の表 2-2 および図 2-21 の例のようなものがある。

第2章

表 2-2　熱交換器の使用箇所と目的

	使 用 箇 所	使 用 目 的	使用される熱交換器の形式
①	加熱器または気化器	液化ガスの加熱気化	二重管式、多管式（固定管板式）
②	蒸留塔予熱器	供給物の予熱	二重管式、多管式（固定管板式）
③	〃　塔頂凝縮器	塔頂蒸気の凝縮	多管式（遊動頭式、固定管板式、U 字管式）
④	〃　塔底冷却器	塔底缶出液の冷却	二重管式、多管式（固定管板式）
⑤	〃　再沸器（リボイラー）	塔底液の再蒸発	多管式（固定管板式、U 字管式）
⑥	圧縮機中間または出口冷却	圧縮ガス冷却	二重管式、多管式（固定管板式、遊動頭式）
⑦	廃熱回収ボイラー	廃熱回収	多管式（固定管板式）

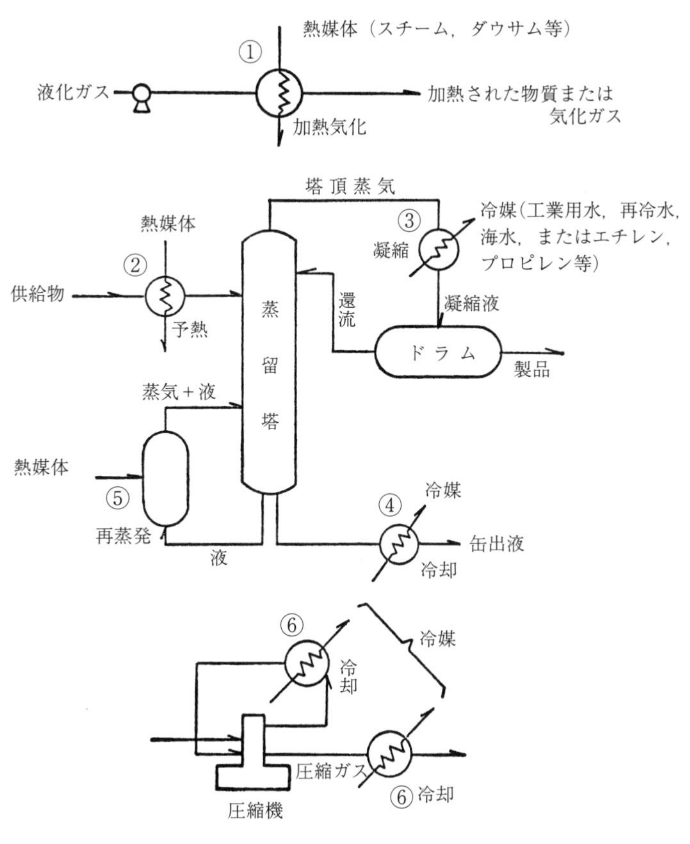

図 2-21　熱交換器の使用例

(2)　熱交換器の取扱い

熱交換器の取扱いについては、それぞれのプラントごとの種類、構造、取扱い物質などの状況に応じて具体的な取扱い方法を定めてこれによって適正に行うことが必要であるが、その例を挙げると次のとおりである。

A　冷却水を用いる熱交換器の例

①　スタートアップの際は、冷却水を先に通すとともに冷却水側に滞留しているガスを抜き出し、その後に被冷却物を通すこと。

②　シャットダウンを行う際は、まず被冷却物の流れを止め、その後に冷却水を停止すること。

③　自動制御装置のある熱交換器では、運転が定常状態になれば、直ちに制御装置によって運転するのが望ましいこと。

④　自動制御装置のない場合の温度調節は、冷却水出口バルブで行うこと。

⑤　熱交換器の効率が低下した場合の原因としては、

- 流体の汚れによるスケールの管内外壁への付着
- 管側または胴側への非凝縮ガスの蓄積

などが考えられるので留意すること。

⑥　腐食、応力割れなどにより冷却水がプロセス側に漏れ込んだ場合には、

- 製品、副成品中の水分含有量の増加
- 圧力、温度、流量などの運転条件の変動

などが起こるので、これを早期に探知して処置すること。

⑦　腐食、応力割れなどにより液がプロセス側から冷却水側へ漏れ込んだ場合には、

- 常温で漏れたら回収液に油が浮く
- 液化ガスが漏れ、その量が多い場合は、冷却水が凍って熱交換器本体に露を結ぶか、氷がつく
- 少量の場合は、廃水にそのガス特有の臭いがする
- ガスが大量漏れした場合は、熱交換器本体が振動する

ので運転中に廃水を常時チェックし、漏れの有無を確かめ適切に処置すること。

⑧　熱交換器を使用しない時は冷却水入口バルブを全閉し、ドレンを完全に切っておくこと。

B　スチームを用いて加熱する熱交換器（主としてリボイラー）の例

① スタートアップに際して、被加熱物が、極低温のためスチームが凍るおそれのある場合は、スチームを先にしておくが、常圧蒸留塔または減圧蒸留塔に用いるリボイラーなどでは、被加熱物を熱交換器内へ入れてからスチームを徐々に通して加熱する。なお、スチームを通しはじめるときには、熱交換器前でスチームのドレンをよく切るとともにリボイラーのスチームトラップのバイパスを開き、コンデンセートを流し、コンデンセートの量が減ったならば、バイパスを閉じること。

② シャットダウンの際は、スチームを先に停止してから被加熱物を抜き出すこと。

③ 冷却水を使用する熱交換器に比べて、スチームを用いる熱交換器には、自動制御装置が取り付けられていることが多いので自動制御装置により運転することが望ましいこと。

④ 熱交換器の効率低下の原因として、
- ・閉塞の場合にスチームの流量が急激に減少しスチーム側の背圧が上がる
- ・被加熱物の流量が0、すなわち空焚きや極端に流量が少ない場合も同様の現象が見られる

ので、これを早期に探知し処置すること。

⑤ 熱交換器を使用しない場合は、スチーム、被加熱物とも入口バルブを全閉し、ドレンを切っておくこと。

(3)　熱交換器の保守

熱交換器はプラントでは大きな役割を果たしており、ひとたび事故が起こるとプラントは混乱に陥り運転停止となるため、各方面に与える影響が大きい。このような事故を防止するためには適切な保守を行う必要がある。

長期間の運転によって材料が劣化し、機能も低下するが、これをできるだけ小範囲にとどめるよう、とくに次の点検項目について日常および定期に点検を励行する必要があり、その結果を確実に記録しておくことも大切である。

A　日常点検項目（運転中にも点検可能な項目）

① 保温材および保冷材の破損状況はどうか。

② 塗装の劣化状況はどうか。

③ フランジ部、溶接部などからの外部への漏れがないか。

第2章

④　基礎ボルトはゆるんでいないか。

⑤　基礎（とくにコンクリート基礎）はこわれていないか。

B　定期的開放点検項目

①　腐食およびポリマーなどの生成物の状況、あるいは付着物による汚れの状況はどうか。

②　腐食の形態、程度、範囲はどうか。

③　漏れの原因となる割れ、傷はないか。

④　チューブの肉厚は減少していないか。

⑤　溶接線の状況はどうか。

⑥　ライニングあるいはコーティングの状態はどうなっているか。

4　加　熱　炉

炉の中で燃料を燃焼し、その発生熱により炉内に置かれたチューブ中を流れる流体を加熱するための装置であり、その構造、運転上の留意事項および保守点検上の留意事項は以下のとおりである。

(1)　加熱炉の構造

図 2-22 のように燃焼のためのバーナーと熱を伝導させるチューブからなり、伝熱部はふく射部と対流部とに分かれる。

(2)　加熱炉の運転

A　点火および消火

ア　ガスを燃料にする場合

① 燃料ガスの圧力が燃焼に十分であるか点検する（圧力が低いと逆火を生じやすい。）。

② ガスが炉内に滞留して爆発限界にあるときに点火すると爆発を起こす。点火前にダンパーを十分に開き、スチームまたは空気によるパージを十分に行うこと。

③ 点火はパイロットバーナーを用い、火種をバーナーの先に挿入し、徐々に元バルブを開き、炎が安定したら漸次ガス量を増す。

④ 一度火が消えたときは、スチーム・パージをしてから点火する。

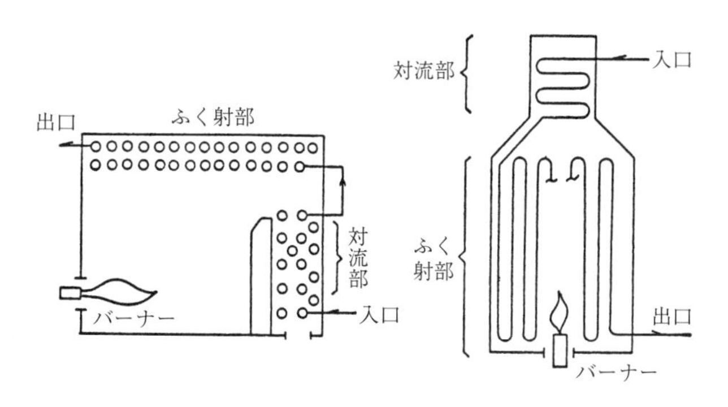

図 2-22　加熱炉の構造の例

⑤　消火の際は、ガスの元バルブを閉める。

イ　油を燃料にする場合

①　水分が多量に混入してバーナーを消すことのないようにタンク底部の水分に注意する。

②　バーナーで完全に噴霧化できる粘度になるまで油を加熱する（それぞれのバーナーの仕様を十分理解しておくこと。）。この場合、必要以上に加熱するとポンプのサクションロスを生じたり、一部がバーナーで蒸発して炎が息をついたり、バーナーチップのカーボンの堆積を生じたりする。また、噴霧化スチーム（アトマイジングスチーム）が過熱されるとチップにカーボンが蓄積する傾向がある。

③　ガスの場合と同様点火前に炉内をスチームまたは空気でパージする。

④　スチーム噴射の場合はスチームのドレンを切っておく。

⑤　点火の際は、パイロットバーナーを用い、バーナー前に差し入れた後、徐々に元バルブを開く。同時に噴霧化スチームまたは空気の元バルブを開く。

⑥　一度火が消えたときは、スチーム・パージをしてから点火する。

⑦　消火の際は、油の元バルブを閉じ、次にスチームまたは空気のバルブを閉じる。

B　ドラフトの調節

①　ドラフト・ゲージに注意し、炉内の圧力が外気より高くならないようダンパーを調節する。炉内の圧力が外気よりも大きくなると、レンガまたはライニングのすきまより燃焼ガスが漏えいして炉の外側鋼材を損傷する。

②　ドラフト・ゲージによりドラフトが過大にならないよう注意する。ダンパーを開きすぎて通風量が増加すると、炉内温度の低下、燃焼ガス量の増大等から熱効率が低下する。

C　温度の調節

①　加熱炉のチューブおよびチューブサポートの酸化および耐火レンガまたはライニングの溶融の程度は、温度の上昇に対して直接に影響を受けるので、所定温度の上限（材質の使用限界温度）を超えないように注意する。

②　昇温および降温は、金属の熱膨張、急な加熱・冷却の熱応力による割れ等を考慮し、所定の速度（普通：50 ～ 70℃ /hr）で行う。高温部では、さらに緩やかな速度で行う。

③　被加熱物体の熱的性質に注意する必要がある。たとえば、炭化水素を加熱す

る際には、チューブの局部加熱によりカーボンがチューブ内面に蓄積すると熱伝導率が低下するとともに材質を劣化させる。

このチューブの過熱やカーボンの蓄積は、チューブ内の流速が遅い場合にも起こるから、設計値を大幅に下回る流量で運転してはいけない。また、所要の製品量を得るためには所定の温度こう配に保つ必要がある。

④ 重油のような硫黄含有量の高い燃料を燃焼させると、硫黄分の一部から硫酸を生じ、金属を腐食させることになる。この硫酸は、ガス状のままのときはあまり問題とならないが、これが140～160℃以下の金属面に触れ、凝結して液状の硫酸となると、激しい腐食を起こすことになる。

このように、燃焼ガスと空気の予熱を行う熱回収装置のある炉では、煙突から排出する燃焼ガスを約160℃以下にすると金属を腐食させる危険がある。

D バーナーの調節

① 油焚きのバーナーでは、噴霧化スチームまたは空気を、ガス焚きのバーナーでは1次空気および2次空気の調節を行い、燃料の適当な燃焼と安定な炎を得るよう次の点に留意する必要がある。

・ガスバーナーでは、ガスの組成によって異なるが、空気量が少ないときは炎は長くて暗橙色となり、炉内は暗く煙は黒味を帯びる。空気量を増すに従って炎は短くなり、先端が青味を帯び、炉内はすきとおって見え煙も淡色に近づく。

・油バーナーでは、空気量が不足すれば炎は暗赤色となり、炉内はやや暗く煙は黒色となる。逆に空気量が過大のときは、炎は短く白色でやや紫味を帯び、先端で火花を飛ばし炉内はすきとおり煙は無色か黄褐色である。

空気量が適当であれば炎は淡橙色で、炉内はややすけて見える程度であり、煙は淡灰色を示す。薄い、はためく炎を生じる場合、輝くような白色炎を生じる場合は、噴霧化スチームが多すぎるのである。

② 炎がレンガ壁、ライニング壁またはチューブに触れないように注意する必要がある。炎が壁面をなめればレンガやライニングの損傷を早め、チューブに触れれば、局部加熱を生じカーボンの堆積をはなはだしくするとともにチューブ外面の損傷もひどくなる。

③ バーナーを離れた所で燃焼させないように注意する必要がある。

(3) 加熱炉の保守

化学工業では可燃性のガス、引火性の物等を取り扱うため、火気に対してはとくに注意しなければならない。なかでも加熱炉は、プラント内で火気を取り扱う代表的な部分であるため、プラント内の風上のガスおよび油を取り扱う機器と離れた位置に配置されているが、万一、加熱炉のチューブが破損し内部の流体に引火した場合、または加熱炉本体から炎が漏れて、付近のガスに引火した場合には、火災を引き起こし、プラントの停止のみでなく危険な状態となる。

したがって、運転上の注意事項を十分に守るとともに、炉の長期連続安定運転のためにとくに次のような点について点検を行う必要がある。

A　日常点検項目（運転中にも点検可能な項目）

① チューブの湾曲、たわみおよび膨れの状況はどうか。

② チューブ、リターンベンド本体および溶接部、フランジ部からの漏れがないか。

③ レンガのくずれはどうか。

B　定期的開放点検項目

① チューブのたれ下がり、膨張およびスケール付着状況はどうか。

② チューブおよびリターンベンドの耐圧テスト、気密テスト、肉厚測定をする。

③ チューブサポートの割れ、曲がりの状況はどうか。

④ レンガのくずれおよび亀裂、目地の脱落状況はどうか。

⑤ スタックおよび熱回収装置の腐食状況はどうか。

5 管、管継手および弁

化学装置の管、管継手および弁は、液体、気体等の移送経路に使用されるものでたとえば図 2-23 のようなものがある。

(1) 管

管には種々の材料が使用される。表 2-3 にそれらの材料および用途の例を示す。

(2) 管 継 手

管継手には、図 2-24 に示すような永久的継手と一時的継手の 2 種類がある。

一般に高圧管では漏れを防ぐために管を溶接するが、取付場所や修理のために取

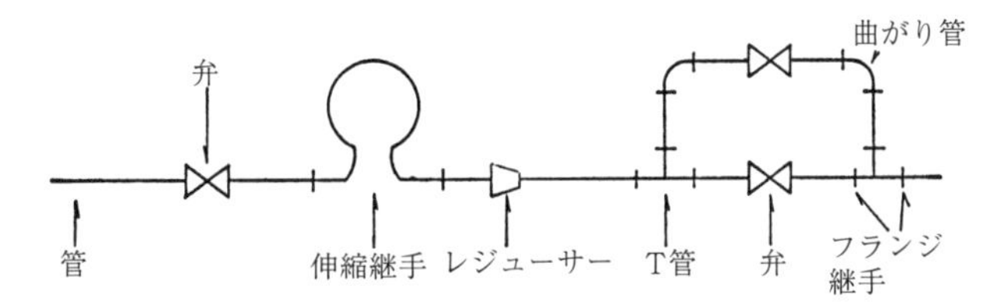

図 2-23 管継手および弁の例

表 2-3 管の種類と用途

材 料	主 な 用 途
鋳 鉄 管	水道管
鋼 管	蒸気管、圧力気体用の管
ガ ス 管	雑用
銅 管	給油管、蒸留器の伝熱部分の管
黄 銅 管	復水器、蒸留器の管
鉛 管	上水、酸液、汚水用の管

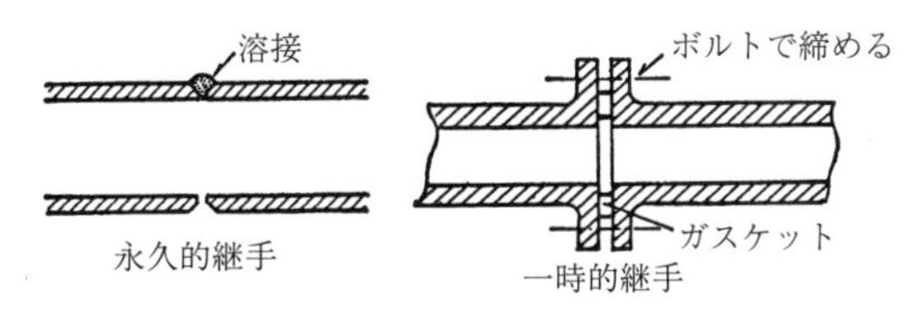

図 2-24 管継手

り外しを要する場所などは一時的継手（たとえばフランジ継手）を使用する。また、管が長く、温度変化により管の伸縮を考慮しなければならないときは伸縮継手を使用する。

(3) 弁（バルブ）

弁は管内の流体の流れを止めたり調節したりするために用いられ、その種類には大別して止め弁・仕切弁があり、その例を示すと図 2-25 ～図 2-26 のとおりである。

A 止め弁（ストップバルブ）

止め弁は、弁体が弁棒によって、弁座に直角な方向に作動するバルブの総称で、一般配管用の遮断装置として用いられる。閉鎖が確実にできること、比較的安価であることから、広く用いられる弁で、アングル弁と玉形弁との２種類がある。

B 仕切弁（ゲートバルブ）

仕切弁は、流れに直角に仕切板（弁板）を差込み、流量の加減および遮断に用いられる弁の総称である。弁を通過する流体の流れの向きが変わらないこと、取付フランジの間隔の短いことが特徴である。

第2章

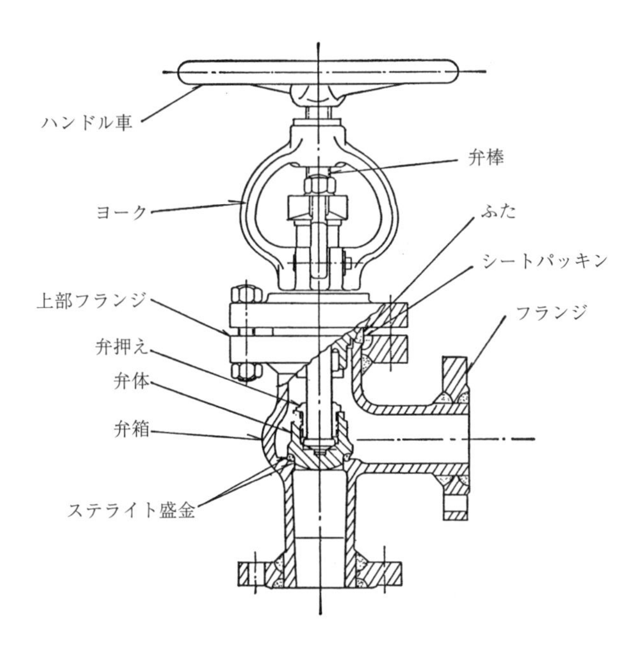

図 2-25　止め弁の例（アングル弁）

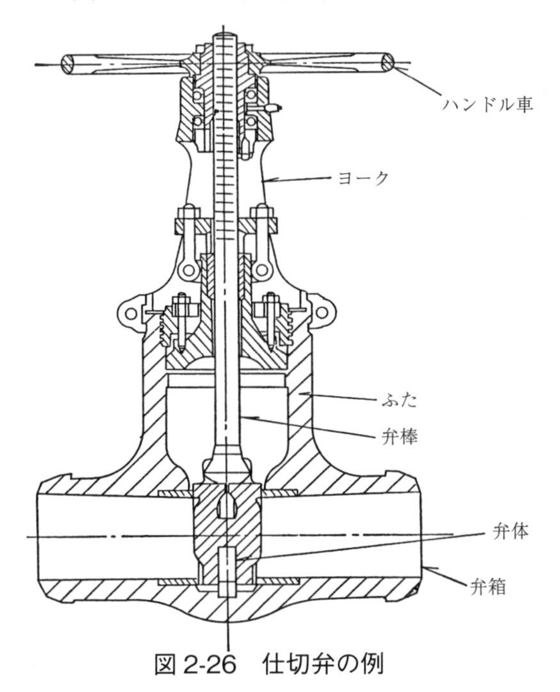

図 2-26　仕切弁の例

6 ポンプ

圧力の作用によって液体を吸い上げあるいは押し出す装置を「ポンプ」という。たとえば図2-27のように、ポンプは吸込水位にある水を吸込管を通して吸い上げ、吐出管へ送り込み吐出水位まで揚水する。

ポンプの能力は、揚水量と揚程（ヘッド）によって定まる。

(1) ポンプの種類（表2-4）

ポンプはその構造および作動により分類すると、その代表的なものの構造等は次のとおりである。

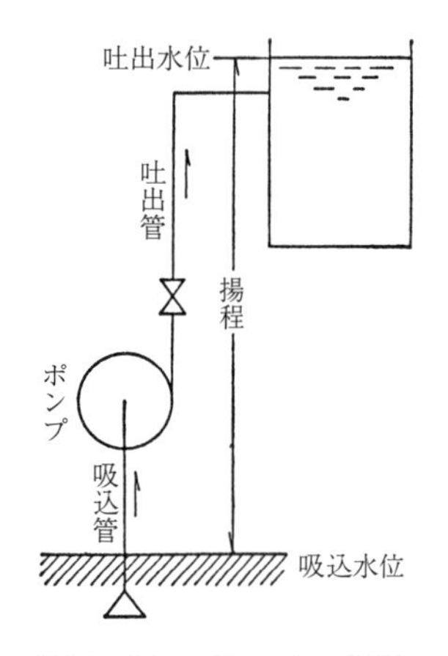

図2-27 ポンプの作動

A 往復型ポンプ

円筒型のシリンダー内でピストン（またはプランジャー）を往復させ、これに応じて吸込弁および吐出弁を開閉させるものである。これはピストンの動きに相当する容積の液体を送り出し揚水作用を行わせるので容積式ポンプともいう（図2-28参照）。

その種類としては駆動方式により次のものがある。

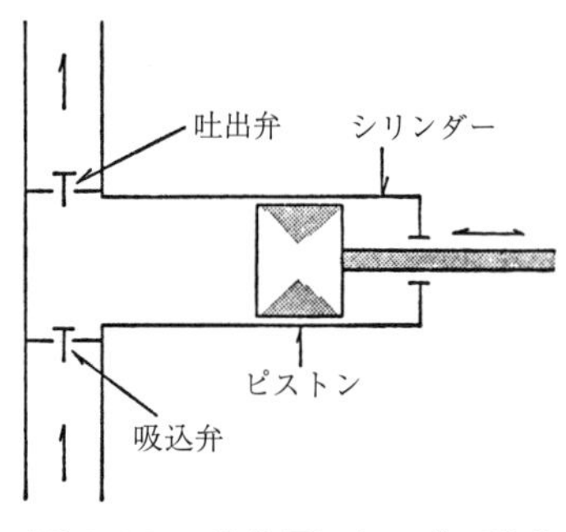

図2-28 往復型ポンプの動作

表2-4 ポンプの種類

種　類	主なもの
A 往復型ポンプ	ピストンポンプ、プランジャーポンプ
B 回転型ポンプ	遠心ポンプ｛うず巻ポンプ、タービンポンプ 斜流ポンプ 軸流ポンプ 歯車ポンプ、ねじポンプ
C 特殊ポンプ	ジェットポンプなど

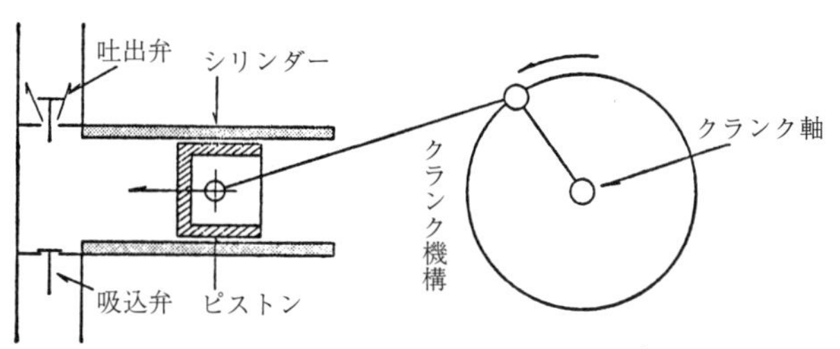

図 2-29　アの往復型ポンプ

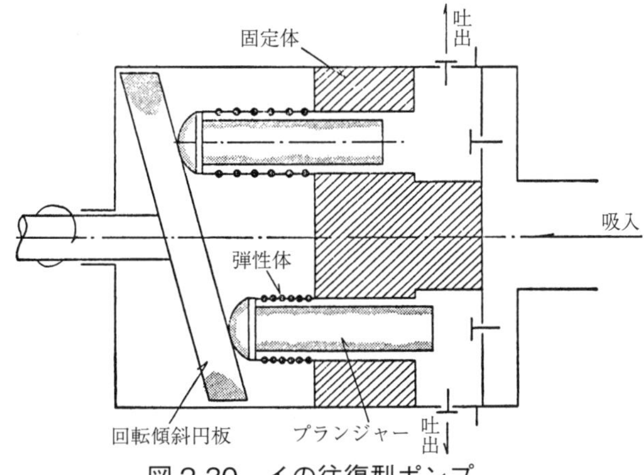

図 2-30　イの往復型ポンプ

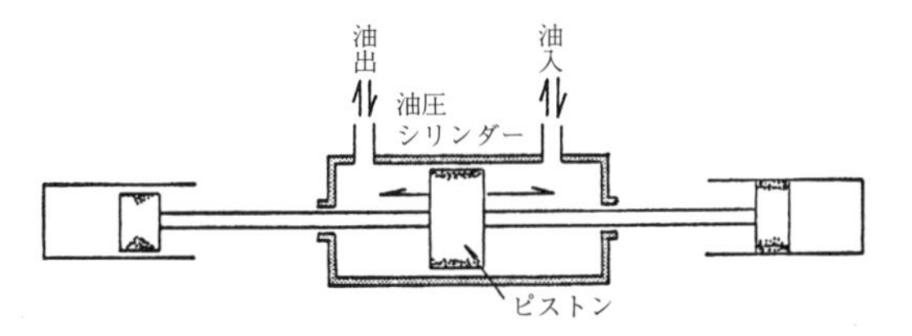

図 2-31　ウの往復型ポンプ

ア　クランク軸の回転運動をクランク機構によりピストンの往復運動に変える方式のもの（図 2-29 参照）

イ　プランジャー軸のまわりに回転する傾斜板によりプランジャーを動かす方式のもの（図 2-30 参照）

ウ　油圧シリンダーにより動かす方式のもの（図 2-31 参照）

B　回転型ポンプ

回転型ポンプのうち、主なものについてその作動原理と構造のあらましを挙げると次のとおりである。

ア　遠心ポンプ

水を満たした円筒形の容器をその中心線を軸として回転させると、水は容器と一緒に回り、水面は図 2-32 に示すように中心で最も低く、周囲で高い曲線を描く。これは回転による水の遠心力のため中心部の圧力が下がり外周が高くなるためである。遠心ポンプはこの原理を応用したものである。

遠心ポンプは、ケーシング内におさめられた羽根車を回して水を回転させ、その遠心力によって水の圧力を上げるもので、図 2-33 にみられるように軸方向に流れこんだ水を遠心方向に吐き出す構造である。遠心ポンプのうち、うず巻ポンプは水量が多く揚程が低いポンプであり、タービンポンプは水量が少なく揚程の高いポンプである。さらに揚程の高いときは羽根車を 2 個以上とした多段ポンプが使用される。

イ　軸流ポンプ

軸流ポンプは、図 2-34 に示すように船のスクリューのような形をした羽根を円筒形のボスに 3 ～ 4 枚の曲面をなした形で取り付け、その回転による推進力で水を吐出する構造のものである。水は完全に軸方向にのみ流れるので「軸流ポンプ」の名があり、また「プロペラポンプ」とも呼ばれる。

軸流ポンプは 4m 以下の低揚程で大水量の場合に適している。

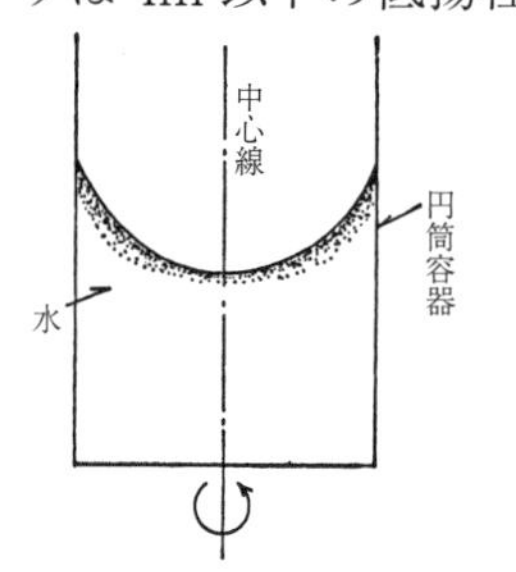

図 2-32　遠心力による水面の変動

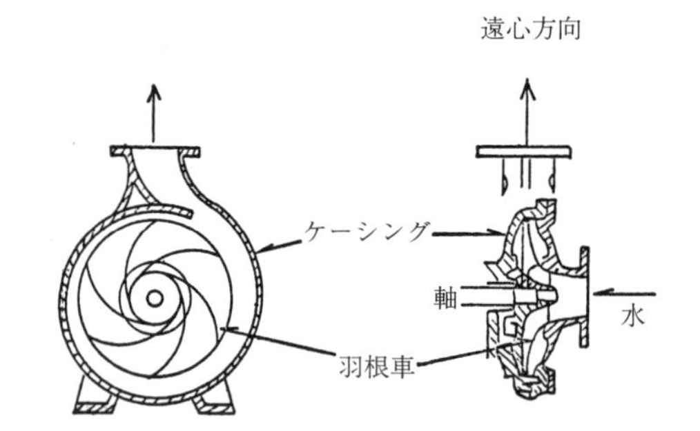

図 2-33　遠心ポンプ

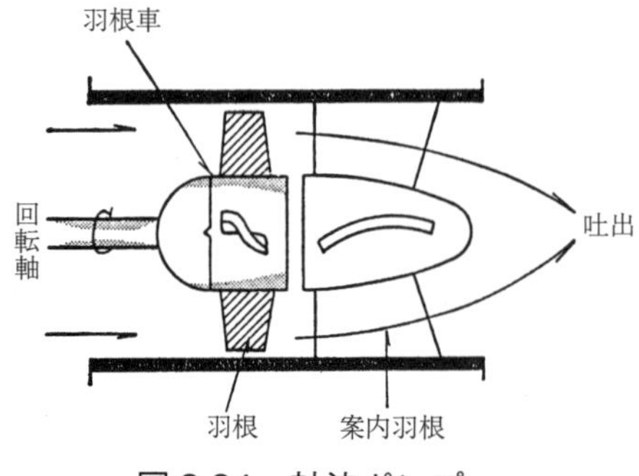

図 2-34　軸流ポンプ

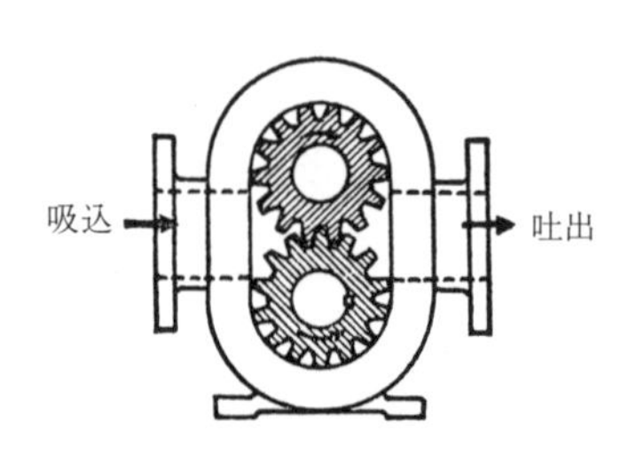

図 2-35　歯車ポンプ

ウ　歯車ポンプ（ギヤーポンプ）

歯車ポンプは、図 2-35 に示す構造のもので、同型の歯車をかみ合わせ回転させると液体は吸込側で歯間に流れこみ吐出側に押し出される。歯のかみ合いは液体を押し出す作用をするほか、吐出側と吸入側とを仕切る役もする。

歯車ポンプは低流量、高粘度の液体に使用される。

C　特殊ポンプ

ア　ジェットポンプ

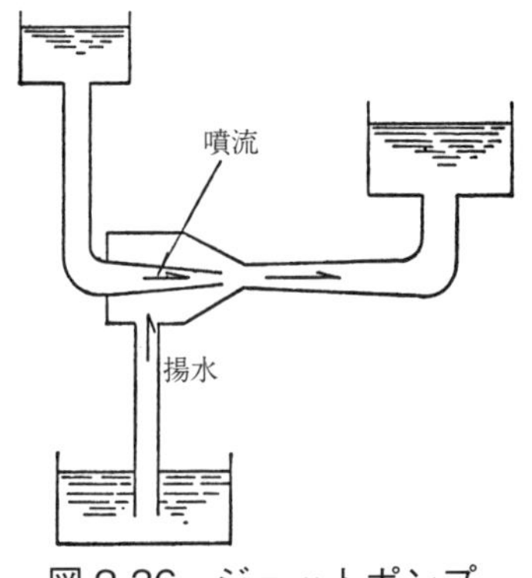

図 2-36　ジェットポンプ

ジェットポンプは、図 2-36 に示すように、流体を連れ出す作用を応用したものである。

水の噴流で揚水するものを「噴射水ポンプ」といい、蒸気を噴出させて揚水するものを「スチームジェットポンプ」という。

(2)　ポンプの運転取扱いと保守

ポンプは、化学設備を安全に稼働させるためきわめて重要な部分であるので、その種類、構造、用途などに応じて、常に正常な状態で運転し、取り扱うことが大切である。その代表的なものの１つであるうず巻ポンプを例に、運転、取扱い上とくに留意しなければならない事項ならびに重要な故障時の措置について以下に挙げる。他の種類のポンプについてもこれを参考にするとよい。

A　ポンプの運転取扱い上の留意事項

ア　運転前

① 軸受にグリースなど油が適量入っているかを確かめる。油量は多すぎても少なすぎてもよくなく、油面計の中頃まで入るのがよい。グリースを軸受箱にいっぱい入れることも発熱の原因となる。（軸受の過熱はグリースの少なすぎより多すぎによることが多い。グリースの充てん量は、軟質のもので、軸受箱空間の３分の１～２分の１、硬質のもので、２分の１～３分の２がよい。）

② 手回しにより、軽く回るかどうかを確かめる。

③ 吸込側配管の弁を全部開く。ストレーナーの清掃を確認する。

④ 吐出側の弁が閉じているかどうかを確かめる。ただし軸流ポンプだけは締切り運転時に最も動力が大きいので、弁を閉じたままでは起動できない。

イ　始動時

① 電動機の結線を変更した場合には、その回転方向を確かめる。(軸継手ボルトをはずして行うのが望ましい。)

② 十分な呼び水をする。フート弁のあるものはケーシング上部の空気抜きコックを開いて呼び水ジョウゴから注水する。フート弁のないものは真空ポンプで抽気し、ケーシング上部に満水するまで呼び水する。

③ 吐出弁を閉じたまま起動する。圧力計の針が所定の値を示して吐出弁を徐々に開く。この場合、電流計の読みに注意し弁の開けすぎにより電動機に負荷をかけすぎないように注意する。

④ 吐出弁を全閉したまま長時間運転すると揚液の温度が上昇するとともに少しずつ吸い込まれた空気が蓄積して空運転の状態となる場合があるので注意する。

ウ　運転中

① 軸受の点検では、オイルリングが円滑に回っても、油をかき上げているかどうかを確かめるとともに軸受温度が異常に上昇していないかどうかを点検する。軸受温度は、軸受外箱で室温＋30℃以内ではまず安全と考えてよい。ただし、それ以下であっても温度の急上昇は注意すべきである。

② グランド部の点検では、グランドの締めすぎ、片締めなどのために過熱していないかどうかを点検する。スタッフィングボックスの温度は常に40℃以下に保つことが望ましい。

③ 音響の点検では、異常音がないかどうかを点検する。

④ 振動の点検では、ポンプと電動機の軸の心出し不良やメタル摩耗などによる異常振動がないかどうかを点検する。

⑤ 圧力、揚水量、電流の状態が正常であるかどうかをみる。

⑥ 多段ポンプではバランスディスクの働きに異常があると、この部分やもどり水通路が暖まる。バランスディスク室の点検では、バランスディスクの摩耗は軸端につけたゲージではかり、1.5～2mmになったら調整リングを取りはずして調整する。

エ　停止時

① 吐出弁、圧力計、真空計のコックを閉じてから電動機を停止する。

② 運転中に停電した場合は、まずスイッチを切ると同時に吐出弁を閉じる。

③ 長期間運転を休止する場合や、冬季には、凍結を防ぐためドレンコックを開

いて排水しておく。また、軸受、軸、グランド押え、軸継手などの仕上面は錆を生じないよう処置する必要がある。

オ　その他の取扱上の注意

① グランドに送る気密水は清澄水でなければならない。濁り水はパッキンと軸を傷める。

② 軸受油の汚れに注意すること。汚れた油は取り替えるようにする。

③ ポンプの空運転は絶対さける。

④ 長期間停止のポンプは週1回程度起動させ、軸受等の錆を防ぐとともに常に運転可能な状態にあることを確認しておく（とくに予備機のある場合は、故障がなくとも、時々切り替えを実施すべきである。）。

B　ポンプの故障とその対策

配管その他の条件によっても揚水が不能になる場合が多くあるが、ポンプ自体の故障によることも少なくない。ここでは主にうず巻ポンプおよびプランジャーポンプの場合を例に、一般的な故障の原因と対策を挙げる（表2-5、65頁）。

ア　キャビテーション

常温の水を10m以上吸い上げたり、また100℃の水をその水面より上に吸い上げることはできない。これは常温の水は約10mの真空で蒸発し、100℃の水は大気圧で蒸発するため、吸入管内が蒸気で満たされ水が切れてしまうからである。同様に水が管内を流動しているときに流水中のある部分の静圧力が、そのときの水温に対応する蒸気圧以下になれば、部分的に蒸気を発生する。この現象を「キャビテーション」といい、ポンプの羽根車や、胴体の中でもしばしば起こる。

キャビテーションによって次のような現象が起こる。

① 初期のうちはわずかの気泡ができ、音がわずかに聞こえるだけでそれ以外に変わったことはない。

② キャビテーションが多少進むと気泡の発生、崩壊が多くなりバリバリ音が聞かれ、ポンプの揚水量、揚程、効率などに多少の変化が表れ腐食作用もはじまる。

③ キャビテーションがさらに進むと、気泡がつぶされるときの激しい衝撃作用でバリバリ音が大きくなり、水の流動はますます不安定となる。それに伴って特性曲線に極端な変化が表れたり、激しい音響振動が発生したりし、腐食の進行も速く運転不可能となる場合もある。

キャビテーションを防止するには次の点が必要である。

① ポンプの据付位置をできるだけ下げ、有効吸入ヘッドを大きくする。
② ポンプの回転数を下げ、吸入比速度を小さくする。
③ ポンプの吸入管の損失を減らす。

表 2-5　ポンプの故障と対策（代表例）

故障内容＼ポンプ種類 原因・対策	うず巻ポンプ		プランジャーポンプ	
	原　因	対　策	原　因	対　策
1. ポンプが起動しない	電気関係トラブル（断線、開閉器等）	点検、修理		
	内容液の凍結	溶かす	同左	同左
	ケーシング内への異物混入	異物除去		
	軸受の焼付	軸受取替		
			その他摺動部の焼付	点検　修理　取替
2. 吐出量不足	空気の吸込大	吸入管パッキン部、グランド部の点検	液体粘度が高い	粘度を下げる（過熱、吸入圧増）
	吸入ストレーナーに異物の詰まり	ストレーナーの清掃	パッキンからの漏えい	パッキン増締、交換
	逆回転	電気関係チェック（結線まちがい）	リリーフ弁からの漏えい	リリーフ弁修理
	インペラ内に異物の詰まり	分解点検	吸込、吐出バルブのシート不良	バルブの修理、交換
	マウスリングの摩耗	分解点検、取替	吸入、吐出バルブの詰まり	分解、清掃
	吸入配管の詰まり	分解、清掃	吸入、吐出バルブのリフト不良	分解、調整
			吸入配管の詰まり	分解、調整
3. 吐出量の不規則	空気の吸込大	同　上	同　上	同　上
	吸入ストレーナーの詰まり	〃		
4. 振動、音響大	空気の侵入	吸入管、グランド部の点検		
	心出し不良	調整修理	同左	同左
	基礎不良	修理		
	軸受不良	ベアリング取替		
	インペラーの破損、異物混入	インペラー取替、ケーシング内点検	吸入、吐出弁、リフト不良	調整、修理
	締付各部のゆるみ	各部点検、増締	同左	同左
	回転部と静止部の接触	点検、修理		
			ポンプの過負荷	吐出圧力点検、異物の詰まり
			クランク摺動部の摩耗	点検取替
5. 発熱	〔軸受部〕心出し不良	心出しやり直し		
	潤滑油不適、給油不足	点検調整	〔摺動部〕クランクケース　同左	
	グリースの入れすぎ、劣化	点検調整　取替		同　左
	ベルトの張りすぎ	点検調整		
	軸受の摩耗	点検調整　取替		
	〔グランド部〕グランドパッキン締めすぎ	グランドをゆるめる	〔グランド部〕	
	冷却水不足、配管詰まり	配管清掃、水量増加		
	グランド押えのシャフト接触	点検修理	同左	同　左
	グランドの片締め	〃		
	心出し不良	〃		
	〔その他〕			
	回転体と静止部の接触	点検修理	同　左	同　左
	運転吐出量の過少			
	過負荷			

イ　サージング

ポンプやその他の流体機械を運転している際に、息をつくような状態になってポンプの出口、入口につけた圧力計および真空計の針がふれ、また、同時に吐出量が変化するような現象を「サージング」という。

もしサージング現象が一度起こったら、吐出弁の開度を変えるなどして人為的に運転の状態を変更しない限り、その状態が続くのが普通である。

サージングは次のような原因で起こる。

① ポンプ揚程曲線が右上がりこう配であること。

② 吐出配管中に水槽または空気だまりがあること。

③ 吐出量を調整する弁の位置が水槽または空気だまりの後方にあること（下流側）。

このようにサージングは、ポンプ自体の特性によるもののみでなく、配管、槽、弁などを含めた管系全体の特性により起こる可能性があるので、ポンプ、管系全体の設計にあたり、このような原因が起こらないように留意する必要がある。

7　送風機および圧縮機

空気その他の気体を圧送する装置であり、数気圧以下の低圧空気を多量に要求する場合には送風機（ブロワ）が採用され、それ以上の圧力を必要とする場合には圧縮機（コンプレッサー）が使用される。圧縮機の場合は、気体の温度が圧縮により上昇するので冷却を考える必要がある。

送風機・圧縮機とは、気体にエネルギーを与えて、圧力を上昇させたり、気体を圧送させたりする機械であり、圧縮の程度によって、ファン（大気圧の1.1倍まで圧縮）、ブロワ（大気圧の2倍まで圧縮）、圧縮機（大気圧の2倍以上に圧縮）に分類される。ファン、ブロワを合わせて送風機と呼ぶ。ここでは、本質的な差異はないので、主に圧縮機について説明する。

・回転式（スクリュー、ロータリー、スクロール）圧縮機……ローターによる。
・往復式（レシプロ）圧縮機……ピストン、シリンダーによる。
・遠心式（ターボ）圧縮機……高速回転する羽根車による。

送風機または圧縮機とポンプとの相違は、扱う流体が気体であるか、液体であるかの相違であって、液体は圧力の変化によって体積がほとんど変化しないが、気体は容易に変化し、温度変化を伴う点が異なっている。

(1)　圧縮機（送風機）の種類

圧縮機を構造により分類すると、容積圧縮機［回転式送風機、往復式圧縮機（レシプロ圧縮機）、斜板式、ダイアフラム式圧縮機、ツインスクリュー圧縮機、シングルスクリュー圧縮機、スクロール圧縮機、ロータリー圧縮機、ロータリーピストン型、スライドベーン型］とターボ圧縮機［遠心式圧縮機、軸流式圧縮機］の2つに大別される。

このうち、代表例として、容積圧縮機［回転式送風機、往復式圧縮機］とターボ圧縮機［遠心式圧縮機、軸流式圧縮機］について以下に説明する。

A　回転式送風機

ケーシング内に1個または数個の特殊ピストンを設け、これを回転させるときにケーシングとピストンとの間の体積が減少して気体を圧縮するものであり、その構造は図2-37に示すとおりである。

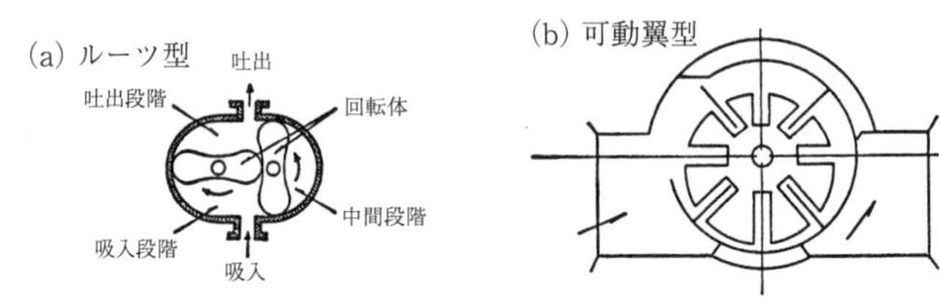

図 2-37　回転式送風機の作動

B　往復式圧縮機

シリンダー内でピストンを往復させ、これに応じて開閉する吸入弁および吐出弁の作用により気体を圧縮するものであり、その作動原理などは図 2-38 および図 2-39 のとおりである。

シリンダー内は、ピストンが、①の位置で吸入圧力となり、②の位置で吐出圧力となり、③の位置で膨張し圧力は下がり、④の位置で吸入圧力となり次いではじめの状態となる。このような行程で、吸入圧力の気体を吐出圧力の気体に圧縮して送り出す。

C　遠心式圧縮機

ケーシング内に収められた羽根車を回転させ、気体に作用する遠心力によって気体を圧送するもので、その作動構造は図 2-40 および図 2-41 に示すとおりである。

D　軸流式圧縮機

プロペラの回転による推進力により気体を圧送するもので、その構造は図 2-42 に示すとおりである。

E　遠心式または軸流式の圧縮機と往復式圧縮機の比較

遠心式または軸流式の圧縮機は、高速回転を行わないと羽根車を通る気体に速度と圧力を与えることができない（圧力に限度がある）。

一方、往復式圧縮機は弁の開閉に多少の時間的余裕が必要で、その回転数は比較的低くなければならない（吐出量が少ない）。また、往復運動部の惰力によって振動が起こるので堅固な基礎が必要で、さらに脈流となるのでバッファタンクが必要である。

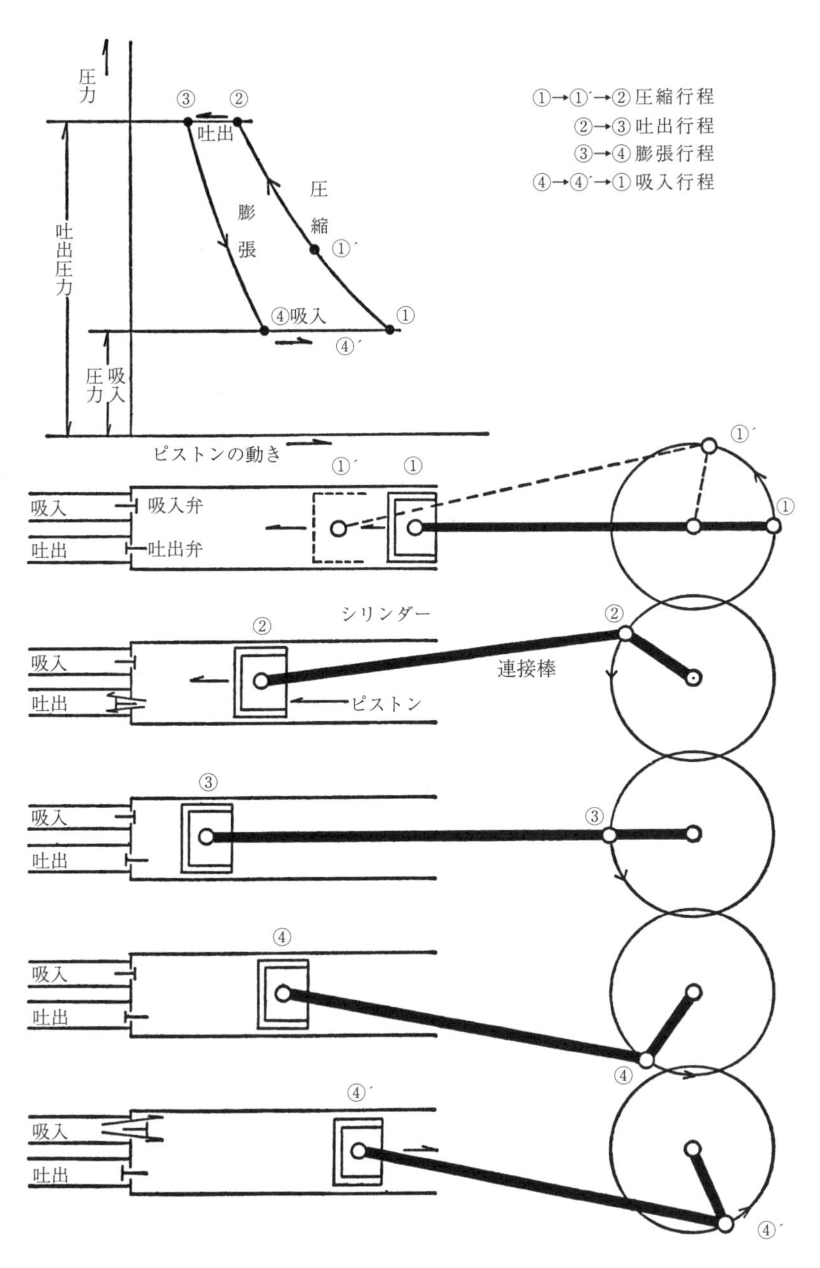

図 2-38　往復式圧縮機の作動

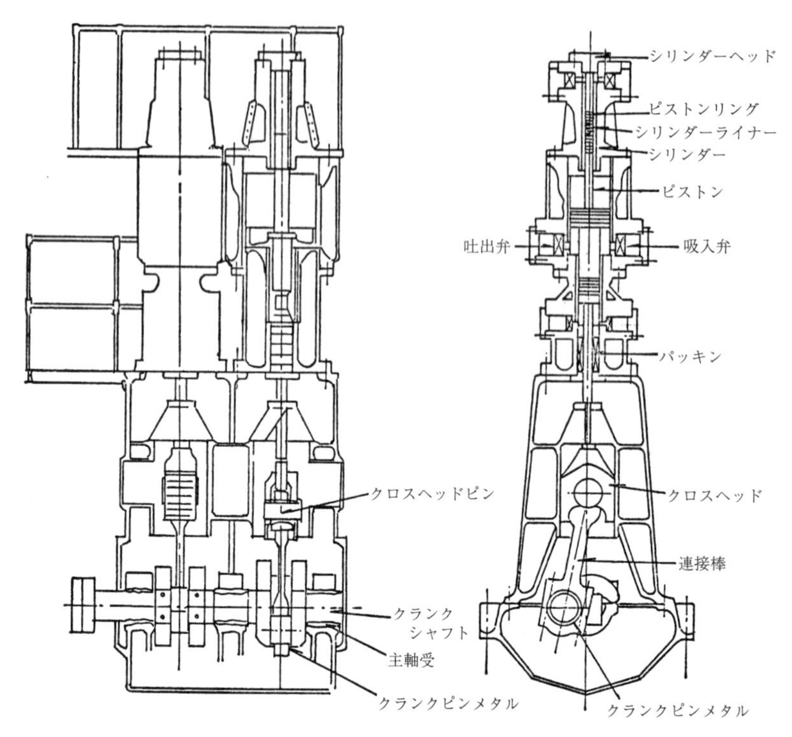

図 2-39　往復式圧縮機の構造例

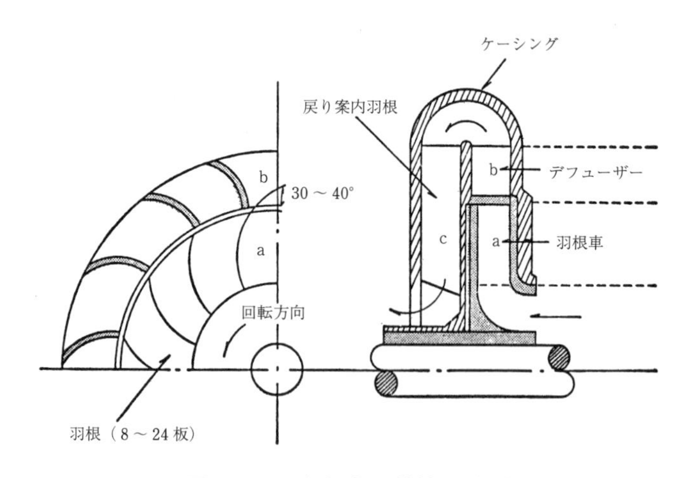

図 2-40　遠心式圧縮機の作動

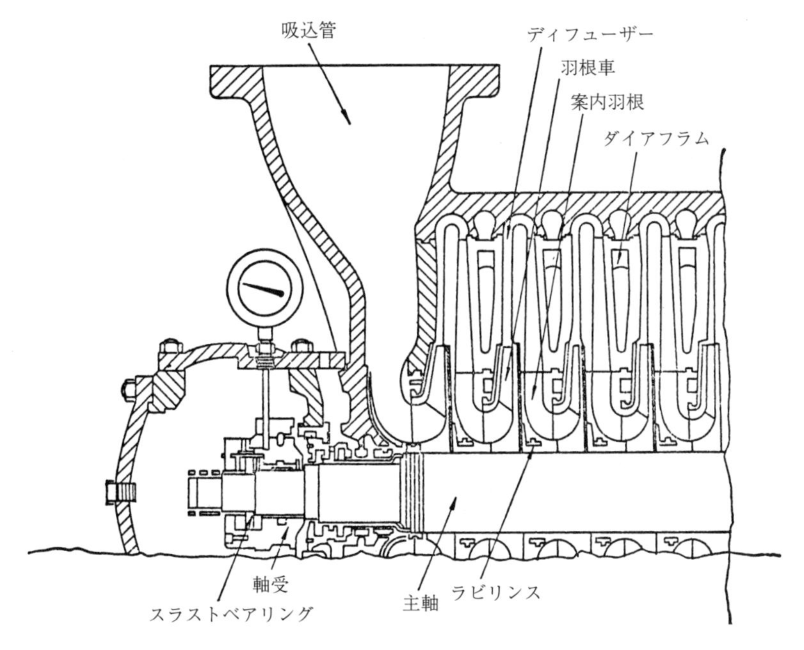

図 2-41　遠心式圧縮機（10 段式）の構造例

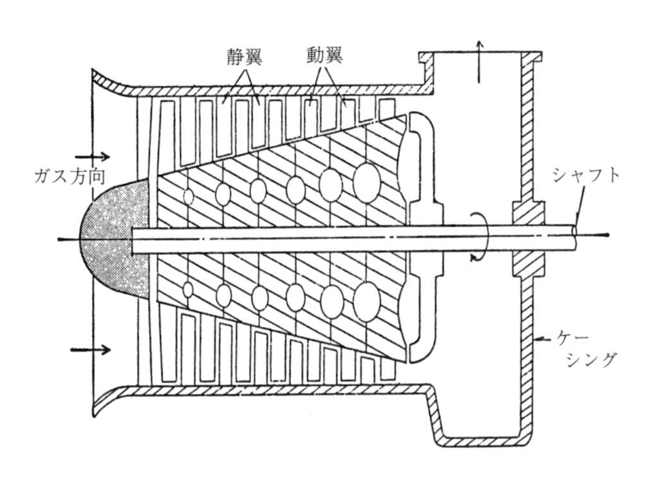

図 2-42　軸流式圧縮機の作動

(2)　圧縮機の起動と運転

代表例として、容積圧縮機（往復式圧縮機）とターボ圧縮機（遠心式圧縮機）について説明する。

A　容積圧縮機（往復式圧縮機）

ア　起動

① クランクケース内の油のレベルをチェックし、必要があれば注ぎ足す。油のレベルが高すぎると油が泡立ち、油圧低下を招くので注意。

② 軸受油ポンプ、潤滑油ポンプなどの補機ポンプを起動し、油圧を規定の圧力にする。

③ はずみ車を1～2回転、手またはバーリング装置で回転させ異常のないことを確かめる。

④ バイパス弁を開いたり、アンローダーやタイム弁を働かせたりしてシリンダーを無負荷とする。

⑤ 中間冷却器、最終冷却器、シリンダー冷却壁に冷却水を通す。

⑥ 駆動機を起動し、負荷をかける前に圧縮機が異常音もなく正常に回転することを確かめる。

イ　運転

次の点を監視し確かめる。

① ガスの吸入、吐出圧力および温度に異常はないか。

② シリンダー潤滑油、軸受油、冷却水の圧力と温度に異常はないか。

③ 電動機の電流、電圧、電力などに異常はないか。

④ バルブの作動音、滑動部の摺動音に異常はないか。

⑤ 大きな振動はないか。

⑥ ガス漏れはないか。

また、運転中の故障の診断は、圧力、温度、音響、振動などの変化を見て行うが、主な異常の原因または現象は次のとおりである。

(ｱ)　シリンダー周囲の異常音

① 吸入、吐出弁の不良、弁締付金具のゆるみがある。

② ピストンとシリンダーヘッドとのすきまがない。

③ ピストンとシリンダーとのすきまが大きすぎる。

④ ピストンリングの摩耗、破損（圧力の変動をきたす。）

⑤　シリンダー内に水その他の異物が入った。

(ｲ)　クランク周囲の異常音

①　主軸受の摩耗とゆるみによる。

②　連接棒軸受の摩耗とゆるみによる。

③　クロスヘッドの摩耗とゆるみによる。

(ｳ)　吸入吐出弁の不良

①　ガス圧力に変化をきたす。

②　ガス温度が上昇する。

③　バルブ作動音に異常をきたす。

B　ターボ圧縮機（遠心式圧縮機）

ア　起動

①　軸受などの潤滑油レベルが十分であることを確かめる。

②　吸入弁が開いていること（全開でない場合もある）、および吐出側のバルブが閉となっていることを確かめる。

③　シール用オイルポンプや潤滑油ポンプなどの補機ポンプを起動し、油圧を規定の圧力とする。

④　冷却器に通水する。

⑤　一瞬間回転して回転方向を確かめる。また、その停止具合で軽く回転するか重いかを判断する。

⑥　圧縮機を起動する。起動後の回転数の上昇は危険速度の点のみ速やかに通過し、それ以後は軸受の温度、振動などに注意しながら、徐々に速度を増す。

⑦　吐出弁を開けて送気する。この場合サージングを起こさないように注意する。電動機駆動の場合には急いで開とする。

イ　運転

運転中次の点を監視し、よく確かめる。

①　ガスの吐出圧力、温度、ガス量などに異常はないか。

②　軸受油、潤滑油、シールオイル等の油系統の温度、圧力に異常はないか。

③　冷却水温度に異常はないか。

④　駆動機の回転数、負荷状態はどうか。

⑤　圧縮機本体や配管に振動や異音、ガス漏れはないか。

(3) 圧縮機の保守

代表例として、容積圧縮機（往復式圧縮機）とターボ圧縮機（遠心式圧縮機）について説明する。

A 容積圧縮機（往復式圧縮機）

① バルブを検査し、異常のあるものを取り替える。

② シリンダー内面の検査と寸法測定およびピストン、ピストンリングの摩耗度の検査をし、異常の有無を確認する。

③ 主軸受、連接棒軸受のすきまを測定し、必要に応じ調整する。

④ パッキン箱のパッキンを検査し必要に応じ入れ替えする。

⑤ 圧縮機部品締付ボルトナットのゆるみを点検し調整する。

⑥ 軸受油を入れ替える。

⑦ 圧縮機部品を清掃する。

⑧ さらに、圧縮機附属の冷却器、補機ポンプ類、駆動機なども点検し、常に圧縮機の運転に支障をきたさないようにする。

B ターボ圧縮機（遠心式圧縮機）

① 羽根車、案内羽根、ケーシングなどに損傷がないかを点検する。とくに回転部と静止部とが接触するなど、干渉していないかを注意する。

② 軸に曲がりが生じたり、傷がついていないかを点検する。

③ 軸受部が給油の不具合、油の汚れなどによる発熱のため損傷していないかを点検する。

④ 軸受を修理した場合には、軸心とケーシングの中心とが一致していることを十分調べる。

⑤ ラビリンスを使用している箇所にラビリンス先端部の摩耗を点検する。

⑥ 油系統のストレーナーの清掃を行う。

⑦ さらに圧縮機附属の冷却器、補機ポンプ類、駆動機、調速機などの附属設備についても十分な点検をする。

8 計 測 装 置

圧力、温度、流量などの計測装置にはいろいろな種類のものがあるが、これを大別すると次のようなものがある。

① 測定対象（何を測定するか）による種類

温度計、圧力計、流量計、液面計、分析計など

② 機能（どんな働きをするか）による種類

指示計、記録計、調節計、発信器、警報計など

③ これらを組み合わせたもの

圧力記録計、温度指示調節計など

また、装置の系統図などでは計器は記号で表すが、その主なものは次のとおりである。

① 測定対象による種類の計器

温度 T、圧力 P、流量 F、液面 L

② 機能による種類の計器

指示 I、記録 R、調節 C、警報 A

③ これらを組み合わせたもの

TRC（温度記録調節計）、PIC（圧力指示調節計）

(1) 測定対象による分類

A 温度計

温度を測る方法としては、物質が熱によって膨張、収縮する性質を利用する方法と金属が温度によって電気的性質が変化するのを利用する方法などがあり、温度計はこれらを応用したもので、次のようなものがある。

ア 液体温度計

液体をガラス管に封入し、これが熱によって膨張し温度が示される。封入液には水銀やアルコールが使用され、水銀温度計では－35～＋350℃の範囲を、アルコール温度計では－100～＋50℃の範囲を測定できる。

イ 圧力式温度計

図2-43のように感温部（液体封入）、毛細管、ブルドン管、指針で構成され、「ブ

ルドン管式温度計」とも呼ばれる。

一般にダイヤル式の温度計として広く用いられている圧力式温度計はブルドン管（感温部を含めて）の中に水銀などを封入したものであり、－100～＋500℃の範囲を測定できる。

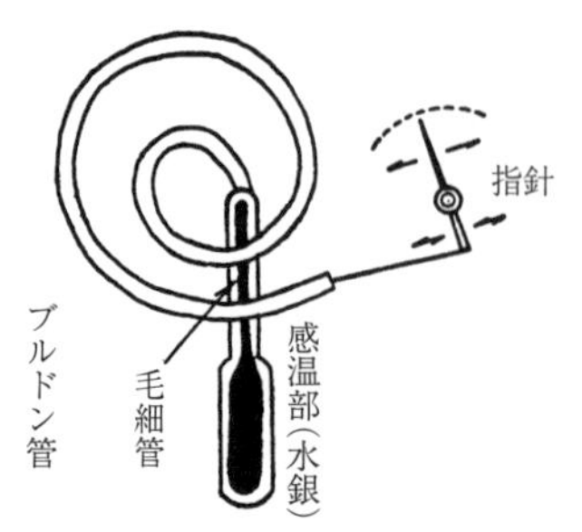

図2-43　圧力式温度計の作用

ウ　バイメタル式温度計

図2-44のように熱による膨張の度合が異なる2種類の金属をはり合わせて加熱すると、双方の金属の伸びが違うので全体として曲がる。この曲がり方を指針に伝えれば温度がわかる。構造が簡単で値段も安く、広くダイヤル式の温度計として使われている。

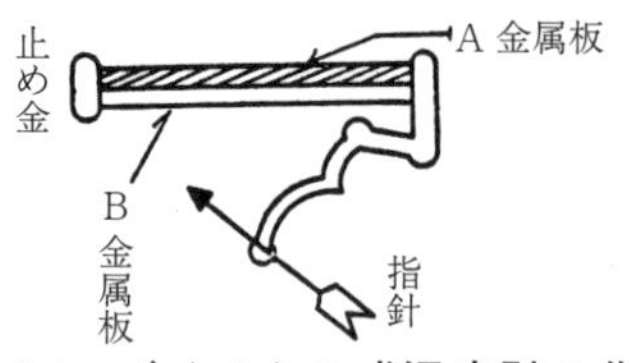

図2-44　バイメタル式温度計の作用

エ　電気抵抗温度計

金属は、温度によってその金属抵抗が変化するのでこの性質を利用したものであり、白金を用いたものは、－200～600℃の範囲の測定ができ、万国標準温度計とされており、ニッケルを用いたものは、－50～300℃の範囲の測定ができる。

オ　熱電対温度計（サーモカップル）

図2-45のように2種類の異なった金属導線A、Bの両端をa、bで接続し、両端の温度が異なると、この両接点の間に電圧の差が表れ、このA、B導線内を電流が流れる。

この電圧の差は両接点の温度差に比例するので、この性質を利用して両接点間の電圧を測定し、b部分を一定の既知の温度に保つことによりa部分の温度がわかる。bを冷接点、aを温接点という。

プラントでは広範囲にわたりこの熱電対温度計が使用されており、JIS規格に規定された熱電対としては次のようなものがあり、その測定温度の限度は次の表2-6（77頁参照）のとおりである。

なお、熱電対より指示計器への接続には熱電対の種類によって異なる補償導線といわれる特殊な線が用いられる。

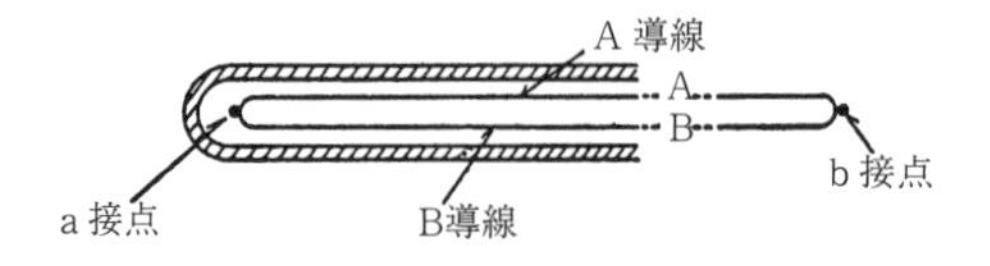

図2-45　熱電対温度計

表 2-6　熱電対の種類（JIS C 1602「熱電対」より）

種類の記号	構成材料		素線径 (mm)	常用限度 (℃) *2)	過熱使用限度 (℃) *3)
	＋極*1)	－極*1)			
B	ロジウム 30%を含む白金ロジウム合金	ロジウム 6%を含む白金ロジウム合金	0.5	1500	1700
R	ロジウム 13%を含む白金ロジウム合金	白金	0.5	1400	1600
S	ロジウム 10%を含む白金ロジウム合金	白金	0.5	1400	1600
N	ナイクロシル（ニッケル、クロムおよびシリコンを主とした合金）	ナイシル（ニッケルおよびシリコンを主とした合金）	0.65	850	900
			1.00	950	1000
			1.60	1050	1100
			2.30	1100	1150
			3.20	1200	1250
K	クロメル（ニッケルおよびクロムを主とした合金）	アルメル（ニッケルを主とした合金）	0.65	650	850
			1.00	750	950
			1.60	850	1050
			2.30	900	1100
			3.20	1000	1200
E	クロメル（ニッケルおよびクロムを主とした合金）	コンスタンタン（銅およびニッケルを主とした合金）	0.65	450	500
			1.00	500	550
			1.60	550	600
			2.30	600	750
			3.20	700	800
J	鉄	コンスタンタン（銅およびニッケルを主とした合金）	0.65	400	500
			1.00	450	550
			1.60	500	650
			2.30	550	750
			3.20	600	750
T	銅	コンスタンタン（銅およびニッケルを主とした合金）	0.32	200	250
			0.65	200	250
			1.00	250	300
			1.60	300	350

＊1）＋極とは、熱起電力を測る計器の＋端子へ接続すべき脚をいい、反対側のものを－脚という。

＊2）常用限度とは、空気中において連続使用できる温度の限度をいう。

＊3）過熱使用限度とは、空気中において必要上やむを得ない場合に短時間使用できる温度の限度をいう。

第2章

B　圧力計

ア　液柱式圧力計

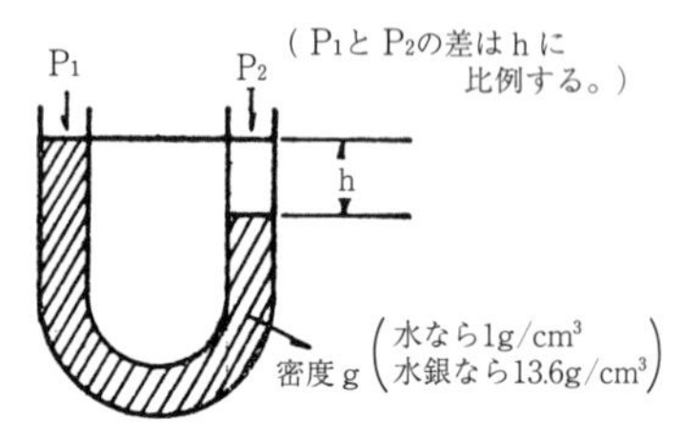

図 2-46　液柱式圧力計の原理

古くから圧力測定に使用されているもので、図 2-46 のように液体をU字管の中に入れて、その管の両側から圧力を加えて両側の管の液柱の高さの差を測定して圧力を求める。

P_1 または P_2 のいずれかがわかれば他の圧力を知ることができ、また、このままで P_1 と P_2 の圧力差を測定できる。使用液としては水、水銀が多く用いられる。

イ　ブルドン管式圧力計

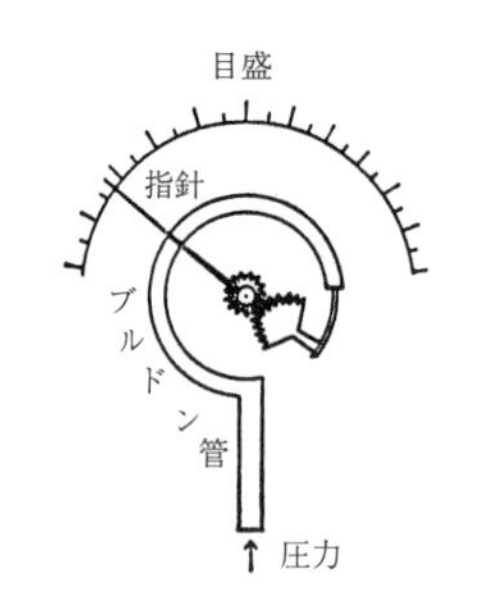

図 2-47　ブルドン管式圧力計

図 2-47 のようなもので、現在広範囲の圧力指示計として最も広く用いられており、圧力によるブルドン管の膨張偏位を利用して直接指針を動かし、圧力を測定するものである。ブルドン管というのは、らせん状（スパイラル型）またはぜんまい状（ヘリカル型）の密閉管で、内部の圧力が変化するとぜんまいが伸びたり縮んだりするので、この動きを指針で知り圧力を計るようにしたものである。

ウ　ダイアフラム式圧力計

微圧測定用の圧力計で、ダイアフラムという伸縮性のある平板（金属、ゴム、合成樹脂）を密閉した容器に入れ、容器の下から圧力が加わるとダイアフラムがばね等にさからって偏位するので、この偏位を指針に伝えるものである。

エ　ベローズ式圧力計

図 2-48 のような構造の圧力計で、多くのヒダのある金属部品（ベローズ）が圧力によって伸縮し、これをスプリングの伸縮に変えて指針に伝え、圧力を指示する仕組みになっている。

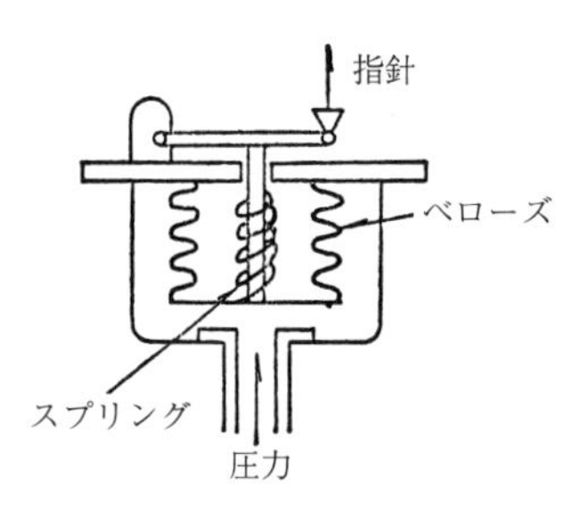

図 2-48　ベローズ式圧力計

C　流量計

流量計には、その原理によって、差圧式流量計、容積式流量計、翼車式流量計および面積式流量計の4種類のものがある。

ア　差圧式流量計

流れの中においた障害物の前後の圧力差を測定して流量を求めるもので管を流れる連続流量の測定に用いられる。

障害物の型によって次のように、3種類に分けられる。

(ア)　ピトー管

図2-49のように直角の管で、これを流れに対し開口部分が直角に向くように取り付けると、流量の変化に応じて、この管内の圧力が変わるので、これを測定して流量を計ることができる。流量計としては特殊なものであり、あまり一般には用いられない。

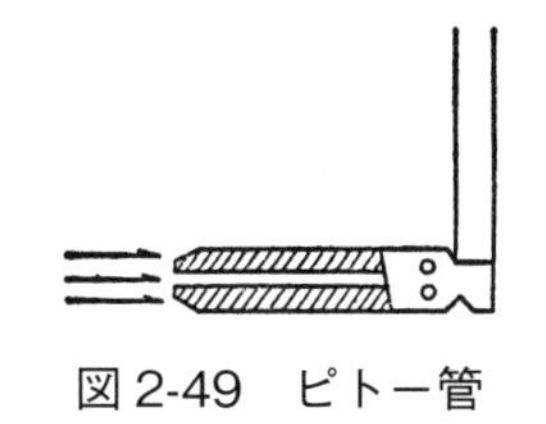

図2-49　ピトー管

(イ)　オリフィス（またはノズル）

図2-50のように流れを途中でオリフィスという障害物（円形の板の中央に同心円の穴を切りとったもの）でしぼると、流れの圧力はその部分で下がる。流量はオリフィスの上流側と下流側の圧力差の平方根に比例するので、これを利用して流量を測定する。

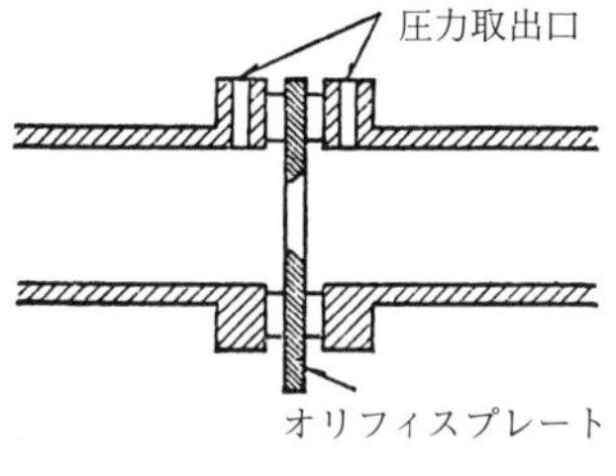

図2-50　オリフィス

(ウ)　ベンチュリー管

図2-51のようなもので、原理はオリフィスと同じである。圧力損失はオリフィスに比べ小さい。

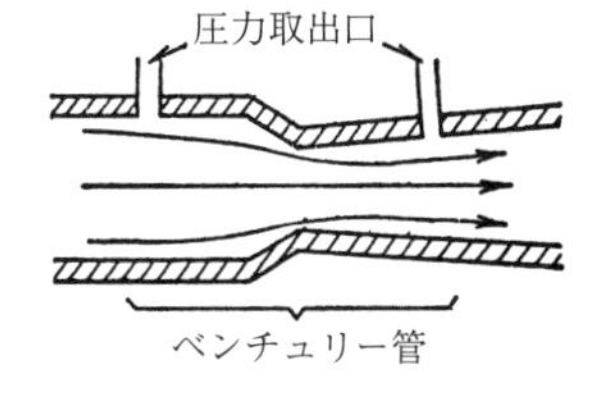

図2-51　ベンチュリー管

イ　容積式流量計

一定時間に流れる体積流量を既知容積のマスで測りとる方法のものであり、精度が高く気体、液体の取引用計器として用いられ、次の種類のものがある。

(ア)　オーバル式

図2-52のように2個の回転体の回転により一定量の液体を通過させ、その回転数から流量を知る。

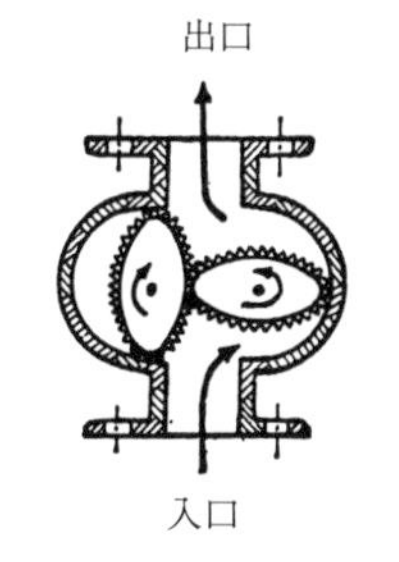

図2-52　オーバル式

(イ)　ルーツ式

原理はオーバル式と同じであるが、歯車がついていない。

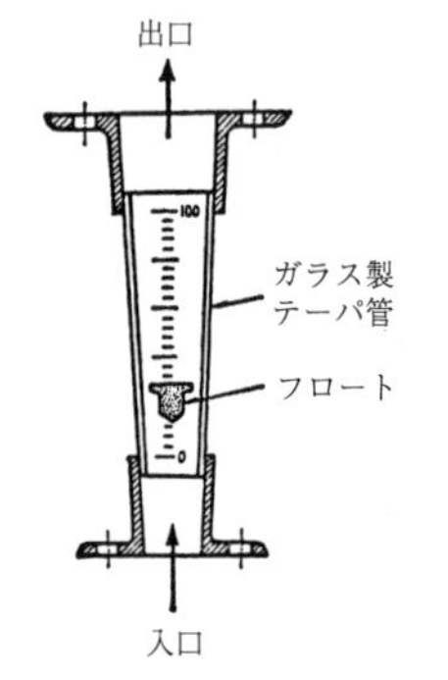

図2-53　ローターメーター

ウ　翼車式流量計

流体中に回転翼などを入れて流体の流れにより、それを回転させ回転速度から流量を求めるようにしたものである。

エ　面積式流量計

圧力損失はほとんど一定で小さく、差圧式流量計で測定困難な小流量や高粘度流体の場合に適する。精度は比較的高い。この型のものは圧力差が一定になるようにしぼり面積を変化させるものである。差圧式流量計の自乗目盛に対しこれは等分目盛である。この式の流量計として工業的に最も広く使用されているのはローターメーター（浮子型）であり、その原理は次のとおりである。

図2-53のように下方が細くなったテーパー付ガラス管内に浮子（フロート）が入れてあり､流体は下から上に通過すると､流量の変化によりフロートがローターのように回転しその位置が変化し、ガラス管の目盛により直接流量が求められるようになっている。

D　液面計

液面計には、その原理により直視式液面計、フロート式液面計、圧力利用の液面計、浮子利用の液面計がある。

ア　直視式液面計（LG）

いわゆるゲージグラス式のもので､最も基本的な液面計であり､次の2種類がある。

(ｱ)　透視型

液面をはさんでガラスが両側にあり、透視できるようになっている。

(ｲ)　反射型

液面の後に金属性反射板を有するもので、ガラスは片側だけである。

イ　フロート式液面計

図2-54のように液面にフロートを浮かせ、その動きをワイヤ等によってとり出し目盛板に指示させるものである。

ウ　圧力を利用する液面計

液柱式圧力計の原理を利用して底にかかる圧力（ヘッド）を測定することによって液位を知るものである。

ほとんどの圧力計器が使用できる。

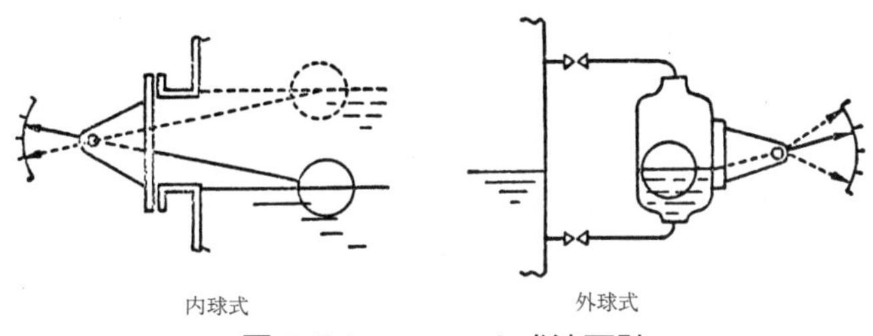

図 2-54　フロート式液面計

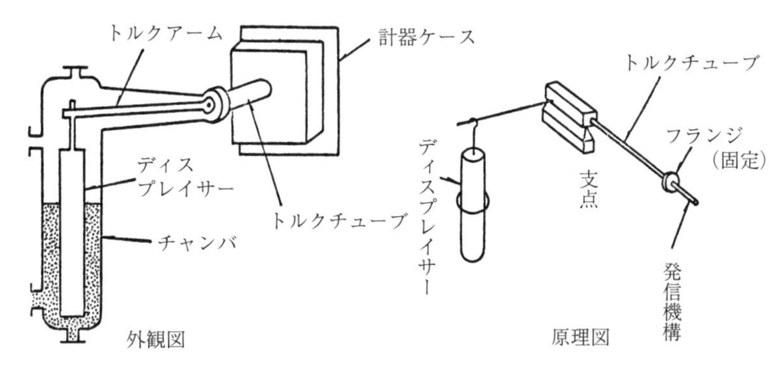

図 2-55　浮力利用の液面計

エ　浮力の変化を利用する液面計

液中に沈んでいるディスプレイサー（浮子の一種）の浮力を用いて液面を測定する。図 2-55 のような構造のもので、フロート式液面計の一種である。

液面が上るとフロート（ディスプレイサー）が浮力を受けて上へ押し上げられ、フロートはほとんど偏位することなくその浮力だけ計器に伝え、液面を指示するようになっている。

(2)　機能による分類

A　指示計

指示計は、はじめ手動運転のための指針を与えることを目的として使用されていたが、最近ではプロセスが自動制御化されているプラントで、運転条件のチェックや運転条件の解析などのために用いられることが多い。

大きなプラントでは 100 ヵ所以上の箇所の温度を選択スイッチで切り替えて 1 個の指示計で測定していることがある。

B　記録計

記録計は、単に時々刻々の測定値を記録しているだけではなく、その記録が生産上のトラブルの解決に役立つことが多い。

記録計は用いる記録用紙の形から次の２種類に分けられる。

① 円形チャート記録計（１日ごとに記録紙交換）

② 帯状チャート記録計（１月ごとに記録紙交換）

C 伝送器（トランスミッター）

プラントの主要計器は、計器室（コントロール・ルーム）に集中して管理するため、現場計器の指示を比較的遠い距離にある計器室まで伝送する必要がある。

この伝送する方式としては、当初は空気式であったが、技術向上によりほとんどが電気式または電子式になっており、次のようなものがある。

ア 空気圧式発信器と伝達方式

空気圧式伝送系は次の４つの部分からできている。

① 一定圧に調節された空気の供給部分（圧力 0.14MPa（圧力 1.4kg/cm^2））

② 測定値（流量ではオリフィス前後の差圧）に比例した信号を出す伝送器（たとえば、流量の信号の空気圧が 0.02 ～ 0.1MPa（0.2 ～ 1.0kg/cm^2）に変化する伝送器であれば、流量が０のとき 0.02MPa（0.2kg/cm^2）、最大流量のとき 0.1MPa（1.0kg/cm^2）の空気圧に変える）

③ 空気信号を伝送する細いパイプライン

④ 空気信号をつけて指示または記録する受信器

たとえば空気圧式の流量コントロールシステムを図示すると図 2-56 および図 2-57 のようになる。

空気式の伝送方式の欠点は長いパイプで空気圧を伝えるので、伝送時間が多少かかることである。

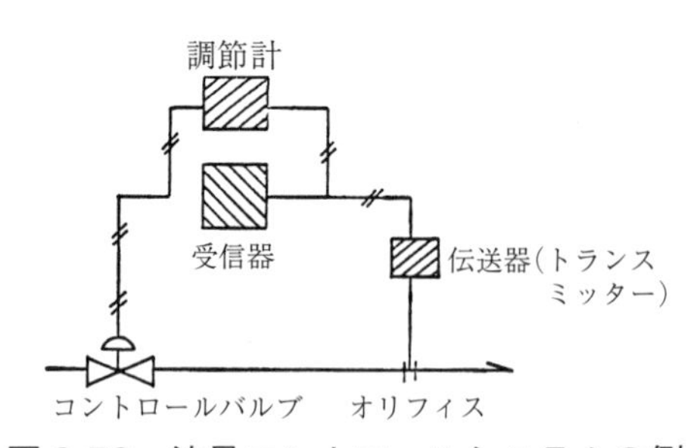

図 2-56 流量コントロールシステムの例

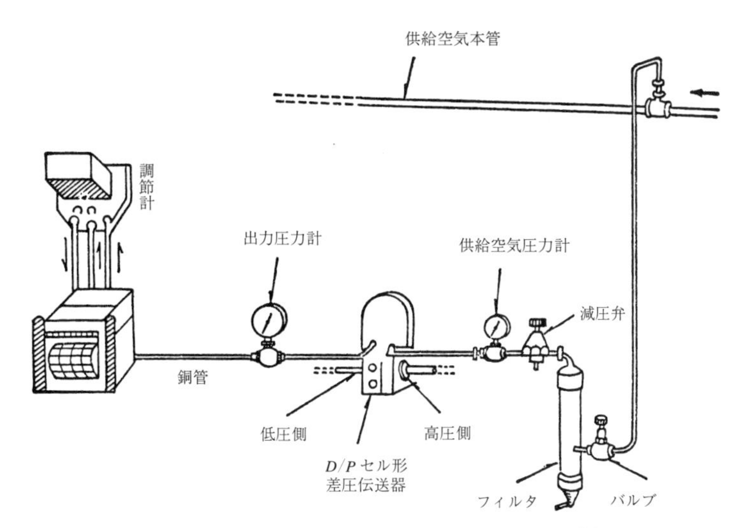

図 2-57　流量コントロールシステムの例

イ　電気式伝送方式

この方式は比較的遠距離に測定値を伝えることができ、これまで流量計に用いられてきたインダクタンスブリッジ方式（差動変圧器型）はこの一種である。

ウ　電子式伝送方式

空気圧式伝送方式に代わり得る性能を持っている。電子式は電気式とは全く異なり、空気式小型計器と同じように伝送器により、すべての測定値を空気式の空気信号に代わる電気信号に変えて受信器や調節計に伝える。

調節計からも決まった制御用の電気信号を出し、バルブに設けられたりあるいは別付の電気－空気変換器などによって空気圧に変えられ、コントロールバルブを開閉する。コントロールバルブは空気式の場合と同様に空気駆動式である。

D　警報装置

装置は、すべて圧力、温度、液面などが一定限度以上または以下になると破裂、破壊などを起こすような危険な状態にある。

したがって、重要な部分にはそれが一定限度を超えるとブザーがなったり、ランプがついたりして運転員に危険を知らせるための装置をつける。これが警報装置であり、圧力スイッチ（水銀スイッチ）、警報計（アラーム）、指示灯（パイロットランプ）などからなり、一種の指示計である。

E　分析計

製品が適正な品質のものであることをチェックしたり、プラントの運転状態をチェックしたりするためにいろいろな分析が行われ、前者を検定分析、後者を工程分析といい、このためにいろいろな分析計が用いられる。

たとえば工業用として次のようなものがある。

① ガスクロマトグラフ、② pH メーター、③ 熱伝導式各種分析計 ④ 磁気式 O_2 分析計、⑤ 赤外線式各種分析計、⑥ 密度式各種分析計

9 制 御 装 置

最近の工場では自動化が著しく進み、運転員の判断によって操作していた部分に限らず、自動化し得る部分はすべてこれに切り替えるようになっている。

さらにプラントをどのように運転すれば最も経済的であるかをコンピューターを用いて計算し、制御して安定な運転状態を維持できるようにしている。

したがって、設備の運転にあたっては、それぞれの自動制御の技術内容をよく知っておかなければならないし、安定な状態を維持するために、その取扱いには慎重な配慮が必要である。

分散制御システム（DCS = Distributed Control System）は、制御システムの一種で、制御装置が脳のように中心に1つあるのではなく、システムを構成する各機器ごとに制御装置がある。制御装置はネットワークで接続され、相互に通信し監視し合い、工場の生産システムなどによく使われている。

(1) 自動制御のあらまし

自動制御とは機械、装置の運転を人間の代わりに機械によって行わせようとする技術のことである。最近では、その技術は非常に進歩し、コンピューターを応用した総合的な自動制御が行われている。

たとえば反応器、蒸留装置等には温度、圧力、流量、液面等の値を一定の標準値に保つよう計測装置、制御装置が設けられ、安定な運転操作が行えるようになっているが、これらの装置の作動原理、構造、取扱い、修理方法等についてそれぞれの対象設備ごとに専門的な教育指導を受け、よく理解しておくことが必要である。

(2) 自動制御のシステムと作動

一般に工場で用いられている自動制御のシステムと作動を示すと図2-58のようになる。

① 何らかの原因でプロセスの状態（たとえば温度、液面、その他）が変化し、それが検出される。

② 調節計が検出値と設定値とを比較し、差があればそれを訂正するような出力信号を出す。

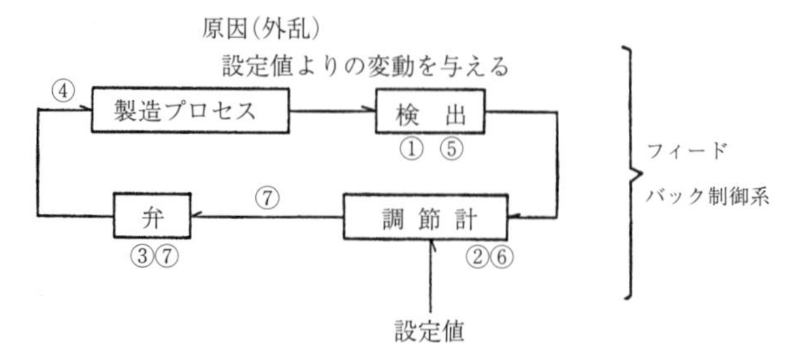

図 2-58　自動制御システムと作動

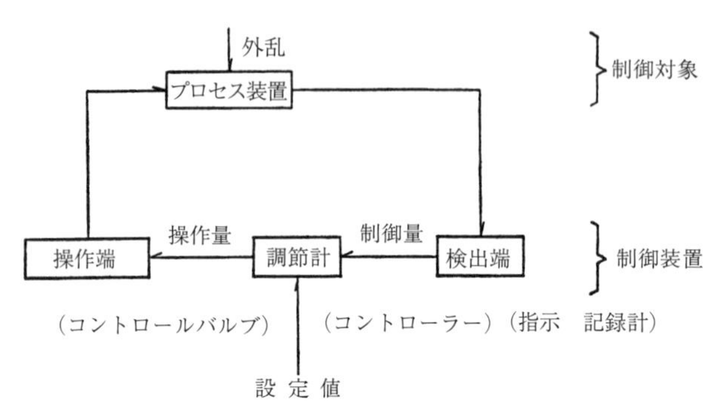

図 2-59　閉回路方式の制御系の例

③　弁が出力信号によって作動する。

④　したがってプロセスの状態（流量、温度等）が変わる。

⑤　その変化がまた検出され調節計に入る。

⑥　さらに調節計が設定値と比較し、出力信号を変える。

⑦　弁が作動する。

このように状態変化に応じて循環的に信号が出て調節が行われるのをフィードバック制御法といい、これを用いた閉回路方式の設備が多い。

これを計装用語で示すと図 2-59 のようになる。

これは、外乱の変動に関係なく制御量を設定値に保つために制御量と設定値とを比較して操作量を変化させて調整できるように制御対象と制御装置とで閉ループを構成する制御系である。

これらの計装用語の主なものについて説明する。

A　検出端

プロセスの温度、圧力、流量等を計器で検出し、これを空気圧、電気等に転換して信号を調節計に伝える部分である。

B　調節計

検出端からの信号を設定値の線に適切に調節し、これを操作端（コントロールバルブ）に伝える部分である。

C　操作端

調節計からの信号（空気圧または電気信号）により開閉動作をするコントロールバルブのことであり、たとえば空気圧により開くものを Air to Open（Spring Close）といい、閉めるものを Air to Close（Spring Open）という。

D　制御動作

調節計による制御に必要な動作には、大別すると次のようなものがある。

ア　位置動作

2位置動作と多位置動作があり、2位置動作は、階段的な2種の操作記号を送り出す動作をいい、多位置動作は、階段的な多種の操作記号を送り出す動作をいう。

イ　比例動作

設定値からのずれに比例した操作信号を送り出す動作をいい、比例帯を狭くすると同じずれでも操作信号変化が大きくなり、弁の開度は敏感に変わる。

ウ　積分動作（リセット）

比例動作だけではオフセットという現象が起こり、制御値が目標値に完全に一致しないので、これを一致させるため、設定値からのずれが生ずると、このずれに比例した速度で操作信号が変化する動作をいう。この動作でリセット時間を短くすると同じずれでも弁の開度変化が速くなる。

エ　微分動作（レイト）

設定値から検出値がずれる速度（たとえば100℃に設定してあるときに2分間に95℃に下がれば5℃÷2分＝2.5℃／分）に比例した操作信号を送り出す動作をいい、この時間を長くすると設定値からのいずれの速度が同じでも弁開度の変化は大きくなる。

E　調節機構

プロセスの種類に応じて前項に述べた動作が種々組み合わされている。これらの動作は敏感なほど一般にコントロールがよくなるが、敏感にしすぎるとハンチングを起こし制御量が波打つ。空気圧式調節計には、Automatic（自動）の使い方の他に Manual（手動）でも使えるように自動・手動切替装置がある。また Seal にすれば操作端と調節計との間の空気圧は Seal に切り替えたときの圧がそのまま保たれて弁開度は変わらない。

なお、調節計についている動作がそれぞれ計器の調節にどのように影響するか述べる。

まず比例帯であるが、これはパーセントで表され、これを小さくしすぎると調節は鋭敏すぎてハンチングを起こす。すなわち指示針が激しく上下に波打つような状態を呈す。反対に大きすぎると感度が鈍り制御値が設定点よりずれる傾向になる。次にリセットであるが、比例動作だけでは制御量を設定点に保ちがたい。このようなずれをオフセットというが、これを自動的に打ち消す役目をする。リセットを大きくすると、オフセットを打ち消す時間は速くなるから、ロード変化の多いプロセスには有効である。しかし、あまりに早く打ち消すようにするとハンチングが起きやすくなるので、ロード変化の少ないプロセスではリセットを小さくとる。ハンチングを起こしにくくするためには、比例帯を大きくし、リセットを小さくする必要があるが、しかし、感度が鈍くなるためにロードが変化する際に大きな偏差を生じ、制御量が設定点にもどるまでの時間も長くなる。プロセスの変化に対する応答が非常に遅い（たとえば温度）ような場合には、レイト動作を効かせるとその予知的動作により遅れを見込んでコントロールするので非常に効果がある。

F　コントロールバルブ

操作場のコントロールバルブのうち空気圧駆動ダイアフラム型でAir to Open型のものの構造例を示すと図2-60のようになっている。

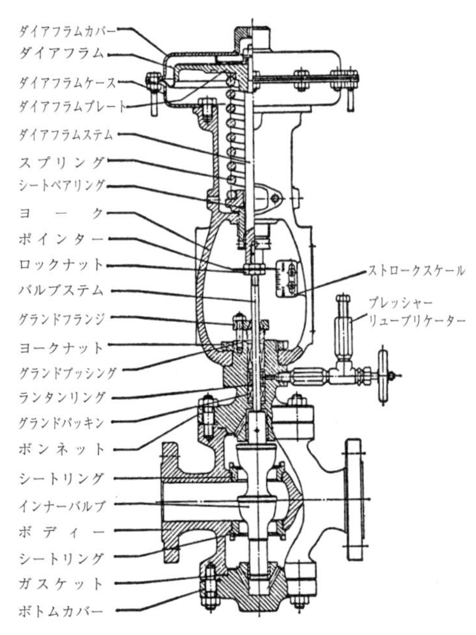

図2-60　コントロールバルブの構造例

Air to Close型は普通スプリングがダイアフラムケースの上にあり、空気圧の受入口が下になっている。

ここで調節計からのダイアフラムにかかる空気圧とスプリングの力のバランスにより、インナーバルブの位置が変わりバルブの開閉が行われる。バルブのサイズは主に、流量とバルブ前後の圧力差により決まる。また、あるものについては、空気式コントロールバルブの作動を助けるために、バルブポジショナーをとりつける。

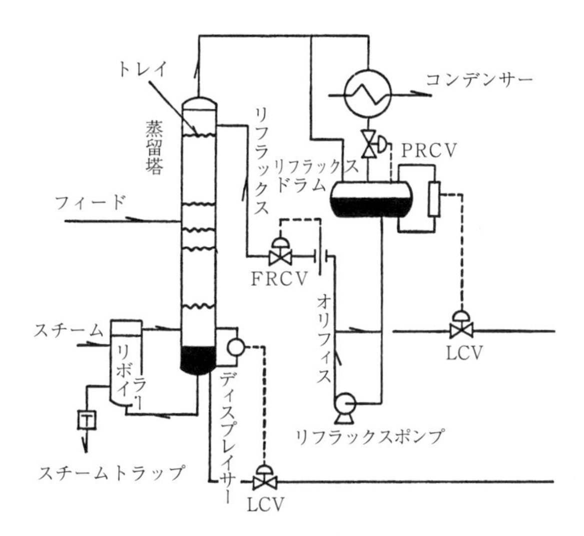

図 2-61　蒸留塔の自動制御の例

G　自動制御の例

蒸留塔の自動制御方式の例を示すと図 2-61 のようなものがある。

(3)　自動制御装置の点検

検出端、調節計、操作端など自動制御の装置の各部は、信頼性が最も大切である。したがって、計装の誤作動による事故についても十分配慮されているが、日常の点検装備を欠かすことはできない。とくにコントロールバルブの保守は重要である。

コントロールバルブの保守は、軸への注油、パッキン、ナットの締め、グランド部の締直しと分解検査が必要で、かなりの経験を要するが、とくにグランド部のナットを締め直すとき、締めすぎないように注意することが大切である。

10　安全装置等

化学設備にはポンプ、圧縮機、送風機等回転往復運動機械、熱交換器、凝縮器、冷却器、加熱器、分離器等の高圧容器類、反応塔、蒸留塔、転化塔等の塔類および貯槽類等各種の機器があるが、これらの機器に広く用いられている安全装置には次のものがある。

(1)　安　全　弁

安全弁は、機器や配管の圧力が一定の圧力を超えた場合に、圧力を放出して内圧を降下させるよう自動的に作動するもので、安全弁の種類は大別してスプリング式とてこ式があり、化学設備ではスプリング式が多く用いられている。スプリング式安全弁の外観および構造の例は、図 2-62 に示すとおりである。

安全弁の型式、能力等は化学設備内部における、異常な反応等による内容物の体積増加、流れの停止などによる内容物の体積の増加等のいずれか大なる場合を基準として設計されている。

安全弁は確実に作動させなければならないが、次のような場合に作動不良を起こ

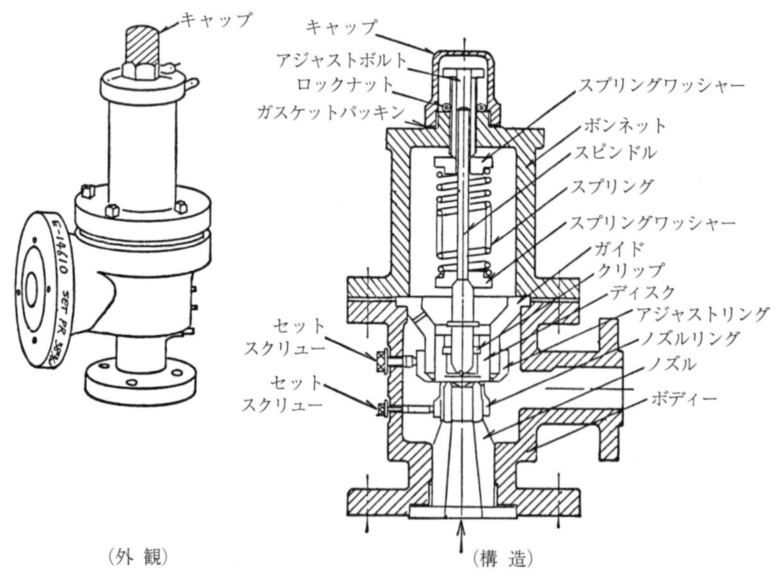

図 2-62　スプリング式安全弁の例

したり、作動しなかったりする。

①　ディスクの錆付き
②　スプリングの劣化や弾性不足
③　ガイドの不良やスライドの不能
④　調整の際のセットの誤り
⑤　元弁の誤操作による閉鎖

したがって、このようなことのないようにするため、次のような点に注意する必要がある。

①　定期的に分解し調整する。
②　大気放出のベント管開口部等から安全弁本体に雨水が入らないよう、ベント管曲がり部に排水小口等を設ける。薄いプラスチックフイルムで開口部を覆うのもよい。
③　安全弁が作動したときの振動防止処置をしておく。
④　外観検査を常時行う。

(2)　破裂板（ラプチャーディスク）

破裂板は、取り扱う物質の固化や著しい腐食性によって安全弁の作動が困難になるような場合に用いられ、また、放出量が多い場合や瞬間の放出を必要とする場合にも用いられる。

破裂板の型式には、平板やドーム型のものがあり、ドーム型の構造のものの例を図 2-63 に示す。

破裂板が適正に作動しない例としては、平板破裂板に内圧がかかると次第にドーム状に変形して破裂圧力が上昇するような場合、あるいは材料が腐食し規定圧力以下で破裂するような場合などがあるので、型式、材質を十分検討のうえ、取り付けるとともに、期間を定めて交換することが必要である。

破裂板は、安全弁と比較して、設定圧力と破裂圧力（作動圧力）との誤差が多いこと、一度破裂すると内容物の全量が放出される欠点がある。

(3)　逆止弁（チェックバルブ）

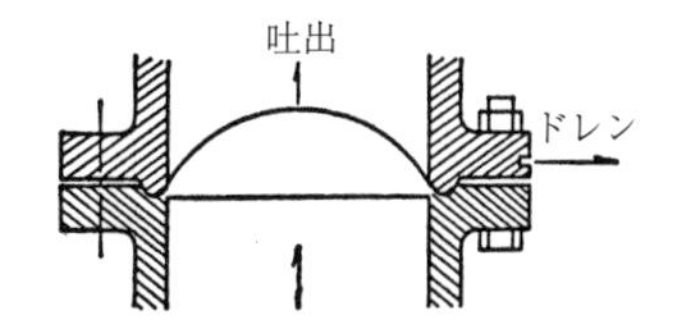

図 2-63　ドーム型破裂板の例

流体の逆流を防止するために逆止弁があり、逆止弁にはリフトチェック、スイングチェック、ボールチェック等の型式がある。リフトチェックバル

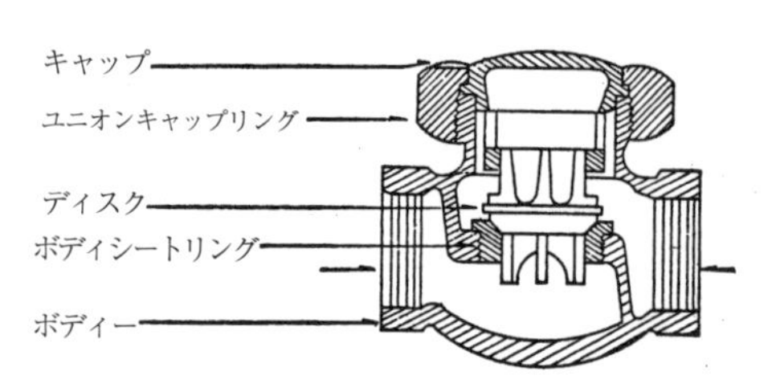

図 2-64　リフトチェックバルブの例

ブの構造の例を図 2-64 に示す。チェックバルブはディスクの腐食、摩耗、異物のかみ合いなどによる作動不良があるので定期の点検、取替えが必要である。

(4)　ブロー弁

ブロー弁は、手動によっても、自動制御によっても過剰の圧力を放出できるようにするもので、自圧型、ソレノイド型、ダイアフラム型等がある。自圧型のものの構造を図 2-65 に示す。

自圧型ブロー弁では、入口の圧力がピストン中のホールを通ってシリンダー側に入り､ピストンの両側が等しい圧力になるが､ピストンのシリンダー側はバルブシートより面積が大きいので､ピストンはシート側に押さえつけられ､ブロー弁は閉まっている。シリンダー内の圧が手動または自動制御の弁により開放されると、ピストンが上部に押し上げられ、ブローは開となり、流体が出口の方向に流れるようになっている。

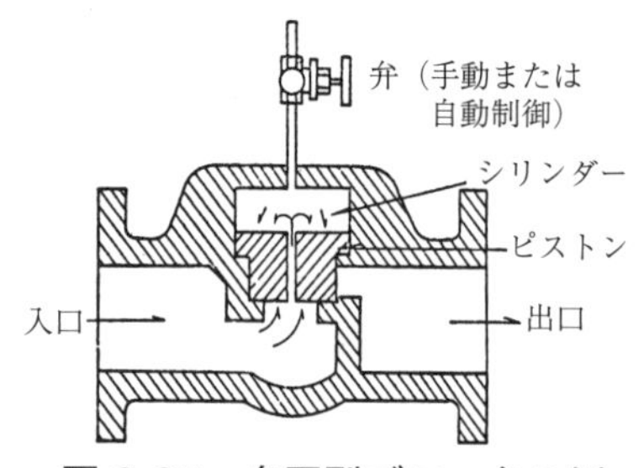

図 2-65　自圧型ブロー弁の例

ブロー弁は重要な安全装置であるので、常に適正な機能を持つように点検することが必要である。

(5)　ブリーザーバルブ

引火性の物の貯蔵タンク内の圧力と、大気圧との間に差が生じたとき、大気をタンク内に吸引し、あるいはタンク内の圧力を外に放出して、絶えずタンク内を大気圧と平衡した圧力にし、タンクを保護しているのがブリーザーバルブである。

ブリーザーバルブの構造の例を図2-66 に示す。

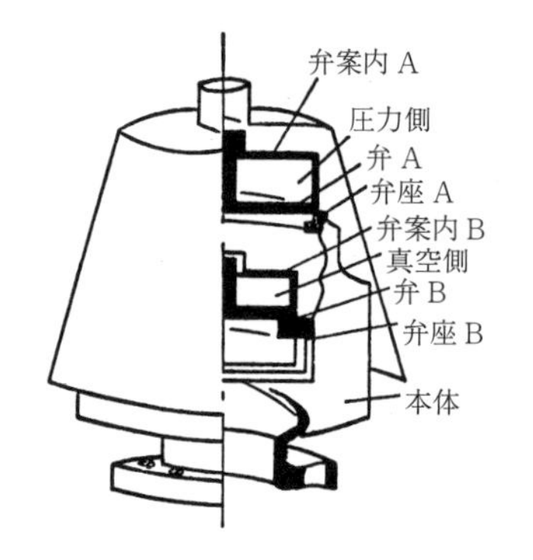

図 2-66　ブリーザーバルブの例

(6)　フレームアレスター

比較的低圧あるいは常圧で可燃性の蒸気を発生する油類を貯蔵するタンクで、外部にその蒸気を放出したり、タンク内に外気を吸引したりする部分に設ける安全装置にフレームアレスターがある。

フレームアレスターの構造の例を図 2-67 に示す。

図に示すフレームアレスターは 40 メッシュ以上の細目の金網を数枚重ね火炎の遮断を目的としたものである。

(7)　ベントスタック

タンク内の圧力を正常な状態に保つための一種の安全装置としてベントスタックがあり、その主なものとして次のようなものがある。

① 常圧タンクなどで、日光直射による温度上昇時にタンク内の空気を自動的に大気に放出して内圧上昇を防ぐ目的に設けられたもの、たとえばガスホルダーのベントスタック

② 液体の貯槽類の内圧上昇時の圧抜きのため気相部分に設けられているもの

これらのベントスタックにはその先端部が直接大気に放出されるもの、水封装置の附属したもの、フレアスタックに導入されているもの等があり、ガスホルダーに設けられた水封式ベントスタックの構造の例を図 2-68 に示す。

ベントスタックのうち可燃性のガス、蒸気等を直接大気中に放出する場合にはその先端ができるだけ地上より高く、しかも安全な場所に設けられていることが必要である。

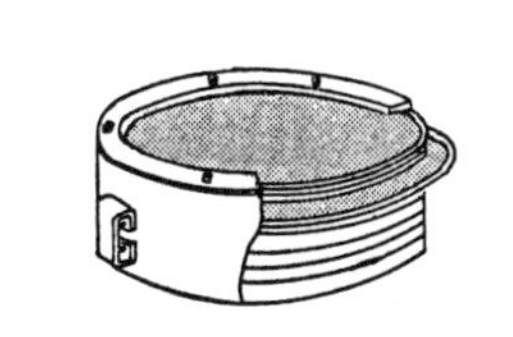

図 2-67　フレームアレスターの例

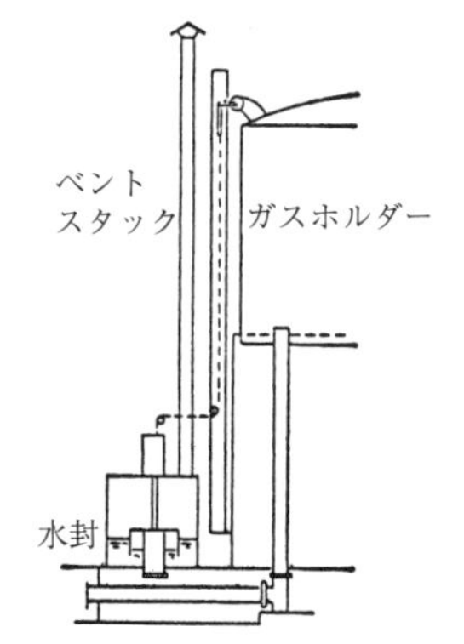

図 2-68　水封装置付ベントスタック

(8) 自動警報装置

自動警報装置は、運転条件が、あらかじめ設定された範囲を逸脱した場合に、計器類の検出端から直接に信号を受けて、ブザーを鳴らしたり、ランプを点滅したりする機能を持っており、オペレーターに注意を促して所要の制御装置をとらせるも

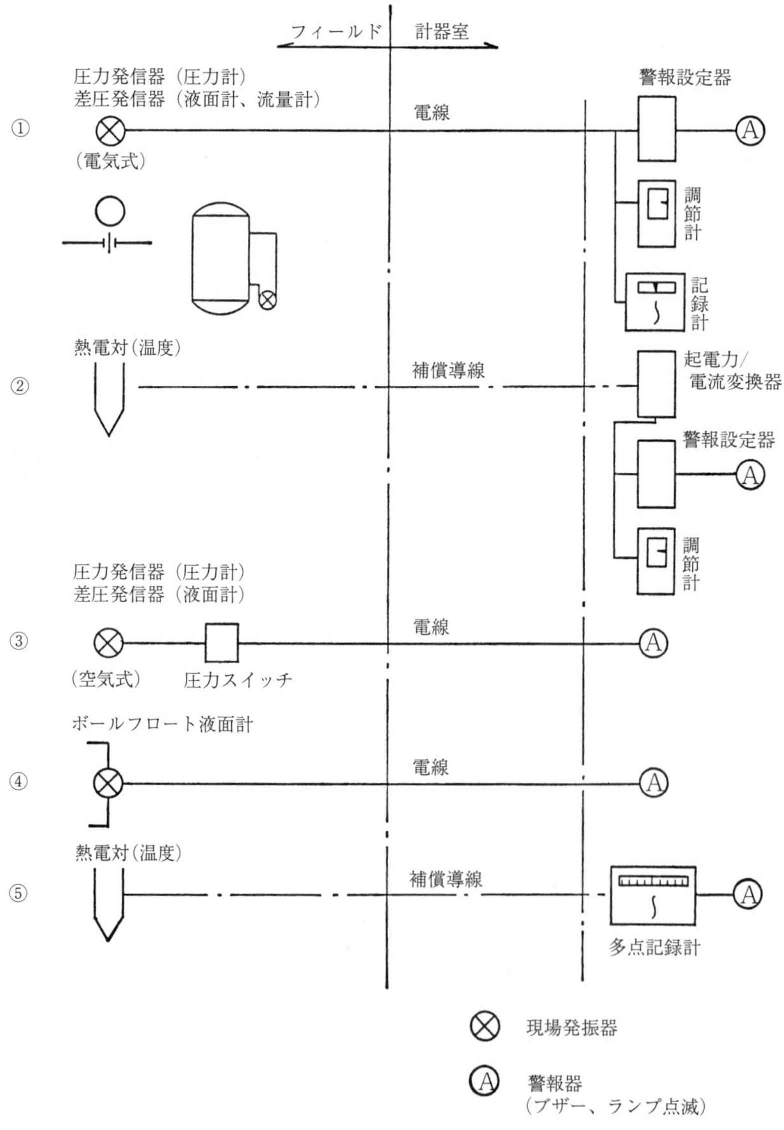

図 2-69 自動警報装置の構造

のである。警報装置が作動する運転条件はプロセスの特性に応じて、制御によって正常な条件にもどすことができる範囲に設定されているが、オペレーターは計器の指示を見て常に正常な運転条件が維持されていることを確かめて操作を行うように心がけなければならない。

【1　警報ループの種類】

図 2-69 に自動警報装置の系統を示す。その型式は大別して検出端の出力を電気信号に変換する型式と、空気圧力差に変換する方法があるが、後者も空気圧力差を現場の圧力スイッチにより電気信号に変換し、オペレーションルームに電送して警報装置を作動させる構造となっている。

【2　応用例】

なお、特殊化学設備のように発熱反応を扱ったり、その他爆発火災発生のおそれがある設備については、図 2-70 の応用例に示したように警報システムを二重にしてシステムの誤作動による事故の発生を防いでいる例もあり、この場合はそれぞれの警報装置は専用のシステムが採用されている。

自動警報装置には、電子機器類が主として使用されているが、最近の電子技術の

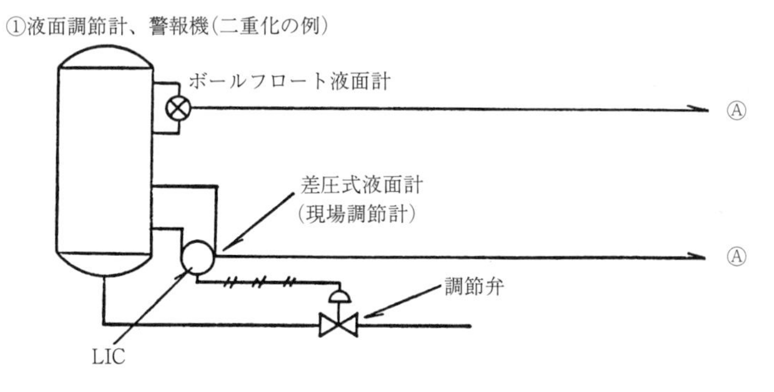

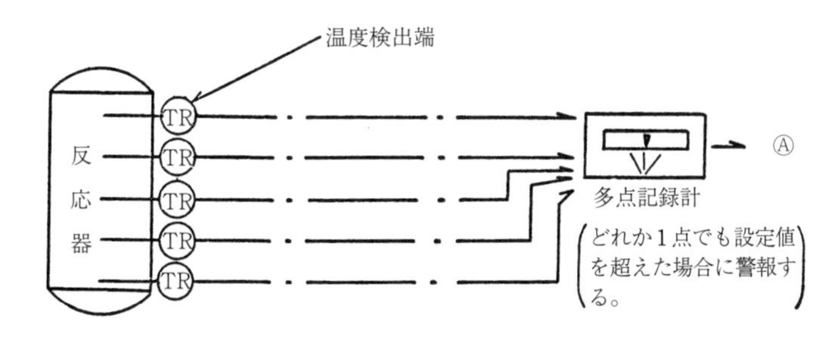

図 2-70　自動警報装置の応用例

発達により、その信頼性が向上したとはいえその機能を良好な状態で維持させるためには、各種計器類の使用環境を改善または保護する配慮が必要である。そのうえで、安全上重要な箇所の警報器には、当該化学設備の定期修理時などにおいて作動テスト、導通テストを実施して事前に欠陥を発見して原因を取り除いておくことが、取扱い上必要と考えられる。

(9) 緊急遮断装置

緊急遮断装置は大型の反応器、塔、槽等において漏えい、火災等の異常事態が発生した場合、その被害拡大を防止するため、当該機器への原材料の送入を遮断弁で緊急に停止する安全装置である。

A 種類

遮断弁を作動動力源で分類すると次の3種類になる。

① 空気圧式

② 油圧式

③ 電気式

B 原理および構造

ア 空気圧式

図2-71のように電磁弁の開閉による空気圧を利用して遮断弁を開閉するもので、遮断弁の構造は調節弁と同様である。

イ 電気式

図2-72のごとく遮断弁をモーターで開閉するものである。

C 運転および保守

緊急遮断装置は、異常事態が発生した場合確実に作動させるため、次の検査を定期的に行う必要がある。

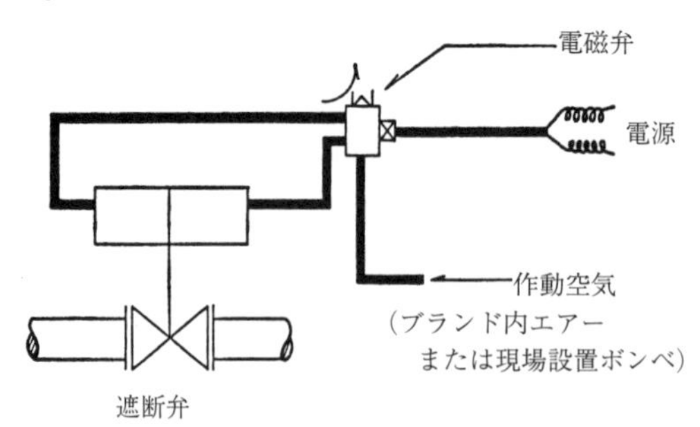

図2-71 空気圧式緊急遮断装置

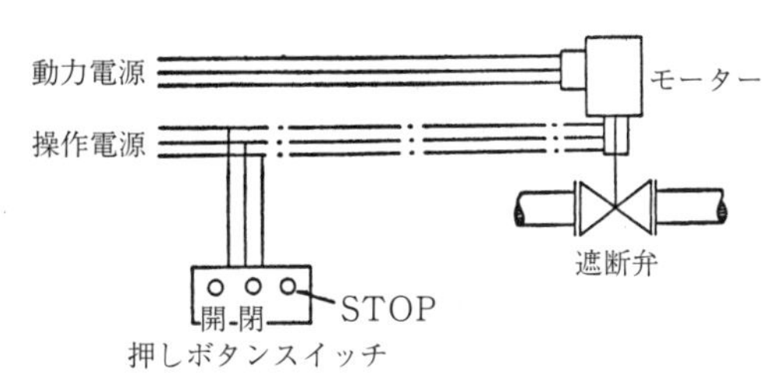

図 2-72　電気式緊急遮断装置

ア　外観検査

目視により有害な傷、腐食、ボルト類のゆるみの有無を検査すること。

イ　作業状況検査

遮断装置を開および閉に操作した時、その遮断弁も正確に開または閉となることを確認すること。

ウ　漏えい、気密検査

遮断装置を取りはずし漏えいおよび気密テストを行い、漏えいの有無を確認すること。

(10)　緊急放出装置

緊急放出装置は、反応器、塔、槽、タンク等に漏えい、火災等の異常事態が発生した場合、その災害拡大を防止するため、内容物を速やかに外部に放出し、安全に処理するための安全装置である。これには、大別してフレアスタック系とブローダウン系がある。

A　フレアスタック系

ガスや高揮発性液体のベーパーを燃焼して大気中に放出する方式で、図 2-73 にその概要を示す。

フレアスタックに送られるガスは、ノックアウトドラムで同伴したミストやドレンを遠心力を利用して取り除き、次に、フレアスタックからの逆火を防止するため水封されたシールドラムを通り、フレアスタックに導入され、常時燃焼しているパイロットバーナーによって着火燃焼し可燃性、毒性、臭気をほとんど失って大気中に放散される。

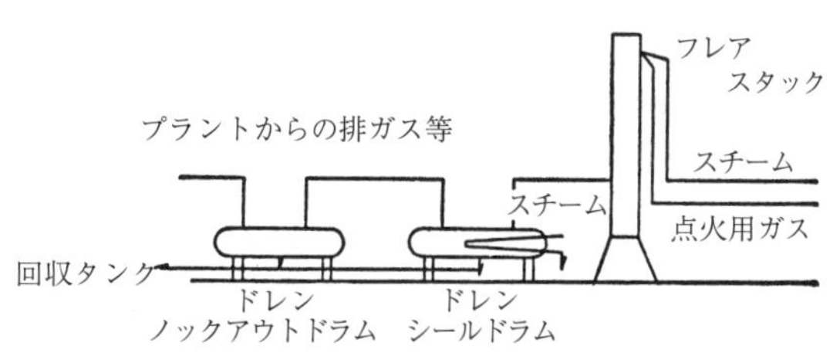

図 2-73　フレアスタック系

B　ブローダウン系

凝縮性ベーパー、熱油、熱液等のプロセス液体を抜き出し、これらを安全に保持、または処理するための設備であって、反応器、塔等から内容物を抜き出すためのポンプ、それを安全に保持するタンク、それを燃焼処理する場合は、ガス化するための蒸発器等から構成されている。図 2-74 にその概要を示す。

C　運転および保守

緊急放出装置の運転および保守は、取り扱う液体の種類および放出装置の種類によって、各々異なるが、一般的なものとして次の事項がある。

① 常時、パイロットバーナーの点火状況、フレアの燃焼状況等を点検監視するとともに、シールドラムは、その液面を常時規定の液面に保持しておく必要がある。

② 配管およびスタック内で、爆発性混合ガスを形成させないよう常時スチーム、窒素ガス等でパージしておく。

(11) スチームトラップ

蒸気配管内に生成するドレン（凝縮水）は、送気上の支障となるので、これを除去する必要があり、スチームトラップは蒸気を逃がすことなくこのドレンを自動的

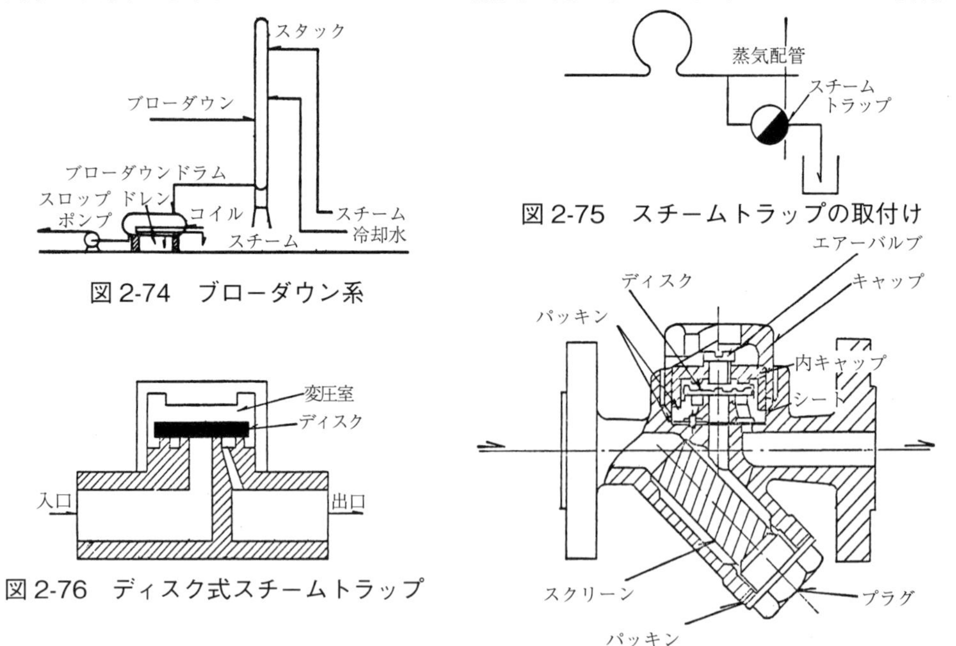

図 2-74　ブローダウン系

図 2-75　スチームトラップの取付け

図 2-76　ディスク式スチームトラップ

図 2-77　ディスク式スチームトラップの構造例

に排出するための装置である（図 2-75 参照）。

スチームトラップにはディスク式、バイメタル式およびバケット式のものがあり、その構造および作動の概要は次のとおりである。

A ディスク式スチームトラップ

図 2-76 においてドレンがスチームトラップ内にたまると、トラップ内の温度が低下し、変圧室内の圧力が低下するためディスクは持ち上げられ、ドレンが排出される（図 2-77 参照）。

B バイメタル式スチームトラップ

図 2-78 においてドレンがスチームトラップ内にたまると、トラップ内の温度が低下し、バイメタルの作用によって球弁が開き、ドレンが排出される。

なお、バイメタルは熱膨張率の異なる２種の金属をはりつけたもので、温度の変化によって曲がる作用をするものである。

図 2-79 に、バイメタル式スチームトラップの構造例を示す。

C バケット式スチームトラップ

図 2-80 のように、通常はバケットが浮上して排水弁で弁座を閉塞しているが、入口よりドレンが流れ込んでバケット内にたまるとドレンの重みでバケットは沈み、バケットに直結している排水弁が開き蒸気の圧力でバケット内のドレンは排出される。

図 2-81 に、バケット式スチームトラップの構造例を示す。

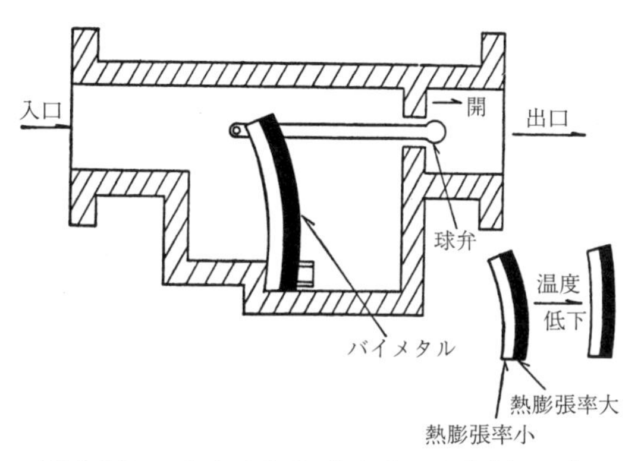

図 2-78 バイメタル式スチームトラップ

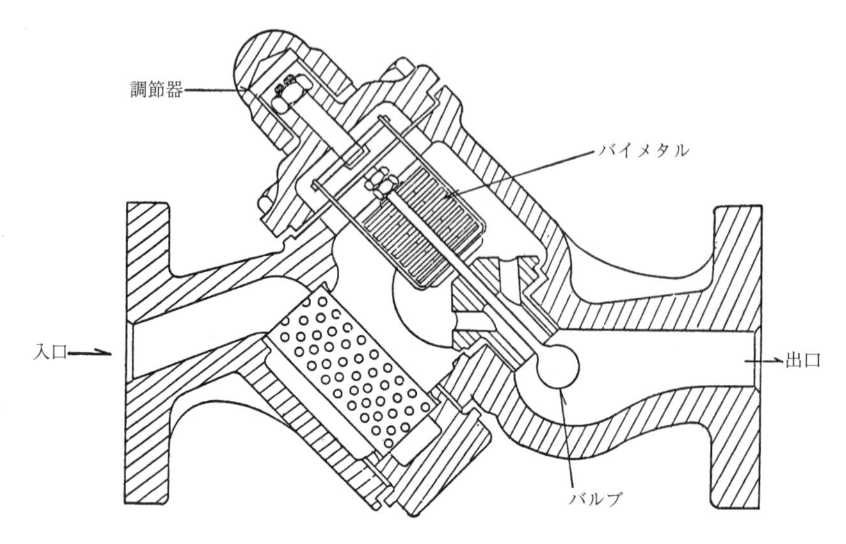

図 2-79　バイメタル式スチームトラップの構造例

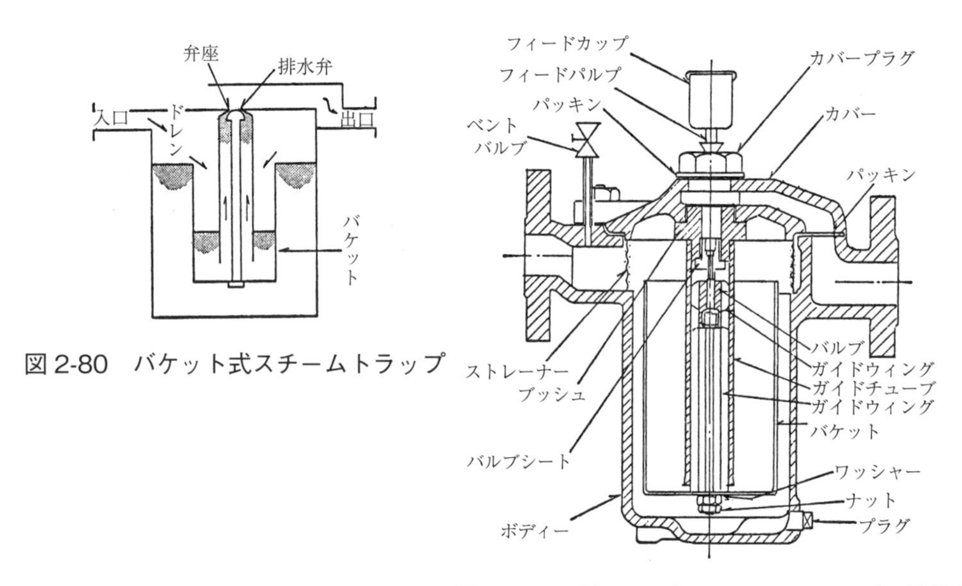

図 2-80　バケット式スチームトラップ

図 2-81　バケット式スチームトラップの構造例

11　防爆性能を有する電気機械器具

引火性の物の蒸気、可燃性のガス等が存在して爆発または火災が生ずるおそれがある場所において使用する電気機械器具は、それ自体点火源とならないように特別に工夫した構造のもの、すなわち、それぞれの蒸気またはガスの種類に応じた防爆性能を有する電気機械器具とすることが必要である。

これらの電気機械器具の防爆性能については、厚生労働大臣または厚生労働大臣の指定する者による検定が行われているので、これに合格したものでなければ使用してはならない。

詳細は、「電気機械器具防爆構造規格」を参照のこと（参考資料；272頁）。

（1）　防爆構造の種類

防爆構造の種類は、次のようなものがある。

A　耐圧防爆構造

この構造は、全閉構造で、可燃性のガスまたは引火性の液体の蒸気が容器の内部に侵入して爆発を生じた場合に、当該容器が爆発圧力に耐え、かつ、爆発による火炎から当該容器の外部のガスまたは蒸気に点火しないようにした構造をいう。なお、この火炎が容器の接合部の一定奥行のすき間を通って外部のガス等に点火し得る最小のすき間の値を「火炎逸走限界」という。

可燃性のガスまたは引火性の液体の蒸気の火炎逸走限界は、それらのガスや蒸気の種類によってそれぞれ異なるので、耐圧防爆構造の電気機械器具が必要な防爆性能を有するためには、温度上昇の制限のほかに、点火源となるおそれがある部分を収めた容器（防爆のための外被、外箱等）の接合部分のすき間がガスまたは蒸気の種類に応じた幅および奥行その他必要な構造を有していなければならない。

B　内圧防爆構造

この構造は、電気機械器具の容器の内部に空気、窒素、炭酸ガス等の保護ガスを送入し、または封入することにより当該容器の内部にガスまたは蒸気が侵入しないようにした構造をいう。

内圧防爆構造においては、容器の内部に圧入した空気または不燃性の気体の圧力が一定の値以下に低下しないようになっていることが必要である。

C　安全増（まし）防爆構造

電気機械器具を構成する部分（電気を通じない部分を除く。）であって、当該電気機械器具が定格負荷以下の負荷で正常に通電されている場合に、火花もしくはアークを発せず、または高温となって点火源となるおそれがないものについて、絶縁性能ならびに温度の上昇による危険および外部からの損傷に対する安全性を高めた構造をいう。

この構造は、電気機械器具の温度上昇、絶縁等について安全度を増したものであるが、万一内部において故障を生じた場合の防爆性は保証されないので、とくに爆発の危険性の高い場所においての使用は避けなければならないものである。

D　油入防爆構造

この構造は、電気機械器具を構成する部分であって、火花もしくはアークを発し、または高温となって点火源となるおそれがあるものを絶縁油の中に収めることにより、当該電気機械器具の容器の内部にガスまたは蒸気が侵入した場合に、当該部分からガスまたは蒸気に点火しないようにした構造をいう。

油入防爆構造においては、容器の動揺、油の漏えい等がないように配慮し、点火源となるおそれがある部分が油面上に露出しないようになっていることが必要である。

E　本質安全防爆構造

電気機械器具を構成する部分の構造が、正常運転の場合や、短絡、地絡、切断等の事故の場合に発生する火花、アークまたは熱が可燃性のガスまたは引火性の液体の蒸気に触れても点火しない安全性を有することが確認された構造で、計測装置や通信装置等に適用されることが増加してきている。

F　樹脂充てん防爆構造

電気機械器具を構成する部分であって、火花もしくはアークを発し、または高温となって点火源となるおそれがあるものを樹脂の中に囲むことにより、ガスまたは蒸気に点火しないようにした構造をいう。

G　非点火防爆構造

電気機械器具を構成する部分が、火花もしくはアークを発せず、もしくは高温となって点火源となるおそれがないようにした構造または火花もしくはアークを発し、もしくは高温となって点火源となるおそれがある部分を保護することにより、ガスもしくは蒸気に点火しないようにした構造（Ａ～Ｆに規定する防爆構造を除く。）をいう。

H　特殊防爆構造

ＡからＧに述べた防爆構造以外の電気機械器具であって、ガスまたは蒸気に対して防爆性能を有することが試験等により確認されたものを、「特殊防爆構造」という。

I　粉じん防爆普通防じん構造

接合面にパッキンを取り付けること、接合面の奥行きを長くすること等の方法により容器の内部に粉じんが侵入しがたいようにし、かつ、当該容器の温度の上昇を当該容器の外部の可燃性の粉じん（爆燃性の粉じんを除く。）に着火しないように制限した構造をいう。

J　粉じん防爆特殊防じん構造

接合面にパッキンを取り付けること等により容器の内部に粉じんが侵入しないようにし、かつ、当該容器の温度の上昇を当該容器の外部の爆燃性の粉じんに着火しないように制限した構造をいう。

(2)　防爆構造の電気機械器具の取扱い

防爆構造の電気機械器具（以下「機器」という。）は、その防爆性能が保持されていないと、爆発、火災の原因となるので、適正な取扱いと保守が必要である。

① 機器に強い衝撃を与えないこと。
② みだりに機器の容器を解体しないこと。
③ 防爆構造、とくに耐圧防爆構造の容器の接合面やネジ山は、防爆性能保持上重要な部分であるから、容器を解体した際損傷しないよう注意するとともに、再組立ての際は、砂、ほこり等をよくふき取り、良質の油脂類をうすく塗っておくこと。
④ 防水と錆付き防止の処置を講ずること。
⑤ 機器の定格以上で使用しないこと。

12　消火設備等

(1) 消　火　設　備

A　消火設備の種類

初期消火用としては小型消火器や水バケツ、水槽、乾燥砂などがあるが、危険物施設を持つ工場では、危険物の取扱量や建物の規模によってスプリンクラー、泡消火設備、水噴霧設備、不活性ガス消火設備などを設置している。

消火設備は、それぞれ消火対象が決まっており、ことに消火器は種類が多く、その適応を誤ると、消火どころか、かえって火災を拡大することさえある。

製造所等に設置する消火設備は第１種から第５種までに区分され、それぞれの消火設備が適応する対象物の区分が「危険物の規制に関する政令」（以下「危政令」という）別表第５に定められている。これを表 2-7 に示すが、消火器の種類の選定に際しては、この点を特に留意することが大切である。

表 2-7　消火設備の適応対象物［危政令別表第５（第 20 条関係）より］

消火設備の区分		対象物の区分											
		建築物その他の工作物	電気設備	第１類の危険物		第２類の危険物			第３類の危険物		第４類の危険物	第５類の危険物	第６類の危険物
				アルカリ金属の過酸化物又はこれを含有するもの	その他の第１類の危険物	鉄粉、金属粉若しくはマグネシウム又はこれらのいずれかを含有するもの	引火性固体	その他の第２類の危険物	禁水性物品	その他の第３類の危険物			
第１種	屋内消火栓設備又は屋外消火栓設備	○			○		○	○		○		○	○
第２種	スプリンクラー設備	○			○		○	○		○		○	○

第3種	水蒸気消火設備又は水噴霧消火設備		○	○		○		○	○		○	○	○	○
	泡消火設備		○			○		○	○		○	○	○	○
	不活性ガス消火設備			○				○				○		
	ハロゲン化物消火設備			○				○				○		
	粉末消火設備	りん酸塩類等を使用するもの	○	○		○		○	○			○		○
		炭酸水素塩類等を使用するもの		○	○		○	○		○		○		
		その他のもの			○		○			○				
第4種又は第5種	棒状の水を放射する消火器		○			○		○	○		○		○	○
	霧状の水を放射する消火器		○	○		○		○	○		○		○	○
	棒状の強化液を放射する消火器		○			○		○	○		○		○	○
	霧状の強化液を放射する消火器		○	○		○		○	○		○	○	○	○
	泡を放射する消火器		○			○		○	○		○	○	○	○
	二酸化炭素を放射する消火器			○				○				○		
	ハロゲン化物を放射する消火器			○				○				○		
	消火粉末を放射する消火器	りん酸塩類等を使用するもの	○	○		○		○	○			○		○
		炭酸水素塩類等を使用するもの		○	○		○	○		○		○		
		その他のもの			○		○			○				
第5種	水バケツ又は水槽		○			○		○	○		○		○	○
	乾燥砂				○	○	○	○	○	○	○	○	○	○
	膨張ひる石又は膨張真珠岩				○	○	○	○	○	○	○	○	○	○

備考　1　○印は、対象物の区分の欄に掲げる建築物その他の工作物、電気設備及び第1類から第6類までの危険物に、当該各項に掲げる第1種から第5種までの消火設備がそれぞれ適応するものであることを示す。
2　消火器は、第4種の消火設備については大型のものをいい、第5種の消火設備については小型のものをいう。
3　りん酸塩類等とは、りん酸塩類、硫酸塩類その他防炎性を有する薬剤をいう。
4　炭酸水素塩類等とは、炭酸水素塩類及び炭酸水素塩類と尿素との反応生成物をいう。

ア　消火器

(ア)　泡消火器

a　化学泡消火器

外筒用薬剤（A剤：炭酸水素ナトリウム$NaHCO_3$を主成分とし起泡安定剤などを加えたもの）と内筒用薬剤（B剤：硫酸アルミニウム$Al_2(SO_4)_3$の水溶液）との混合により発生する二酸化炭素を含んだ多量の泡を消火に利

用するものである。

b　機械泡消火器

消火薬剤には、合成界面活性剤泡、水成膜泡があり、水溶液として本体容器に充てんされ、ノズルから放射される際に空気を混入して発泡するものである。

(ｲ)　**粉末消火器**

ABC粉末を用いるものとCB粉末を用いるものの2種類ある。

ABC粉末は、第1りん酸アンモニウムを主成分とするもので、これをシリコン系樹脂によってコーティングして吸湿を防ぐようにしてある。

BC粉末は重炭酸ソーダを主成分としたものである。

(ｳ)　**二酸化炭素消火器**

耐圧力19.6MPa（200kg/cm^2）以上の高圧ガス容器に消火剤として液化炭酸ガス（20℃で約5.9MPa（60kg/cm^2））を充てんしたものである。

(ｴ)　**ハロゲン化物消火器**

消火剤のハロゲン原子が火災中の化学種と接触的に反応し、燃焼反応を中断させるものである。

ただし、ハロゲン化物がオゾン層を破壊する性質を有するため、消火設備としての使用規制がなされている。

a　ハロン1301消火器

高純度の一臭化三ふっ化メタン（ブロモトリフルオロメタンCF_3Br）

b　ハロン1211消火器

高純度の一臭化一塩化三ふっ化メタン（ブロモクロロジフルオロメタンCF_2ClBr）

c　ハロン2402消火器

高純度のジブロモテトラフルオロエタン$C_2F_4Br_2$

d　HFC-23

e　HFC-227ea

(ｵ)　**強化液消火器**

消火薬剤は炭酸カリウム（K_2CO_3）の濃厚な水溶液で、アルカリ性（約pH12）である。放射された薬剤の冷却作用と再燃防止作用により普通火災に適用し、霧状に放射する場合は抑制作用により油火災にも適応する。

イ　スプリンクラー設備

消火用スプリンクラー設備は、建物内の天井に配水管を樹枝状に設置し、これにスプリンクラーヘッドをとりつけ、警報弁および制御弁を経て有効な給水源に連結したものである。

一般には、スプリンクラーのヘッドが火災時の火熱で一定温度に達すると、その放水口が開いて圧力水がヘッドのデフレクターに衝突し、広い範囲に散水し消火する。なおヘッドが開いて配水管内の圧力が低下すると、消火ポンプが自動的に運転して給水し、一方散水と同時に警報装置の水車がまわり、これと同軸の警報ベルを鳴らして火災と散水を知らせる。

スプリンクラーには次の３種類がある。

(ｱ)　湿式装置

圧力水を満たした配水管にヘッドをとりつけ、これに湿式逆止弁を介して給水源に連結したもので、火災によりヘッドが開くと直ちに放水するものである（ヘッド数1200個以下）。

(ｲ)　乾式装置

圧縮空気を充てんした配水管にヘッドをとりつけ、これに乾式警報逆止弁を介して給水源に連結したもので、火災によりヘッドが開くと配水管内の空気を放出し、圧力が下り空気弁が開いて配水管内に圧力水が流入し、開口したヘッドより放水するものである（ヘッド数600個以下）。

(ｳ)　多量放出装置（デリュージ装置）

配水管に開放ヘッドをとりつけ、これにデリュージ弁を介して給水源に連結し、このデリュージ弁に自動ヘッドよりも受熱感度のよい火災感知器を連動させ、これが作動するとデリュージ弁が開いて配水管内に圧力水が流入し、これによって制御されるすべてのヘッドより同時に放水するものである（図2-82参照）。

ウ　ドレンチャー設備

ドレンチャー設備は、スプリンクラーを設置した建物を、隣接場所などの火災からの延焼から防護する設備であって、防護しなければならない建物の外壁、屋根、窓またはその他の開口、軒、ひさしなどの突出部に開口ドレンチャー・ヘッドをとりつけ、自動または手動の制御弁を経て有効な給水源に連結したものである。

第2章

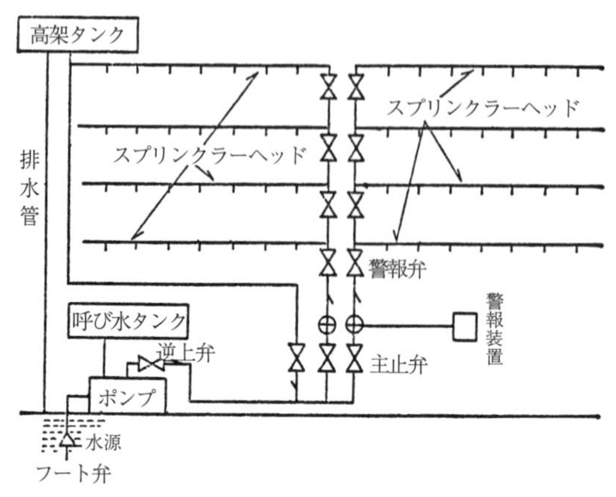

図 2-82　多量放出装置

エ　水噴霧消火設備

水噴霧消火設備は水を霧状に分散放出して消火、火勢制圧または延焼防止に用いるもので、化学工場、石油精製工場、油貯槽、油抽出工場、発電所、変電所などの火災の防護に用いられる。

豊富な水量の水源、適当な加圧装置に接続された固定の配水管および噴霧ノズルからなっており、スプリンクラーのデリュージ装置に似ている。常時開放形のヘッドを用い、火災感知器からの信号または手動によりポンプを作動させると同時に元バブルを開いて噴霧状の水を放出する。水を微粒化するにはヘッドによるが、これには水の衝突を利用する方式と回転による方式がある。

必要な放水量は、防護目的に応じ防護面積 1m^2 あたりおおむね（表 2-8）の値で、その量を 30 分間以上連続放出できる水量を保有する必要がある。

噴霧ノズルの圧力は、スプリンクラーよりも高く 0.35MPa（3.5kgf/cm^2）以上、粒径は 0.2 ～ 1.0mm くらいで、一般火災や引火点の比較的高い油類の消火ならびに火災時のプラントや貯蔵タンクの保護冷却に用いられる。

オ　泡消火設備

泡を用いて窒息消火する設備で、水による通常の消火方法では効果が少ない場合

表 2-8　消火に必要な放水量

防護目的	必要放水量（L/min）
消　　　　火	30　以上
火　勢　制　圧	10　〃

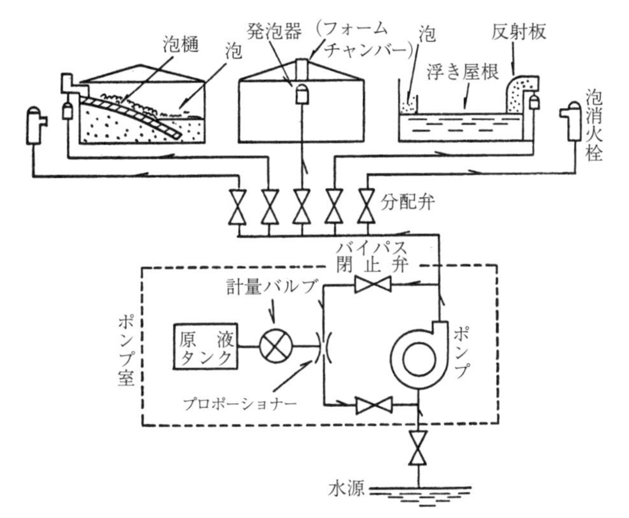

図 2-83　空気泡消火設備の例

やかえって火災を拡大するおそれのある場合、たとえば石油精製工場、貯油所、化学工場等での火災の消火に用いる。

発泡はア（ア）の泡消火器のように2種の水溶液を混合してさせるのでなく、泡原液と称するたんぱく質の加水分解液を主体とした液を水流の途中で吸引、攪拌して発泡させる。消火器の化学泡は二酸化炭素であるのに比べ、この泡は空気であるので空気泡、または機械的な攪拌でできるので機械泡とも呼ばれ、大量の放出に適している。

この設備には、図 2-83 に示すようなものがあり、送水用ポンプ、配管のほか、原液を吸引して、水と一定の比率に混合する比例混合器（プロポーショナー）、発泡器（フォームチャンバー）などからなっている。これは主として石油貯蔵タンク、塗料工場などで用いられているが、大規模な油火災を確実に消火するのに適している。

なお、原液が天然物質を利用している関係で腐敗しやすく、保存に問題があるのが欠点といわれる。

泡の放出には、樋などを用いて静かに油面に流下させる場合と、ヘッドを用いて一様に散布する場合があるが、いずれも圧力は 0.3 ～ 0.4MPa（3 ～ $4kgf/cm^2$）、流量は、水溶液量で油面積 $1m^2$ あたり 4 ～ 8L/min 程度である。

なお、界面活性剤を使用した膨張率の大きい高膨張泡による消火が試みられているが、この形式の泡は耐熱性が小さく燃焼面を被覆して消火するというより、むしろ、泡を空間全体に充満させて希釈消化する方式のものであるため、ビルの室内のように密閉のできる場所でないと効果が薄い。

カ　粉末消火設備

粉末消火剤を窒素の流れにのせて放出する消火設備であり、これは比較的簡単な装置でポンプもモーターも必要ないが、水系統の設備と異なり、放出薬剤の量と限度があるから、予想される規模に応じた容量の設備を用意しなくてはならないこと、粉体の気体輸送であるから配管の曲がりなどに注意を要すること、また一度放出した後は配管を清掃しておかないと粉末が固まって、いざというとき使えないことがあるなどの欠点もある。

キ　不活性ガス消火設備

不活性ガスによる消火は、空気中の酸素濃度を燃焼が停止するまで下げることによって行われ、窒息と冷却が相乗的に作用するものである。消火剤による汚損が少ないことから復旧を早急にすることが必要な施設に設置される。

この消火設備は、図 2-84 のように炭酸ガス貯蔵容器、起動装置、容器弁、放出装置、分岐弁などからなっている。消火剤の種類は 4 種類あり、二酸化炭素、窒素、IG-541、IG-55 がある。

この消火設備の形式には、全域放出方式のもの、局所放出方式のものおよび移動式の 3 種類があり、自動または手動によって放出される。

とくに二酸化炭素は、消火できる程度の濃度をヒトが吸入すると、意識を失ったり、死亡したりする。たとえ失神するにいたらなくてもその前に思考が鈍り迅速な行動ができなくなるから、そのための安全対策が必要である。

二酸化炭素の放出により、危険な状態になるような場所には、すぐに脱出できる非常口を設けること、危険な状態になった者を救出できるよう脱出通路、誘導灯、火災警報、自動閉止扉、外開き蝶番戸等を設けておくこと、注意灯、音響警報器、

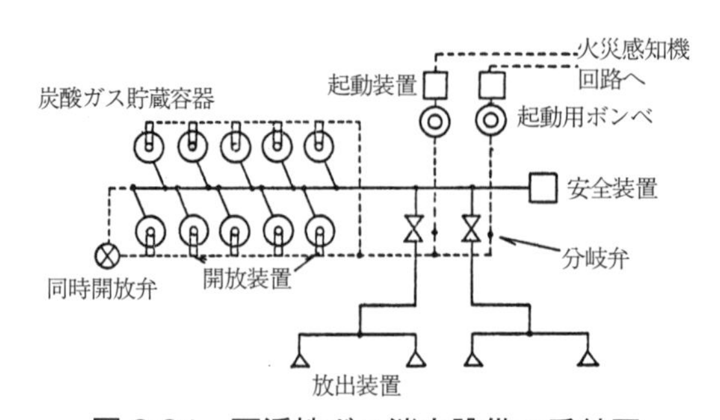

図 2-84　不活性ガス消火設備の系統図

ガスマスクなどを備えておくこと、消火設備と電気設備との間は十分な保安距離をとることなどが必要である。

(ア)　全域放出方式

固定炭酸ガス供給装置に配管および放出ノズルを固定接続して、密閉区域内に不活性ガスを放出するもので電気室、危険物倉庫などに用いられる。

全域放出方式によって消火できる火災は、次の2種の型に大別される。

a　表面火災、可燃性液体の火災、ガスの火災

全域放出方式が最も適しており、収容品に対する消火濃度になる量の不活性ガスを区画内に急速に放出して消火する。

b　深部火災

木材、繊維類のようにくすぶる火災、深部火災に対しては、くすぶりが消えて不活性ガスが消散した時でも再燃しない温度まで物質を冷却するのに十分な時間、消火濃度を保持する必要がある。

(イ)　局所放出方式

不活性ガスが直接火面に放出されるようにノズルを配置する方式で、防護対象物の周囲に密閉区域がない場合や、全域放出装置が適用できない浸漬タンク、焼入タンク、吹付塗装用ブース、油入変圧器、印刷機などに用いる。

(ウ)　移動式

他の固定消火設備の補助として、あるいは対象物に接近して手軽に消火活動をするために用いられ、炭酸ガス貯蔵場からホース・スタンドまで固定配管するものと、貯蔵容器（ボンベ）にホースをつないだものとがある。

B　危険物施設における消火設備の設置区分

消火設備については工場、倉庫、事務所などのいわゆる防火対象物に関するものと、危険物施設に関するものとがあり、ことに危険物施設を持つ工場では、ほとんどが火災保険契約を行っているので約款に則った設備となるが、消防法令基準に適合したものでなければならない。

危険物施設に対する消火設備の基準は、消防法第10条第4項、危険物の規制に関する政令第20条および危険物の規制に関する規則（以下「危規則」という）第29条〜第36条に規定されている。ここでは消火設備についてのごく基礎的な解説にとどめることとし、概要を表2-9に示す。基準の詳細内容については、危規則を参照して消火設備の設置を計画するとよい。

なお、「石油コンビナート等災害防止法」（以下「石災法」という）に定める特定

事業所にあっては、同法による石油コンビナート等における特定防災施設等及び防災組織等に関する省令（昭和51年自治省令第17号）第7条～第12条も満たす必要がある。

表2-9　消火設備の設置区分

種類		危険物の規制に関する規則	消火設備及び警報設備に関する運用指針
屋内消火栓設備（危規則第32条）	設置位置・設置個数	・製造所等の建築物の階ごとに、その階の各部分から1のホース接続口までの水平距離が25m以下となるように設けること ・各階の出入口付近に1個以上	・火災のときに煙が充満するおそれのない場所等火災の際容易に接近でき、かつ、火災等の災害による被害を受けるおそれが少ない場所に限って設けることができる
	水源の容量	・屋内消火栓の設置個数が最も多い階における当該設置個数（当該設置個数が5を超えるときは、5）に7.8m^{3}を乗じて得た量以上	
	放水圧力・放水量	・いずれの階においても、当該階のすべての屋内消火栓（設置個数が5を超えるときは、5個の屋内消火栓）を同時に使用した場合に、それぞれのノズルの先端において、放水圧力が0.35MPa以上で、かつ、放水量が260L/分以上の性能のものとする	
	予備動力源	・必要	
屋外消火栓設備（危規則第32条の2）	設置位置・設置個数	・防護対象物（当該消火設備によって消火すべき製造所等の建築物その他の工作物および危険物をいう。）の各部分（建築物の場合にあっては、当該建築物の1階および2階の部分に限る。）から1のホース接続口までの水平距離が40m以下となるように設けること。この場合において、その設置個数が1であるときは2	・当該製造所等の建築物の地階および3階以上の階にあっては、他の消火設備を設けること ・また、屋外消火栓設備を屋外の工作物の消火設備とする場合においても、有効放水距離等を考慮した放射能力範囲に応じて設置する必要があること
	水源の容量	・屋外消火栓の設置個数（当該設置個数が4を超えるときは、4）に13.5m^{3}を乗じて得た量以上	
	放水圧力・放水量	・すべての屋外消火栓（設置個数が4を超えるときは、4個の屋外消火栓）を同時に使用した場合に、それぞれのノズルの先端において、放水圧力が0.35MPa以上で、かつ、放水量が450L/分以上の性能のものとする	
	予備動力源	・必要	
	設置位置・設置個数	・スプリンクラーヘッドは、防護対象物の天井または小屋裏に、当該防護対象物の各部分から1のスプリンクラーヘッドまでの水平距離が1.7m以下となるように設けること	

スプリンクラー設備（危規則第32条の3）	放射区域	・開放型スプリンクラーヘッドを用いるスプリンクラー設備の放射区域（1の一斉開放弁により同時に放射する区域をいう。）は、150m^{2}以上（防護対象物の床面積が150m^{2}未満であるときは、当該床面積）	
	水源の容量	・閉鎖型スプリンクラーヘッドを設けるものにあっては30（ヘッドの設置個数が30未満である防護対象物にあっては、当該設置個数）、開放型スプリンクラーヘッドを設けるものにあってはヘッドの設置個数が最も多い放射区域における当該設置個数に2.4m^{3}を乗じて得た量以上	
	放射圧力・放水量	・前号に定める個数のスプリンクラーヘッドを同時に使用した場合に、それぞれの先端において、放射圧力が0.1MPa以上で、かつ、放水量が80L/分以上の性能のものとする	
	予備動力源	・必要	
水蒸気消火設備（危規則第32条の4）	蒸気放出口	・タンクにおいて貯蔵し、または取り扱う危険物の火災を有効に消火することができるように設けること	第2類の危険物のうち硫黄および硫黄のみを含有するものを溶融したものまたは引火点が100℃以上の第4類の危険物を貯蔵し、または取り扱うタンクに限り設けることができる
	水蒸気発生装置	・タンクの内容積に応じ、当該内容積1m^{3}につき3.5kg/時以上の量の割合で計算した量の水蒸気を一時間以上連続して放射できるもの ・水蒸気の圧力を0.7MPa以上に維持することができるもの	
	予備動力源	・必要	
水噴霧消火設備	噴霧ヘッドの個数および配置	・防護対象物のすべての表面を噴霧ヘッドから放射する水噴霧によって有効に消火することができる空間内に包含するように設けること ・防護対象物の表面積（建築物の場合にあっては、床面積。以下この条において同じ。）1m^{2}につき第3号で定める量の割合で計算した水量を標準放射量（当該消火設備のヘッドの設計圧力により放射し、または放出する消火剤の放射量をいう。以下同じ。）で放射することができるように設けること	
	放射区域	・150m^{2}以上（防護対象物の表面積が150m^{2}未満であるときは、当該表面積）	
	水源の容量	・噴霧ヘッドの設置個数が最も多い放射区域におけるすべての噴霧ヘッドを同時に使用した場合に、当該放射区域の表面積1m^{2}につき20L/分の量の割合で計算した量	

(危規則第32条の5)		で、30分間放射することができる量以上の量	
	放射圧力・放水量	・前号に定める噴霧ヘッドを同時に使用した場合に、それぞれの先端において、放射圧力が0.35MPa以上で、かつ、標準放射量で放射することができる性能のものとする	
	予備動力源	・必要	
泡消火設備(危規則第32条の6)	固定式の泡消火設備の泡放出口等	・防護対象物の形状、構造、性質、数量または取扱いの方法に応じ、標準放射量で当該防護対象物の火災を有効に消火することができるように、必要な個数を適当な位置に設けること	・第4類の危険物を貯蔵し、または取り扱うタンクに泡消火設備を設けるものにあっては、固定式の泡消火設備(縦置きのタンクに設けるものにあっては、固定式泡放出口方式のもので補助泡消火栓及び連結送液口を附置するものに限る。)とすること
	移動式の泡消火設備の泡消火栓	・屋内に設けるものにあっては、屋内消火栓の規定(第32条第1号)の例による ・屋外に設けるものにあっては、屋外消火栓の規定(第32条の2第1号)の例による	・火災のときに煙が充満するおそれのない場所等火災の際容易に接近でき、かつ、火災等の災害による被害を受けるおそれが少ない場所に限って設けることができる
	水源の水量および泡消火薬剤の貯蔵量	・防護対象物の火災を有効に消火することができる量以上の量	・泡消火設備のうち泡モニターノズル方式のものは、屋外の工作物(ポンプ設備等を含む。)および屋外において貯蔵し、または取り扱う危険物を防護対象物とするものであること
	予備動力源	・必要	
不活性ガス消火設備	噴射ヘッド	・全域放出方式: 不燃材料で造った壁、柱、床、はりまたは屋根(天井がある場合にあっては、天井)により区画され、かつ、開口部に自動閉鎖装置(防火設備または不燃材料で造った戸で不活性ガス消火剤が放射される直前に開口部を自動的に閉鎖する装置をいう。)が設けられている部分に当該部分の容積及び当該部分にある防護対象物の性質に応じ、標準放射量で当該防護対象物の火災を有効に消火することができるように、必要な個数を適当な位置に設けること 　ただし、当該部分から外部に漏れる量以上の量の不活性ガス消火剤を有効に追加して放出することができる設備であるときは、当該開口部の自動閉鎖装置を設けないことができる ・局所放出方式: 防護対象物の形状、構造、性質、数量または取扱いの方法に応じ、防護対象物に不活性ガス消火剤を直接放射することによって標準放射量で当該防護対象物の火災を有	

(危規則第32条の7)		効に消火することができるように、必要な個数を適当な位置に設けること	
	移動式の消火設備のホース接続口	・すべての防護対象物について、当該防護対象物の各部分から1のホース接続口までの水平距離が15m以下となるように設けること	・火災のときに煙が充満するおそれのない場所等火災の際容易に接近でき、かつ、火災等の災害による被害を受けるおそれが少ない場所に限って設けることができる
	消火剤の量	・防護対象物の火災を有効に消火することができる量以上の量	
	予備動力源	・全域放出方式または局所放出方式は必要	
ハロゲン化物消火設備（危規則第32条の8）		・不活性ガス消火設備の基準の例による	
粉末消火設備（危規則第32条の9）		・不活性ガス消火設備の基準の例による	
第4種消火設備（危規則第32条の10）		・防護対象物の各部分から1の消火設備に至る歩行距離が30m以下となるように設けなければならない ただし、第1種、第2種または第3種の消火設備と併置する場合にあっては、この限りでない	
第5種消火設備（危規則第32条の11）		・地下タンク貯蔵所、簡易タンク貯蔵所、移動タンク貯蔵所、給油取扱所、第1種販売取扱所または第2種販売取扱所にあっては有効に消火することができる位置に設けなければならない ・その他の製造所等にあっては防護対象物の各部分から1の消火設備に至る歩行距離が20m以下となるように設けなければならない ・ただし、第1種から第4種までの消火設備と併置する場合にあっては、この限りでない	

(2) 消火設備の点検、整備

消火設備は、その保守と点検を怠ると用を果たさなくなる。とくに化学工場や工業地帯などでは、消火設備が腐食して機能をなくしたり、破損して思わぬ事故を起こすことがある。日常の点検や消防訓練などを通じて作動状態、破損の有無などを確認し、併せて種類、機能に応じて十分に整備し、常によい状態に維持管理しなければならない。

点検は、次のような区分について、できるだけ頻繁に行うことが望ましい。

① 外観点検（破損、変形の有無等）…………1回／月以上

② 機能点検（作動試験、性能試験等）………1回／年以上

第2章

③　精密点検（各部について精密に行う。）…… 1 回 /5 年以上

なお、点検の結果は、結果表、台帳等に確実に記録しておき、その保守状況を明らかにしておく必要がある。

13　自動火災報知設備

(1)　自動火災報知設備

自動火災報知設備は、火災による熱または煙等を自動的に感知する感知器、火災発見者が押して警報するための発信機、およびこれらの信号を受信し、火災の発生を知らせる受信機、ならびに両者を結合する配線（中継器を使用する場合もある）等からなっているが、感知器についての概要は以下のとおりである。

A　感知器の種類（図 2-85）

B　熱式感知器

ア　差動式感知器

温度上昇率が一定の値を超えたとき作動するもので、次のような種類のものがある。一局所の熱効果によって作動するものを「スポット型」、広範囲の熱効果の累積によって作動するものを「分布型」という。

(ｱ)　空気式（スポット型）

熱による空気の膨張を利用したもので、空気室に接続されているダイアフラム（リン青銅またはベリリウム銅合金、厚さ 0.03mm の円形薄板にひだをつけ、2枚重ねて周囲をハンダで接着したもの）を膨ませて回路を閉じるようになっている。

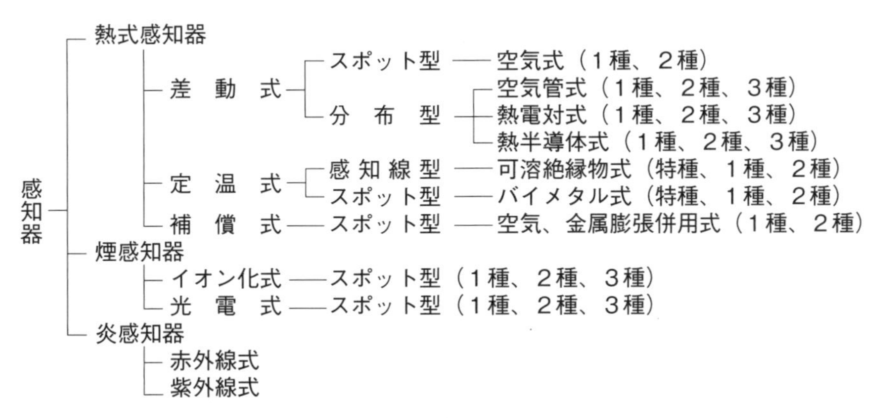

図 2-85　感知器の種類

(ｲ)　空気管式（分布型）

空気管（内径1.4～2mm、外径2～3mmの銅パイプ）を室内天井に張りめぐらし、その両端をダイアフラムに接続したものである。

(ｳ)　熱電対式（分布型）

線状熱電対を室内天井にはりめぐらしたものである。

イ　定温式感知器

一定の温度以上になったときに作動するもので、次のようなものがある。スポット型と感知線型とに分類される。

(ｱ)　バイメタル式（スポット型）

熱膨張係数の異なる2種の金属の薄板をはり合わせていたバイメタルが、温度の変化によって湾曲する性質を利用したものである。

(ｲ)　可溶絶縁物式（感知線型）

2本のピアノ線を一定の温度によって溶融する絶縁物で電気的に絶縁して、より合わせたもので、温度が上昇すると、ピアノ線の絶縁物が溶け、接触短絡するようになっている。

ウ　補償式感知器

周囲の温度変化によって感度が変化するもので、差動式と定温式とを兼ねた機能を持っている。

C　煙感知器

火災時に発生する煙や燃焼生成物によって作動するもので、光電式とイオン化式がある。

ア　光電式

煙によって光が遮られた結果生ずる光の量の変化を光電管、光電池などにより電気的変化に変えて、火災の発生を感知する方式のものである。

イ　イオン化式

煙によってイオン電流が変化することを利用したもので、一般には煙の流入する外部イオン室と密閉された内部イオン室があり、煙が発生して外部イオン室に煙が入ると、イオン電流が減少し、両室の電圧の変化が起こり煙の発生したことを感知する方式である。

D　炎感知器

ア　赤外線式

火災により生ずる炎から放射される赤外線の変化が一定の量以上になったときに

作動するもので、一局所の赤外線による受光素子の受光量の変化により作動する。

イ　紫外線式

火災により生ずる炎から放射される紫外線の変化が一定の量以上になったときに作動するもので、一局所の紫外線による受光素子の受光量の変化により作動する。

(2)　感知器の設置の基準

感知器の取付け面の高さおよび設置間隔は、消防法施行規則第23条に規定されている。概要を以下に示す。

① 取付け面の高さに応じ、次の表2-10で定める種別の感知器を設ける。

② 差動式スポット型、定温式スポット型または補償式スポット型その他の熱複合式スポット型の感知器は、以下のように規定されている。

・感知器の下端は、取付け面の下方0.3m以内の位置に設けること。

・感知区域（それぞれ壁または取付け面から0.4m（差動式分布型感知器または煙感知器を設ける場合にあっては0.6m）以上突出したはり等によって区

表2-10　感知器の取付け面の高さ

取付け面の高さ	感知器の種別
4m未満	差動式スポット型、差動式分布型、補償式スポット型、定温式、イオン化式スポット型または光電式スポット型
4m以上 8m未満	差動式スポット型、差動式分布型、補償式スポット型、定温式特種もしくは1種、イオン化式スポット型1種もしくは2種または光電式スポット型1種もしくは2種
8m以上 15m未満	差動式分布型、イオン化式スポット型1種もしくは2種または光電式スポット型1種もしくは2種
15m以上20m未満	イオン化式スポット型1種または光電式スポット型1種

表2-11　感知器の床面積ごとの取付け面の高さ

取付け面の高さ		感知器の種別						
		差動式スポット型		補償式スポット型		定温式スポット型		
		1種	2種	1種	2種	特種	1種	2種
4m未満	主要構造部を耐火構造とした防火対象物またはその部分	90m²	70m²	90m²	70m²	70m²	60m²	20m²
	その他の構造の防火対象物またはその部分	50m²	40m²	50m²	40m²	40m²	30m²	15m²
4m以上8m未満	主要構造部を耐火構造とした防火対象物またはその部分	45m²	35m²	45m²	35m²	35m²	30m²	—
	その他の構造の防火対象物またはその部分	30m²	25m²	30m²	25m²	25m²	15m²	—

画された部分をいう。以下同じ。）ごとに、感知器の種別および取付け面の高さに応じて次の表2-11で定める床面積につき1個以上の個数を、火災を有効に感知するように設けること。

③　差動式分布型感知器（空気管式のもの）は、以下のように規定されている。

・感知器の露出部分は、感知区域ごとに20m以上とすること。

・感知器は、取付け面の下方0.3m以内の位置に設けること。

・感知器は、感知区域の取付け面の各辺から1.5m以内の位置に設け、かつ、相対する感知器の相互間隔が、主要構造部を耐火構造とした防火対象物またはその部分にあっては9m以下、その他の構造の防火対象物またはその部分にあっては6m以下となるように設けること。ただし、感知区域の規模または形状により有効に火災の発生を感知することができるときは、この限りでない。

・検出部に接続する空気管の長さは、100m以下とすること。

・感知器の検出部は、5度以上傾斜させないように設けること。

④　差動式分布型感知器（熱電対式のもの）は、以下のように規定されている。

・感知器は、取付け面の下方0.3m以内の位置に設けること。

・感知器は、感知区域ごとに、その床面積が72m^2（主要構造部を耐火構造とした防火対象物にあっては88m^2）以下の場合にあっては4個以上、72m^2（主要構造部を耐火構造とした防火対象物にあっては、88m^2）を超える場合にあっては4個に18m^2（主要構造部を耐火構造とした防火対象物にあっては、22m^2）までを増すごとに1個を加えた個数以上の熱電対部を火災を有効に感知するように設けること。

・検出部に接続する熱電対部の数は、20以下とすること。

・感知器の検出部は、5度以上傾斜させないように設けること。

⑤　差動式分布型感知器（熱半導体式のもの）は、以下のように規定されている。

・感知器の下端は、取付け面の下方0.3m以内の位置に設けること。

・感知器は、感知区域ごとに、その床面積が、感知器の種別および取付け面の高さに応じて表2-12で定める床面積の2倍の床面積以下の場合にあっては2個（取付け面の高さが8m未満で、当該表で定める床面積以下の場合にあっては、1個）以上、当該表で定める床面積の2倍の床面積を超える場合にあっては2個に当該表で定める床面積までを増すごとに1個を加えた個数以上の感熱部を火災が有効に感知するように設けること。

・検出器に接続する感熱部の数は、2以上15以下とすること。
・感知器の検出部は、5度以上傾斜させないように設けること。

⑥　定温式感知線型感知器は、以下のように規定されている。
・感知器は、取付け面の下方0.3m以内の位置に設けること。
・感知器は、感知区域ごとに取付け面の各部分から感知器のいずれかの部分までの水平距離が、特種または1種の感知器にあっては3m（主要構造部を耐火構造とした防火対象物またはその部分にあっては、4.5m）以下、2種の感知器にあっては1m（主要構造部を耐火構造とした防火対象物またはその部分にあっては、3m）以下となるように設けること。

⑦　煙感知器（光電式分離型感知器を除く。）は、以下のように規定されている。
・天井が低い居室または狭い居室にあっては入口付近に設けること。
・天井付近に吸気口のある居室にあっては当該吸気口付近に設けること。
・感知器の下端は、取付け面の下方0.6m以内の位置に設けること。
・感知器は、壁またははりから0.6m以上離れた位置に設けること。
・感知器は、廊下、通路、階段および傾斜路を除く感知区域ごとに、感知器の種別および取付け面の高さに応じて表2-13で定める床面積につき1個以上の個数を、火災を有効に感知するように設けること。

表2-12　差動式分布型感知器（熱半導体式）の設置基準

<table>
<tr><th colspan="2" rowspan="2">取付け面の高さ</th><th colspan="2">感知器の種別</th></tr>
<tr><th>1種</th><th>2種</th></tr>
<tr><td rowspan="2">8m未満</td><td>主要構造部を耐火構造とした防火対象物またはその部分</td><td>65m²</td><td>36m²</td></tr>
<tr><td>その他の構造の防火対象物またはその部分</td><td>40m²</td><td>23m²</td></tr>
<tr><td rowspan="2">8m以上
15m未満</td><td>主要構造部を耐火構造とした防火対象物またはその部分</td><td>50m²</td><td>—</td></tr>
<tr><td>その他の構造の防火対象物またはその部分</td><td>30m²</td><td>—</td></tr>
</table>

表2-13　煙感知器の設置基準

取付け面の高さ	感知器の種別	
	1種および2種	3種
4m未満	150m²	50m²
4m以上20m未満	75m²	—

感知器をどのような場所に使用するかを例示すると表 2-14 のようになる。

表 2-14　感知器の種別と使用場所（例）

感知器の種別	使用場所	状　況	備　考
差動式 スポット型	一般事務所	温度変化の少ない場所…1 種	差動式のうち、スポット型を用いるか分布型を用いるかは、建物の状態電路および美観、維持管理の点等を考慮して決める。
差動式 分布型	実験室 研究室	温度変化の大きい場所…2 種	
補償式 スポット型	倉庫 作業場 食堂等 これらに類する場所	とくに温度変化の大きい場所または消火設備との連動の場合…………………………3 種	
定温式 スポット型	炊事場 湯沸場 ボイラー室等 これらに類する場所	主要構造が不燃材料で作られている場合…1 種または 2 種 その他の場合は 1 種消火設備と連動の場合…………3 種	定温式のうち、スポット式か感知線型かは、上記と同様の点を考慮して決める。

（注）定温式または補償式の感知器は、正常時における最高周囲温度がそれぞれの公称作動温度または定温点より 20℃以上低い場所に設けるようにする。

(3)　自動火災報知設備の点検、整備

自動火災報知設備は、平素は無用のものであるが、非常の際には有効に作動しなくてはならない。消火設備と同様定期的に点検、整備、テストを実施し、その結果は必ず記録保管し、その保守状況を明らかにしておく必要がある。

機能テストは、少なくとも年 4 回程度は行うようにし、実施前に関係者に周知徹底し、誤認することのないようにする。

14　化学設備用材料

多量の可燃物等を取り扱っている工場では、反応器、塔槽類、熱交換器、配管などの設備からガスや液体が漏れた場合は、装置の正常な運転ができなくなるばかりでなく、火災、爆発などが発生するおそれがある。したがって、これらの装置は各種の機器の使用条件に合った材質を選定し、十分な強度を持つ材料を使用して起こり得る使用条件の変動にも耐えるように製作されなければならない。また、これらの装置の運転に携わる者も装置の設計上の考え方や構造等を十分理解し、装置の安全運転と適切な保全作業を行うことが必要である。

(1)　材料の条件

通常の化学設備の基本的な使用条件としては次のようなものが考えられる。

① 流体の種類
② 温度、圧力
③ 流体の状態（気体、液体、固体、気液混合物等）
④ 流速、流量
⑤ 機器の振動（ポンプ、コンプレッサー等）
⑥ 大気等周囲の環境条件

これらの条件は単独の形で機器類に影響を与えることもあり、またこれらが複合して影響を与えることもあるので、対象とする機器ごとに現れる影響やそれを及ぼす条件を十分に解析し、または予測して正常な運転の維持に努めるべきである。

(2)　材料にみられる損傷

前記の使用条件が単独または組合せの形で化学設備に及ぼす影響の主なものには次のようなものがあるが、これらがそれぞれ単独の形で表れることよりも、複合した形で表れることがよくある。

① 腐食
② 割れ
③ 腐食（コロージョン）
④ 材力の低下（材料の変形が時間とともに増加するクリープ現象等）

したがって、化学設備類の設計にあたっては、使用条件の種々の組合せから予測される影響を十分検討し、これを考慮して材料の選択、肉厚の決定等をするとともに、使用条件の一つひとつについても維持されるように設備の取扱いを適切にする必要がある。

(3) 材料の種類

化学設備に使用される工業材料はきわめて種類が多いが、その選定にあたって、とくに次のような点に留意することが大切である。

① 機械的に強いこと。

② 高圧に耐えること。

③ 高温、低温(高温では1000℃附近、低温では－100℃のものもある)に耐えること。

④ 取り扱う化学物質により腐食されないこと。

これら工業材料は大別すると次のように分けられ(図2-86)、これらの材料の種類、用途を参考までに表2-15に示す。

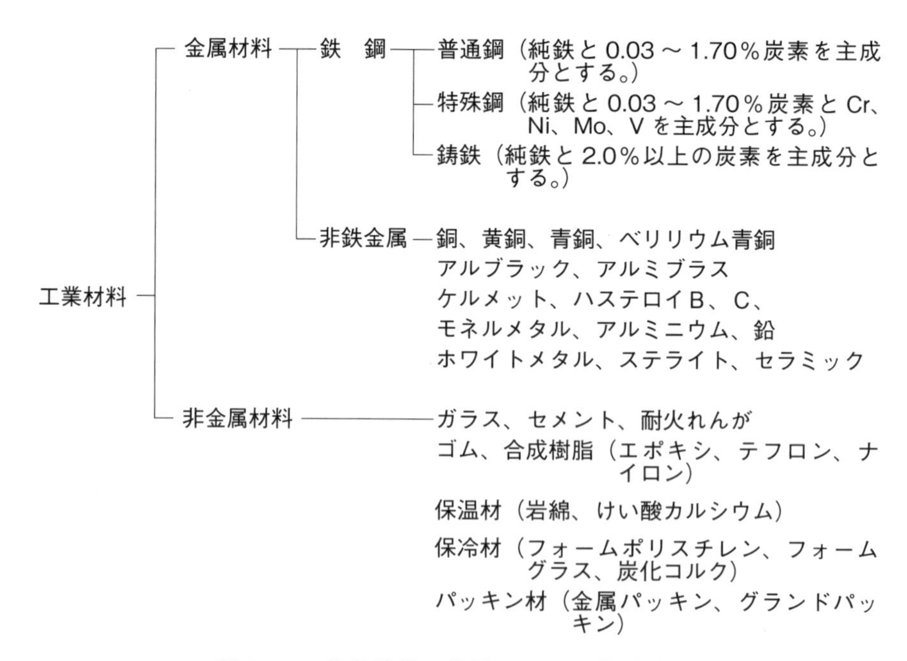

図2-86 化学設備に使用される工業材料の種類

表 2-15　工業材料の種類および用途

①　鉄鋼の種類、用途

	名　称	用　途
普通鋼	一般構造用圧延鋼材	一般構造物、サポート、タンク、ベッセル 熱交換器シェルなど
	ボイラー用圧延鋼材	ボイラー、タンク、ベッセル、熱交換器シェルなど
	機械構造用炭素鋼	
	炭素鋼鍛造品	軸、ボルト、キー、ピンなど
	炭素鋼鋳鋼品	バルブ、フランジ、軸類、ピストン、歯車など
	配管用炭素鋼鋼管	バルブボディー、大型歯車
	（ガス管）	一般配管
	（圧力配管用鋼管）	圧力 0.98MPa（10kg/cm^2）以上の配管
	（高温配管用鋼管）	350℃以上の配管
	（高圧配管用鋼管）	9.8MPa（100kg/cm^2）以上の配管
	（ボイラー熱交用鋼管）	ボイラー熱交用
特殊鋼	クロム鋼	おもに小物の部品
	ニッケルクロム鋼	ボルト、ナット、軸類、歯車など
	ニッケルクロムモリブデン鋼	クランク軸、タービン翼
	クロムモリブデン鋼	軸類、歯車、ボルト、ナット
	高炭素クロム軸受鋼	ころがり軸受
	ステンレス鋼（SUS430）	耐食材料（アンモニア、水素、硫化水素、か性ソーダ、海水など）、高温材料（< 800℃）軸類フランジ、キー、インペラー
	ステンレス鋼（SUS304）	耐食材料（水素酸塩類、海水、塩酸）高温材料（< 900℃）、極低温材料
	ステンレス鋼（SUS316） 配管用ステンレス鋼管	軸スリーブ、インペラー、プランジャー、耐食材料（水素酸塩類、塩酸、海水）、高温材料（< 900℃）－50℃以下の配管腐食のおそれのあるもの 高温高圧の場合も使用される。
	配管用合金鋼管	高温、たとえばリアクター回りの高温配管
	ステンレス鋼鋳鋼	耐食性ポンプケーシング、バルブ
	普通鋳鉄	ケーシング、シリンダー摺合せ治具
	高級鋳鉄	ケーシング、シリンダー、クロスヘッド、鋳鉄管

第2章

鋳鉄	合金鋳鉄（Ni、Cr を含む）	耐酸性を要するケーシング、インペラー
	黒心可鍛鋳鉄	エルボ、ティーズ、レジューサーなど配管材料

② 非鉄金属材料の種類、用途

名称	用途
銅	配管、低温材料、パッキン
黄銅	低温、ライナー、メタル
青銅（砲金は青銅の1種）	機械部品、バルブ、コック
アルブラック アルミブラス	熱交換器用チューブ（とくに海水用のもの）
ベリリウム青銅	ノンスパーク工具
ケルメット	軸受（とくに高速用）
ハステロイB ハステロイC	酸類の耐食性を要する機械部品
モネルメタル	機械部品
アルミニウム 鉛	パッキン
ホワイトメタル	軸受用
ステライト	バルブのシート面や各種摺動部などに肉盛加工して使用される。
セラミック	メカニカルシールのシーリング

③ 非金属材料の種類、概要、用途

名称	概要	用途
ゴム	ゴムの種類─天然ゴム（NR） 　　　　　└合成ゴム─スチレンブタジエンゴム（SBR） 　　　　　　　　├ニトリルブタジエンゴム（NBR） 　　　　　　　　├クロロプレンゴム（CR） 　　　　　　　　├ブチルゴム、シリコンゴム 　　　　　　　　└ふっ素ゴム他 天然ゴムはその生産量が限られているので、すぐれた性質の合成ゴムが作られるようになってからは、合成ゴムの使用割合が大きく伸びている。一般用途として天然ゴムに代って用いられるものは SBR が最も多いが、化学工場で使用されるパッキン、Vリング、O	タイヤチューブ、ホース、ダイアフラム、パッキン、オイルシール、Oリング、ベルト、防振ゴムなど

	リング、シールに用いられているのは、SBR以外の合成ゴムがほとんどである	
合成樹脂（エポキシ樹脂）	エピクロルヒドリンとビスフェノールAを合成したもので下記特色がある	
	1　硬化時の収縮が少ない	塗料、ライニング
	2　接着性がよい（金属の接着も可）	電気部品、接着剤
	3　耐水、耐薬品性がすぐれている	
（テフロン）	4　成型操作が容易である	
	5　電気的機械的性質がすぐれている	
	デュポン社（米）の四ふっ化エチレン樹脂の商品名、通常の薬品には全く侵されず－90～260℃の範囲で使用できる	電気絶縁材料、ガスケット、パッキン、パイプ、バルブ、ピストンリング、軸受
（ナイロン）	樹　脂	機械、電気部品
ガラス	透明で硬く、平滑な面が得られ、薬品に侵されにくく電気絶縁性にすぐれており、かなりの高温まで使用できる	ガラス繊維として電気絶縁材料、保温材料、耐食性を要求される機器配管のライニング（グラスライニング）
セメント	セメントと砂を混合、水で練ったもの　モルタル	建屋、基礎、通路の舗装
	セメントと砂と砂利を混合、水で練ったもの　コンクリート	
耐火、れんが	耐火性、断熱性、高温での安定性、機械的強さ、膨張収縮に対する強さなどが要求される	炉の材料
保温材（外部との熱の移動を遮断する目的で断熱性強度を要する）		
（岩綿）	安山岩、玄武岩などの原料岩石を高温で溶かして繊維状に加工したもので比較的安価である	配管機器の保温
（けい酸カルシウム）	軽質けい酸、石灰を原料として圧縮、成型、硬化を行わせたもの	
保冷材（断熱性強度の他水分を通さないことが要求される。これは保冷材を通した水分が氷になり、これが成長していくと内部から保冷が破損するからである）		
（フォームグラス）	ガラスに発泡剤を入れて加熱発泡させ成型品にしたもので、内部の小さな気泡がすぐれた断熱効果を示す 強く、軽く、加工が容易で、燃えない	
（フォームポリスチレン）	発泡性のポリスチレンを加熱、発泡させ成型したもの	
（炭化コルク）		

パッキン材		
（ゴム）	前出	装置、機械の漏れ、故障は、その多くがガスケット、パッキンに原因するものといってよく、圧力、温度、流体、回転数などによって最も適したものを使用しなければならない
（テフロン）	前出	
（金属パッキン）	銅、Al、鉄鋼	
（グランドパッキン）	木綿、合成繊維、鉛、アルミニウムを紐状に組み編みしたもの、さらに黒鉛や他の潤滑剤を充てんしたもの、帆布などにゴムを配合し加熱圧縮した成型パッキン、テフロン、ゴムの成型パッキンなどがある	
（Oリング、Vリング）	装置、機械のシールに使用するもので、テフロン、合成ゴムがほとんどである	

第3章

特殊化学設備等の取扱いの方法に関する知識

ポイント

■　この章では、特殊化学設備等の取扱い方法に関する知識を得る。

■　使用開始時の取扱い方法、使用中の取扱い方法、使用休止時の取扱い方法、点検および検査の方法、停電時等の異常時における応急の処置について学ぶ。

1　特殊化学設備の運転上の留意事項

(1)　運転開始時の措置

一般に化学設備が正常な運転段階に入っている時は原材料、ユーティリティー設備（電気、水、空気、蒸気等の設備）の条件が一定の変動範囲内で継続して操業されている。このような場合には、配管の破裂、漏えい、閉塞、減水、断水、電圧降下、停電、圧力制御装置、圧縮機、ポンプ類の故障、原料の量または純度の変動等のない限り異常状態は発生しない。

これに対して運転開始時は、作業手順も平常と異なり、装置の流量なども変動し、温度、圧力なども徐々に上昇するなど条件が一定しないのが普通で正常の運転時とは異なる条件を有している。運転開始時にはとくに次の事項に留意する必要がある。

A　始動計画の決定と連絡の徹底

始動にあたっては、始動する装置、機器を明確にし、スタートの順序および合図方法、弁の開閉順序等を操作手順とともに定め、操作担当者等指揮命令系統をはっきりさせ、関連部門に対する連絡方法も十分打ち合わせておく必要がある。各運転員が誰の指揮によりどのような作業をするかを確認してから始動しなければならない。

B　装置の点検

圧力計や温度計のチェック、安全弁その他のバルブ類の機能の点検をはじめとし、装置内の油分、水分などの有無の調査、停止中に取り付けられた配管系統の閉止板の撤去の確認、機械類の潤滑油の状況、防護カバー類の取付けの確認などを行わなければならない。

C　ユーティリティー設備の点検

工場中に使われているユーティリティー設備には電気、水、空気、蒸気、窒素、燃料等の設備があり、電気は主として圧縮機やポンプの駆動、装置の照明、電気を利用した計装機器に使われ、水は生成物の冷却、潤滑油の冷却、洗浄、消火用等に使われる。空気は、圧縮されて計装一般の保全用に、蒸気は加熱や熱媒体と一部機械の駆動にも使われ、窒素は、機器や装置中の可燃性ガスの置換に使用され、燃料は加熱や蒸気発生に使われている。したがって、これらのユーティリティー設備が必要な機能と構造のものであるかどうかを確認する必要がある。

とくに停止時に可燃性ガスの置換をするために、仮に接続した窒素ライン等があると可燃性ガスの逆流により思わぬ事故となるので、必ず撤去されていることを確認する必要がある。

D　漏えい検査の励行

停止中にシールしていた装置、窒素ガス等で置換していた装置、分解していた装置等の漏えい検査の方法は異なるが、とくに閉止板をしたり、取り外したことのある配管フランジ等は、ボルトの締付けが不十分なためスタート後漏えいすることが多くあるので、ボルトの締付け状態の点検を欠かさないようにする。

ガスの漏えい検査には一般に石けん水が利用されているが、この方法は、微量の漏えいも確認でき、取扱いも簡単で便利である。大口径のフランジ等の漏えい検査では、フランジ面間にシールテープを貼り、ピンホールを開けて石けん水で漏えい検査をする等の方法が用いられている。

E　ガス置換

可燃性ガス中に空気が混入していると、圧縮した場合爆発する危険があるので、次の可燃性ガスは圧縮してはならないことが高圧ガス保安法で定められている。

① 可燃性ガス（アセチレン、エチレンおよび水素を除く。）のうち、酸素の容量が全容量の4%以上のもの。

② 酸素中の可燃性ガスの容量が全容量の4%以上のもの。

③ アセチレン、エチレンおよび水素中の酸素の容量が全容量の2%以上のもの。

④ 酸素中のアセチレン、エチレンおよび水素の容量の合計が全容量の2%以上のもの。

したがって、タンク、装置、配管等に存在している空気は、あらかじめ除くことが必要で、その順序はまず空気を不活性ガスで置換し、次いで原料ガスで置換する。また、置換後の分析とその結果の確認を忘れないようにする。

F　原料ガス等の分析

原料の純度の分析、量の測定および運転に入ったときの中間物、生成物の分析等の手配が十分されているかを確認する。

G　環境の整理整頓、清掃

乱雑な状態で運転に入ることは、作業動作のうえからも危険であるので、整理整頓、清掃を行うとともに警報装置の確認や、緊急時に安全設備が円滑に作動するようになっていることの確認をする。

第3章

表 3-1　作業標準の例（運転）

作業名　往復動ガス圧縮機の運転

操　作	手　順	注　意
準　備	1　潤滑油貯槽液面点検 2　起動用ギヤーポンプハンドルおよびポンプ手動ハンドルを操作して給油箇所へ十分給油する 3　冷却水用弁を開きシリンダーおよびオイルクーラー、アフタークーラーへ水を通す 4　バルブ関係チェック (1) 吐出バルブ全開 (2) 吸入バルブ全開 (3) バイパスバルブ全開 (4) ドレンバルブ全開 5　計器盤の全切換コックをアンロードの位置とし、圧縮機を無負荷とする	圧縮機のパージが完了しており、運転に入れる状態にあること
運　転	1　スタートの合図をする 2　モーター起動 3　油圧が規定値以上であるか確認 4　シリンダー、グランドパッキンへ注油されていることを確認する 5　バルブ操作 (1) バイパスバルブを閉じる (2) ドレンバルブを閉じる 6　アンローダーを順次閉じて徐々に昇圧し、異常のないことを確認して、全負荷運転に入る 7　ガス吐出バルブを徐々に開け吐出圧力計を注視する 8　軸受温度、吸入、吐出圧力に異常がないことを確認する	無負荷状態にて 正しい圧力を示さない場合は、圧縮機を直ちに停止し、要部点検する

H　始動時の異常に対する準備

始動が不調の場合の措置についての打合せも始動前に実施し、十分に理解しておく。

参考までに往復動ガス圧縮機の運転作業標準の例を表 3-1 に示す。

(2)　運転中の留意事項

コントロールルームで計器の監視や調整をしたり、機器を巡回点検したりすることは、安全を確保するために重要であることを忘れてはならない。運転中に留意すべき事項は次のとおりである。

A　圧力計、温度計等を含めた計装装置類を監視

破損したり、誤指示をしていると思われるものを見逃さないようにする。重要な

計器には警戒圧力の表示をして、見やすくし、この圧力以上になった場合の措置をあらかじめ定めておき、操作を誤らないようにしておく。また、電気や計装装置用空気等が完全に送られているかどうかをも確認する。

B　回転機械を監視

機械は正常に運転されていても、摺動部の摩耗等があって機能が低下したり故障したりする。そこで基準となっている電流値、軸受部の発熱の程度等をよく理解しておき、とくに音についても平常の運転音と異常音とを区別できるよう訓練しておく。

C　安全装置を点検

前述の安全装置の項で示したとおりの点検が必要であり、計器関係は専門の技術者による点検が必要である。

① 規定どおりのテストが行われているか。
② 安全弁が完全に作動可能な状態にあるか。
③ 安全弁からガスが漏れていないか。

D　通路を確保

修理のためはずした床板がそのまま放置されていたり、通路に障害物があったりすると、緊急動作の際、思わぬ災害を被ったり、緊急作業を遅延させたりするので、常に通路を確保しておく。

E　ガスや液の漏えいの防止

液化ガスは大気圧下では急速に膨張気化してもとの体積の200～300倍になるので少量の漏れでも爆発や火災を起こす危険がある。それが少量であっても見逃すことなく、漏れを防止する必要がある。一般に機器の破裂や安全弁等の作動時には次のような箇所からガスや液が漏れることが多い。

① 配管等のフランジ部
② バルブのグランド部
③ ドレン弁
④ 往復動機械の摺動部（ギヤーボックス等に入る場合もある）
⑤ ポンプのシール部
⑥ 安全弁、ブロー弁のシート

漏えいしたガスや液体の気化蒸気は、屋内と屋外とではその危険性に差異がある。なかでも屋内で漏えいした場合は、空気より軽いものは天井付近に、空気より重いものは床下周辺に滞留し爆発を起こすおそれが大である。したがって、これらのガ

表 3-2　作業標準の例（故障発見法）

作業名　往復動ガス圧縮機の故障発見法

操　作	手　順	注　意
目　視	吐出圧力、吐出温度の監視 （1）吐出温度が変動したり、吐出温度が急に高くなった場合は、直ちにそのシリンダーのバルブを点検する	バルブ類にタグを付けること
聴　覚	次のような場合異常音が発生するので、停止し点検を実施する （1）吸入、吐出弁のボルト、ボルト押さえが弛んだ場合 （2）シリンダー内に異物が侵入した場合 （3）ピストンロッドのピストン締付ナットが弛んだ場合 （4）ピストンとシリンダーライナーとの間隙が摩耗によって過大となった場合	

スや液を取り扱う建物はできる限り通風をよくするために、壁の下見部分を開放したり、天井に換気用ファンやベンチレーターを設けたりしているが、急激に多量のガスが漏れた場合は爆発する可能性が大きいことを忘れてはならない。

可燃性ガスの漏えいを早期に発見するため警報器付定置式可燃性ガス検知装置を設けてあるところもある。参考までに往復動ガス圧縮機の故障発見法についての作業標準の例を表 3-2 に示す。

(3)　運転停止時の措置

通常の計画的な運転停止は、あらかじめ定められた作業手順に従って、原料の送入停止から始まり落圧へと進む。その際、装置内の圧力、温度に注意し徐々に操作する必要があり、その場合の留意すべき事項は次のとおりである。

A　停止前の確認

① 装置が停止できる操業状態にあること。すなわちその時点の運転状況の確認や計器類の異常の有無の点検を行う。

② ユーティリティー、置換用ガスの準備ができているかどうかの確認をする。

③ 必要な工具、保護具、分析器具などの点検を行う。

B　原料の送給停止

原料の送給停止はあらかじめ順序を明確にしておき、閉止後の漏えいを防止するための閉止板等を用意しておく。とくに関連部門との連絡方法をあらかじめ打ち合わせておく。

C　ユーティリティー設備

① 止める順序をあらかじめ定めて取り扱う。

② 冷却水は停止後の必要性を検討する。

③ 停止の際、温度や圧力の低下に伴う負圧の発生や逆流に十分注意する。

D　ガス置換

① 有害ガスは、除害装置を通す等により確実に除害処理をする。

② 可燃性ガスをフレアスタックを通し、または大気に放出する場合は、風下の火気などに注意するとともに拡散等を確認しながら徐々にパージする。

③ 停止中、原料や中間物等をタンク内に封入したままにするような場合、空気混入によって危険状態になるおそれがあるものは、窒素などの不活性ガスを封入しておく。

④ 機器の停止は、あらかじめ順序を定めておくとともに、停止の合図なども定めてこれを徹底させておく。

⑤ 停止後は、定められた手順どおり行われたかを確認し、とくに弁の開閉、電源の遮断表示の確認、圧力計や温度計の指度のチェック等を行う。

参考までに往復動ガス圧縮機の停止の作業標準の例を表 3-3 に示す。

表 3-3　作業標準の例（停止）

作業名　往復動ガス圧縮機の停止

操　作	手　順	注　意
停　止	1　三方切換コックにより順次アンロードとし無負荷状態とする。 2　モーターストップ 3　冷却水ストップ	(1) シリンダー、オイルクーラーの温度が下がってから排水する (2) 各部のドレンを抜く (3) 冬季長期間ストップする場合は氷結による破損がないように十分ブローする
	4　バルブ操作 (1) ガス吐出バルブ全閉 (2) ガス吸入バルブ全閉 (3) ドレンバルブ全開	

第3章

(4)　緊急時の措置

化学プラントでは停電等ユーティリティー設備の故障、配管の閉塞や急激な反応等のための圧力の急上昇、ガスや液の多量の漏えい等の異常状態が発生することがある。このような場合の措置は、瞬時を争うもので、1つの操作を誤ると大事故につながる可能性がある。このため運転に携わる者はなかば反射的に行動できるように平常から教育訓練をしておくことが必要である。

また、異常状態の早期発見に心がけるとともに、平常の装置点検を十分行うことも必要である。

運転員は緊急時の操作を適切に、しかも迅速に行い、要所要所の点検と確認をする必要がある。

一般に緊急停止は、全プラントを停止させる場合と部分的に停止させる場合とがあり、その原因や故障箇所によりいくつかに分けられている。したがって、それぞれの場合に応じた後処理が必要となるので、これらの措置の手順を熟知しておく必要がある。

緊急時の措置として必要な事項を以下に挙げる。

A　緊急作業手順を作成し訓練

緊急時の措置は、運転員が瞬間的に動作できるようになるまで訓練されている必要がある。そのためには考えられる緊急時のそれぞれのケースについて手順を定め、作業標準書を作成し、これに基づいて十分訓練しておく。

B　爆発、火災の防止

可燃性のガスが漏えいした場合、これらのガスが流れている配管に錆があったり、また地上に放出されて土砂やゴミ等を巻き込んだりして静電気が発生し、その放電火花により着火し、爆発することも十分考えられる。したがって、建物、設備等は極力通風がよいように設計してあるので、冬季寒さを防ぐため開放部を閉鎖したり、換気装置を故障のまま運転したりしてはならない。

また、緊急時の爆発、火災防止の方法として、窒素等の不活性ガスやスチームが利用される場合があり、その装置の事例としては次のようなものがある。

① 反応塔等の付設の窒素吹込装置

② 加熱炉等の付設のスチームのスナッフィング装置

③ 可燃性ガスのベント管付設のスチームのスナッフィング装置

これらの装置は温度の検出などにより自動的に作動するものも、手動のものもあ

表 3-4　作業標準の例（緊急停止）

作業名　往復動ガス圧縮機の緊急停止

操　作	手　順	注　意
連　絡	反応部門への連絡	速やかに行う
停　止	1　電源を遮断する 2　すべての出口弁を閉め、バイパス弁を開ける 3　残圧を落とす 4　反応系行バルブを閉じる 5　圧力の降下を見て、落圧を確認する	
連　絡	関係部署に停止した旨連絡する	

り、これらを設けたり、緊急手順を定めたりするときは、次の事項に注意する必要がある。

① スチーム吹込みによる静電気の発生
② 操作する場所の安全性
③ 機能維持のためのメンテナンス

次に、大切なことは、各種消火設備について、その付近に邪魔な物品が置いてあったり、薬剤が空になっていることがよくあるので十分点検し、いつでも使用できる状態にしておくことである。

C　退避

多量の可燃性ガスや液体が漏えいし、大きな火災や爆発に至る可能性が生ずる場合があるので、そのための退避を必ず考慮しておく必要がある。この場合、退避することによって爆発火災が起こりやすくならないよう、遠隔操作による緊急停止装置や緊急ガス抜弁等を設置しておくことが望ましい。

参考までに往復動ガス圧縮機の緊急停止の作業標準の例を表 3-4 に示す。

(5) 非定常作業時の留意事項

平成 17 年の労働安全衛生法の改正により、危険性または有害性等の調査およびその結果に基づく措置の実施（リスクアセスメント等）が努力義務化（化学物質については後に義務化）された。また、化学設備の清掃等の作業の注文者による文書等の交付や製造業の元方事業者による作業間の連絡調整の実施が義務化されたこと等により、平成 20 年に「化学設備の非定常作業における安全衛生対策のためのガイドライン」が改正されており、化学設備の非定常作業については労働災害防止対策の推進に努めることとされている。

化学設備に係る災害は、当該設備の保全的作業、トラブル対処作業等のいわゆる非定常作業において多数発生しており、非定常作業における災害の発生率は、定常作業に比較して、高い状況にある。これは、非定常作業については日常的に反復・継続して行われることが少なく、かつ、十分な時間的余裕がなく行われる場合が多いため、設備および管理面の事前の検討が十分行われないこと、作業者が習熟する機会が少ないこと、また、作業が複数の部門にわたること等により災害につながる場合が多いことによるものと考えられている。

対策としては取り扱う物質の危険有害性を安全データシート等により把握し、当該化学設備の内容、製造工程の特性を十分に検討するとともに、類似の製造工程または作業で発生した事故事例について情報を収集し、災害要因とこれに対応する措置（参考資料　3「化学設備の非定常作業における安全衛生対策のためのガイドライン」参照、259頁）について、法定事項の確認を含め、事前評価に努めなければならない。

（非定常作業時の災害につながりやすい原因）
・設備および管理面の事前の検討が十分行われないこと
・作業者が習熟する機会が少ないこと
・作業が複数の部門にわたること

図3-1　非定常作業時の災害につながりやすい原因

第 4 章

特殊化学設備等の整備および修理の方法に関する知識

ポイント

■　この章では、特殊化学設備等の整備および修理の方法に関する知識を得る。

■　整備および修理の手順について学ぶ。また、塔槽内作業における点検についても学習する。環境管理としてガス検知、通風および換気、保護具についても学ぶ。

プラントの安全運転確保のためには、日常の保守管理とともに定期的な点検整備を実施していかなくてはならない。この点検整備作業には、必ず、修理、解体等の危険性のある作業が同時に行われる。このため、これらの作業は、実施計画を定め、安全に作業を進めることが必要である。

1　計画、準備

整備および修理作業計画作成にあたり最も重要なことは、作業目的、対象物件、プラント等施設の配置状況および運転状態等を完全に把握することである。それに基づき作業担当、プラント等施設担当、安全担当その他作業に関係ある部門（資材、電気関係等）と打ち合わせを実施し、作業要領を決定したうえで、災害防止のための綿密な作業実施計画、準備を行う必要がある。この場合、安全担当部門による災害防止に関する指示、助言、勧告に基づいて、必ず実施担当者が内容および責任範囲を明確に知っておくことが爆発災害防止の目的達成を図る意味において必要である。

2　整備および修理作業（塔槽内作業を除く）

作業はプラント停止、作業準備（作業着工）、作業中（作業完了引渡し）、運転再開の各段階に分けられる。各段階でそれぞれ災害防止の配慮が必要である。

以下、各段階における災害防止措置について検討を行うこととするが、塔槽類内作業はとくに危険性が高く事故も多いので、別掲（3　塔槽内作業、152 頁）するものとする。

(1) 運　転　停　止

A　プラントの運転停止

プラントの運転停止は、所定の順序、方法に従い、指揮者の指示によって行う。

補修作業を行う箇所に、原材料や製品等であるガスまたは液体が漏えいしたり、流出したりしないように、バルブ、コック、閉止板の挿入などにより、他の化学設備と完全に遮断する。

高温機器は、徐々に冷却し、この場合、フランジ部からの漏れや内部の負圧による空気の吸込みに注意する。

容器類は使用停止したのち、ポンプアウトまたは排油弁より残油を除去する。この場合、とくに液面計またはクリンカーゲージ等によって内部の油が完全にパージされたことを確かめなければならない。

ポンプによるパージののち、残留油および残留ガスは容器の圧力が下がり安全を確かめたのち下部よりスチームを吹き込み、頂部の大気放出弁（ベントバルブ）より放出させる。スチーム吹込み後約 10 分経ってからドレン切り弁をわずかに開きドレン切りを行う。その際底部にたまっている油等もドレンとともにパージする。スチームのパージのための所要時間は容器の用途、大きさ等にも関係するのでプラントごとに基準を設けて実施させる方がよい。

常に低温で使用する配管および容器類は底部より水を入れ最頂部を開放して水を溢流（オーバーフロー）させ、水表面に油分の存在を認めなくなるまでこれを続行してガスおよび油をパージする。

火を用い、あるいは火を発するおそれのある作業を行う場合はスチームパージと水の溢流による置換を併用してガスおよび油を完全にパージする。スチームおよび水の使用が不適当である場合は、イナート（不活性）ガスによる置換の方法がよい。イナートガスは使用前に成分の分析を行うとともに、置換後の内部ガスは酸素、一酸化炭素、炭化水素等の含有量を分析し適正に措置する。できれば分析に係る基準を設けておくとよい。

なお、ベントおよびドレン切り実施のためバルブを開く場合は、少しずつ慎重に行い一度に全開してはならない。またいつでもすぐ閉められるように必ずそばにおいて、その場を離れてはならない。ベントおよびドレン切り中、緊急な作業のためその場を離れる必要ができた場合は、一時バルブを閉めることとし、中止できない場合は他の人に連絡し、確実に申し送り依頼してからその場所を離れるようにしなければならない。

パージは慎重に行い、常に事故の発生を予期した対策を講じておかなければならない。また工期を急いで不完全な状態にしてはならない。

ガスおよび液体のパージにあたっては次の点に留意しなければならない。

① 大量にガスを放出するときは、ブローダウンラインを通して安全な場所に放出すること。

② パージ開始にあたっては、火気使用の有無を確認すること。この場合は、風向き、天候等を十分に考慮すること。

③ ガス放出に際して付近に下水等が近い場合は、ジョイント・シート等でシールしてから行うこと。

④ 液化ガスを大量に下水溝へ液状で放出しないこと。

⑤ 油は排出溝に流すか、または容器に受け、床はスチーム、水等で洗い流すこと。

B　停止作業の確認

① 可燃性のガスまたは液体を使用していた機器や配管類について、引火のおそれのある関連系統と完全に切り離していること、あるいは閉止板を挿入して完全に遮断してあること。

② 主要な弁の開閉、圧力計、温度計、電源などが停止の状態になっていること。とくに弁の開閉はあらゆる面に災害要因となり得るもので確認の必要がある。

③ 内圧のかかっている機器、配管類は、その内圧が完全に放散されていること。

④ 可燃性のガスまたは液体を使用していた機器や配管類については、水、蒸気、不活性ガスなどによる洗浄またはパージを行って可燃性ガス等を完全に排除していること。

⑤　停止中でも運転しなければならない機器がある場合（保安運転等）「停止中」および「運転中」の標示板が確実に機器に掲げられていること。

(2)　整備および修理作業の準備

作業のための準備には種々あるが、とくに次の準備は入念に実施しなければならない。

A　火気使用のための準備

着手に先立ち、火気使用許可の手続きを完了するとともに、火気使用のための準備として、次の諸点を確実に実行しなければならない。

①　火気を使用する場所（火の粉の飛散も考慮して）から、一切の危険物ならびに燃えやすいもの（油ボロ、紙屑等）を除くこと。

もし現場に油や危険物およびそれらの蒸気がある場合は、汲みとる、ぬぐいとる、水洗する、水でオーバーフローさせる、スチーミングするなどの処置を行って、危険な蒸気を発生したり、着火したりするおそれのないようにすること。

また、風向きを考慮に入れ、防火シートや鉄板などで危険な蒸気の出口をふさぐ、砂を盛ってシールする。残油の上に砂をまく、フォーマイトを散布しておくなどの処置を実施し、火の粉の飛散等による着火が起こらないようにすること。

②　ガス検知を実施して安全を確認すること。

③　指定の消火器を準備し、消火栓等はすぐに放水できる状態にしておくこと。

④　所定の保護具および救急用具が直ちに使用可能な状態に準備すること。

⑤　排水管、排水溝、雨とい、ケーブルダクト、開放された配管、マンホール等、他の部分と導通しているものがある場合は、とくに注意深く点検して、閉止フランジ、仕切板等でシールし、思いがけない事故の誘発を防ぐこと。

蒸気ラインは冷却すると減圧になり危険物の蒸気を吸い込むものであるので、火気使用前には必ずガス検知を行うこと。

空気ラインには、圧縮機類の潤滑油等が運ばれてきており、またエアーブロー用として塔、槽類に接続しているので、油が流入していることもあるから、必ず取りはずし、点検を行うか、または安全な場所へ通気して洗浄を行うこと。

フォーマイトライン、エアフォームライン、工業用水ライン等にもタンクから油が逆流していることがあるので点検すること。

なお、すべての配管は管内のガス検知により、ガスのないことを確認してからでなければ、火気を使用してはならない。

B　作業用器工具類の点検

作業において使用する器工具類が準備され、かつ十分にその機能を発揮するように点検、検査を行うことは、災害防止のうえで最も重要なことのひとつである。

次の項目につき点検、検査をしなければならない。

①　電気機器絶縁抵抗
②　キャブタイヤ等電線損傷
③　絶縁部分
④　接地状態
⑤　安全工具
⑥　作業場（足場板緊縛状態等）
⑦　運搬機器作動状態
⑧　運搬車両（排気筒等）
⑨　補修作業用ボンベ等（安全弁、漏えい検査）
⑩　保護具および服装
⑪　その他補修作業に必要な点検、検査

(3)　整備および修理作業の実施

作業の着手は定められた立会者、監督者の下に行うことが必要である。

とくに運転中の装置や、それに隣接した箇所の作業を行う場合には、運転担当部門の立会い、またはそれに代わる確認を確実に取らなければならない。

火気使用作業中は、あらかじめ定めた火気使用作業の計画に従って作業を進行させ、みだりに変更してはならない。

運転しながら、あるいは一部運転しながら作業をする場合は、経時変化によるガス検知を実施しなければならない。

火気使用中は絶えずその責任者は周囲の状況に注意し、ガス漏れなどの危険な状態が生じた場合には、独自の判断で処置せず、直ちに作業を中止し、保安担当等所管部署に連絡してその指示に従うようにする。ただし火災発生に際しては、直ちに作業者に初期消火の実施を命ずるとともに、所定の連絡をとりその指示に従うようにする。

また、火気使用作業場所周辺ではドレン抜き、ベントよりのパージ等により可燃物を大気に放出してはならない。やむを得ない場合は、火気使用を中止してから行うようにしなければならない。

A　発熱、発火防止

作業中とくに必要があると認める場合には、散水またはスチーム、不活性ガスの吹込み等を行って、発熱、発火を防止する。この場合、とくにスチームについては、静電気除去対策として蒸気ノズル、タンク等を接地することが必要である。

B　衝撃火花防止

作業中に工具の投げ渡し、落下物および衝撃による衝撃火花を発する行為をせず、また衝撃火花を発するような工具を使用してはならない。

C　整理整頓

工事現場内では不必要な物は毎日片付け、防火上、消火活動上、支障にならないよう整理整頓することも大切である。

D　規格品の使用

補修用資材の使用にあたっては定められた規格品を指定場所に使用することを心がけるようにする必要がある。

E　標識

火気使用の標識を火気使用箇所に必ず掲げることとし、標識は、見やすい場所に必要な数を設けるようにする。

F　運搬作業

車両による運搬は、運搬物を確実に積載し、進行中運搬物が落下しないような措置をする。また、車両の積載荷重を超える積載や架台の配管や電線等にひっかかる高さの積載は行わない。

G　電気機器の取扱い

電気機器を工事のために使用する場合は、工事電気担当部門に配線ならびに接続を依頼し、また使用機器の検査を受けて合格したものを使用する。この場合、仮配線は接続部を完全に絶縁したものを使用し、道路ほふく線は極力避けること。やむを得ず道路を横断するときは、キャブタイヤケーブルをパイプ、アングル内に通すようにする。

なお、請負業者にあっては、電力使用許可願を提出し、許可を得る。

電気機器および抵抗器は必ずアースを取り付ける。

抵抗器の２次アース線は被溶接部に取り付け、架橋またはサポートに連結しないようにする。

移動または可搬型電気械機器具には感電防止用漏電遮断装置を使用するか、またはアースを電源コンセントに近接するアース端子に確実に接続すること。

スイッチボックスには、適正ヒューズを使用する。また使用機器は検査に合格したもので、必ず使用許可証を明示し、使用機器名、使用者名を表示するようにする。

アーク溶接機は、電気担当部門の検査を受け、合格したものを使用する。

タンク内その他著しく狭あいな場所で交流アーク溶接作業を行う場合は、自動電撃防止装置を取り付けたものを使用する。また、2次側ケーブルの帰線は被溶接物に確実に接続する。

H　ボンベの取扱い

① ボンベの運搬には、必ずキャップをかぶせること。つり上げるときは、バルブ、口金の所をつってはならない。

② ボンベは安全な場所に名札をつけてチェーン等で安定させておく。

③ ボンベは炎天の日光に当てたり、火気に近づけないこと。

④ ボンベの口金に油やグリースをつけると危険であるから油手でボンベを触ってはいけない。酸素ボンベ口金およびホースの内部、継手金具には油脂類を絶対につけないように注意すること。

⑤ 吹管は点火したまま放置してはいけない。またボンベのそばに置いてはいけない。

⑥ ホース挿入口は必ずクリップ等を使用してホースを固定する。

I　パトロール

危険地域内において、新設、改造、補修作業を行う場合、事故を防止するためには作業者全員がその作業の手順を熟知しておくことはもちろんであるが、とくに火災、爆発等の事故の発生を予防するために、事前の点検と各作業担当者、安全担当者による安全パトロールの実施が必要である。

パトロールの編成は、作業開始前に確立しておき、作業中はもちろんであるが、作業開始前から作業現場ならびにその周辺部をパトロールして現状を把握しておき、あらゆる面から安全を確認しておかなければならない。パトロールは、当該作業現場担当者（製造部門）、作業担当者、安全担当者、協力作業会社等の関係者で編成し、作業上相互に関連する事項および総合的な安全に関して、パトロールを行う。

このほか、各担当課および協力作業会社ごとに個々にパトロールを行い、作業現場周辺の状況、火気使用場所の監視、監督を行うようにする。

とくに危険区域内での火気使用に対しては、その日の作業の開始時および終了時には、必ず作業場ならびに周辺をパトロールし、できれば火気使用中は担当課の者が立ち会っているというような配慮が望ましい。

パトロールにあたっては、作業場およびその周辺ごとの関係事項等について、チェックシートを作成し、その日のパトロールの重点事項を定め、これに従って項目をチェックしていき、安全を確認しなければならない。

パトロールの結果は、その都度関係者に伝え、是正するところ、注意する点等を強調、是正させるところはこれを直し、実施すべきことはこれを行わしめ、実施したことを報告させる。報告されたことを確認する意味で、あとでこれらについてチェックし、真に安全になったかどうかを確かめる。

パトロール中､事故の発見または異常を発見した場合を考慮して､連絡の方法（たとえば、近くの電話を利用する、連呼させる、人を走らす等）および連絡先を決めておき、常に事故に対応した処置がとれるようにしておくことが必要である。

J　解体作業

解体の場合には､残留ガス、液体等のパージや清掃がおろそかになりがちである。また、この種の作業には、火気使用者側も危険性に対する考慮を欠きやすい。

内容物を完全に排出し、系外から可燃性物質の侵入を遮断してから解体作業をするようにし、火気を使用しない場合でも、何らかの原因で火花を発するおそれがあるから、ガス検知により常に安全を確かめておく必要がある。

火気を使用する場合は、他の補修作業、火気使用作業と同様の注意を払うものとする。

なお、解体作業の進展に従って予見し得なかった部分の危険性が現れていることもあるので十分な点検が必要である。

K　配管作業

管内を清掃したものであってもガス切断、溶接など火気を使用するときは、関係配管の分岐点を閉止する。

排水系統には常に可燃性ガスや油が存在することを前提に作業を行う必要がある。

閉止板を使用する場合、その挿入および取外し作業の正確を期するため、閉止板に番号札を付する等管理を確実に行い、全数着脱の確認を行う。

L　地下作業

地下に石油類等可燃性液体の浸透しているところがあり、かつ高圧ケーブル、地下配管なども埋設してあるところでは図面参照のうえ、“根切り”および“はつり”は慎重に行い、必要な場合は試掘を行い、異常を感じた際は、直ちに中止して係員の点検を受け、適当な処置をとる。

なお、掘削は許可を受けて実施するようにしなければならない。

M　保温、保冷作業

可燃性材料を使用するときは、火気使用作業と輻輳して、保温、保冷作業を行ってはならない。この際、難燃材があっても、可燃物と同様の配慮を払わなければならない。

マスティックの早期乾燥のため灯火を使用して加熱するときは、火気使用と同様の注意を払うと同時に必ず見張りをつけておかなければならない。

N　塗装作業

現場へ持ち込む塗料の量は、当面使用する最小限の量にとどめ、シンナーでの稀釈、調合等の作業はあらかじめ別の場所で行うようにする。

当面使用する少量の塗料といえども現場持ち込みには周囲の火気使用状況に応じ危険のないよう、十分な配慮をしなければならない。

O　高所、低所作業

5m 以上の高所作業は指名された者が行い、2m 以上で墜落のおそれのある箇所での作業には足場を設けることを原則とするが、足場の設置が困難なときは、墜落制止用器具（安全帯）または防災網を使用する。

強風注意報の発令中は、高所作業を中止し、また、高所の火気使用も中止する。なお、はしご、脚立は丈夫なものを使用するようにする。

地盤面地下のピット、オイルセパレーター等の低所に入るときは、可燃性ガス、毒性ガスの有無をガス検知器等により検知する必要がある。

P　その他

ガス検知、換気等についても、必要に応じて実施しなくてはならないが、詳細については、4　環境管理（158 頁）を参考とすること。

(4)　整備および修理作業終了時の措置

整備および修理作業は一時に多量のスクラップおよびじん介が発生する。危険区域における火気使用は防護壁等を作るので作業場がかなり狭くなる。したがってこれらスクラップおよびじん介はできるだけ作業場より搬出し会社の指定する場所に整理整頓しておかなければならない。

作業終了後再使用するものは現場近くの通路以外の適正な場所に整理しておく。

この場合消火栓近くでは2m以上離して、いつでも消火活動に支障がないように心がけなければならない。

危険地域内において火気、危険作業などの予定作業が終了した時は次の事項を実施すること。

① 作業施工者は作業の後始末等を点検し、作業に使用された工具類、ハンドランプは整理し個数を点検のうえ、原則として詰所に格納するか、または警備室に保管を依頼し、決して現場または槽内に装備したままにしておいてはならない。

② 作業施工者は、作業によって発生した廃材、じん介を会社の指定した場所に搬出したかを確認し作業場の整理清掃を行う。

③ 作業施工者は、作業担当に作業予定終了を報告し点検を受けた後、作業日報に作業内容および特記事項を記録しておくこと。

④ 作業施工者は、原則として安全担当に連絡し安全担当の立会確認の後「火気使用許可証」の標示板をその日の火気使用終了の都度、貸与を受けた消火器具があればそれとともに保安担当課へ返却する。

⑤ 溶接作業終了時は、電源を切り、ホルダーは人が触れにくいところに巻きつけておき、溶接棒残棒はみだりに捨てないで持ち帰ること。

⑥ トーチランプ使用後は、空気を抜いて安全な場所に保管するとともに、燃えかすはみだりに捨てないこと。

⑦ ドライピット使用後は、必ず空包、ビンを抜き取って、空包の残品、薬きょう等は、数を確認し使用場所に残置しないで決められた保管場所に返納しておくこと。

(5) 整備および修理作業終了後の措置

作業の終了は当然作業の後始末も含めた見積りとなっているので、検収印は機器の完成をもって行うべきではなく完全な後始末も含めたもので行う必要がある。

作業終了時は前項のほか次の事項を実施すること。

① 防護壁を撤去し材料を現場より構外に搬出すること。

② 使用者が準備した配線および機器を速やかに撤去し後片付けを行うこと。

③ 作業施工者は電気溶接用の仮設電源を使用した場合は作業終了の旨を電気主任技術者に報告し確認を受けた後、作業用電源の撤去と作業用電力許可等の許

可証を返納しなければならない。

④　作業者の休憩所として喫煙所設置許可を受けた時は、作業終了時に所内の清掃と整頓を行い、原則として安全担当の点検確認を受けた後「指定喫煙所許可証」および指定点火具の貸与がある場合は、その点火具とともに安全担当に返納する。

また、スクラップおよびじん介の処理ならびにフラッシングについては、とくに留意しなければならない。

A　スクラップ、じん介の処理

①　作業により既設設備の解体により発生するスクラップ、じん介処理は、発注者側で指定し、作業中に発生するスクラップ、じん介は、作業工事施工者側の責任において処理する。ただし、見積中に廃材、じん介処理を一切含めた場合はこの限りではない。

②　危険物の貯蔵および取扱いまたは作業に伴って排出された石油類、油ボロ、鉄錆ボロ、その他引火性物品の浸染したボロ布、紙屑などは散乱放置しておかないで、構内備付の容器または指定場所に確実に始末すること。

③　油の浸透したウエス、還元性触媒、鉄屑等空気中で自然発火するおそれのあるものを廃棄しまたは堆積したときは、速やかに作業担当の指示を受け処置するとともに関係課へ連絡し作業日誌に記入すること。

④　アルコール、ガソリン、タール類、油脂、触媒等の空缶は溶接溶断したり、火気に近づけたりしないこと。

⑤　可燃性ガス、引火性の液体等を取り扱った配管等は、パイプ内に蒸気を吹き込みあるいは水で内部を洗浄し内部の可燃性ガスが滞留しないようにバルブ、閉止板を分解しておかなければならない。

⑥　廃棄物は、可燃物と不燃物とに分けて置き場所を定めなければならない。

B　フラッシング

プラント等の新設、改造、補修作業でたとえば溶接作業や機器等の取付作業等を行っているあいだに容器類や配管中に作業の残材や鉄片、時には小工具類、ボロ布、泥土などいろいろの残留異物が入って、たまってしまうことがある。これらを圧縮空気、水またはスチームを用いて除去する目的で行う作業を「フラッシング」といっており、各底部の箇所を取りはずしその部分より圧縮空気、水またはスチームを放出して異物を除去する。

また、新設、改造、補修作業を行った容器類の配管は、適用法規ならびに設計基準や条件に応じて定められた耐圧試験を終了し、フラッシングを行ったのちでないと使用してはならない。

フラッシングのため圧縮空気、水またはスチームを放出する直前には、安全のため放出箇所に人のいないことを確かめたのち、放水を行い人体に異物による危害や放出による事故等を起こさないように注意する。

このほか、フラッシングの際、次のものは取りはずし、その部分に短管を入れておくこと。

①　コントロールバルブ（ハンドおよびリモートコントロールバルブなど）

②　オリフィス

③　チェックバルブのディスク

④　ローターメーター

⑤　その他異物できずがついて使用に支障をきたすもの。

フラッシングは、水のグラビティフラッシングが一番効果的であるが、これに圧縮空気やスチーム等を適宜併用するとよい。ただし、内部インシュレーションのある容器類等は圧縮空気に限る。

なお、フラッシング手順の詳細については、その作業手順の基準を設け、実施するようにする。これによって、装置および作業の安全を図り、かつオペレーターの教育訓練にも使用でき、その効果は大である。

3　塔槽内作業

(1)　作業前の点検

A　塔槽類の開放にあたって

塔槽類の開放に先立って、まず次の事項について点検しなければならない。

① 圧力は、常圧になっているか、温度は常温になっているか。

② 内容物がたまっていないか（ドレーン抜き等で確かめる）。

③ 塔槽類に接続している配管は、すべて閉止板の挿入、または配管の切り離しにより、周囲と完全に縁が切れているか。

また閉止板挿入箇所には、「閉止 No. ○」等の標示をしているか。

B　マンホールの開放

以上の事項を点検後、マンホールを開くようにする。また開放に伴う作業の実施について次の点に注意する必要がある。

① 開放は、作業責任者以上の者の立会いのうえで行うこと。

② 開放は、周囲に火気のないことを、確認して行うこと。

③ 開放したときは、「開放中、注意－立入禁止」の標示を行うこと。

④ 開放中は、周囲の火気および気象状況に注意すること。

⑤ 開放した場合の開口部は、マンホール蓋、またはその他の物で、閉塞されないようにしておくこと。

⑥ 開放後も、工事のための立入を許可するまでは、作業者を内部に入れないこと。このため、開口部に人が入らないよう標示するほか標識で蓋をするか、またはテープでクロスさせる。

C　マンホールの開放後

マンホールの開放後、塔槽類の内部をよく点検して、次のような事項を確認する。

① 内部の点検は、まず、マンホールの外から行い、次のことを確かめる。

a　ガス、油類、残渣物、固形物はないか。

b　温度、臭気はどうか。また、皮膚の刺激、眼にしみることはないか。

② ①の点検によって、点検者または作業者が、中に入れるかどうか確かめる。

設備内に入る直前に、可燃性ガス、酸素および硫化水素その他予測される有害ガスの濃度の測定を行い、安全を確認した後に入槽する。測定は、作業中断後、再入槽時も同様に行う。

なお、酸素および硫化水素の濃度の測定は、それぞれ必要な資格を有する酸素欠乏危険作業主任者が行い、測定は原則として水平、垂直にそれぞれ3点以上行う。

塔槽内は、可燃性ガス濃度は爆発下限界の5分の1以下、酸素濃度は18%以上、硫化水素濃度は10ppm以下、その他予測される有害ガス濃度は健康障害を受けるおそれがない濃度以下になるように常時換気する。

ガス検知は、塔槽内の構造、内容物に応じてとくに換気しにくい箇所について行うこと。

③　前項の点検およびガス検知結果から作業責任者、またはプラントの工事担当者および安全担当者は、意見を交換し作業が開始できるかどうかを決定する。この結果、さらにパージ作業を行う必要があれば、マンホールを閉め、パージを行った後、再点検とガス検知を行うこと。

D　残渣物がある場合

塔槽内作業が開始できる状況にある場合でもとくに塔槽内に、残留物がある場合は（タンク内清掃作業等の場合に多い）、次の事項を実施する。

①　残渣物等が、洗浄剤で溶出し得るときは、ドレーン抜き等より排出する。

②　残渣物等が水を封入することによって、より安全に内部作業が行われるときは、封入作業を行うこと。

③　残渣物が攪拌等によって、塔槽内壁のスケールのはく離などにより引火性ベーパー、または有害性の蒸気を発生するおそれのあるときは、内部作業者には送風マスクを使用させ、かつ火花やスパークを発生させる器材の使用を禁止して作業が安全に行えるようにすること。

2次的な蒸気発生が原因となって、周囲の火源から引火し爆発した例がある。溶剤を使用する抽出後の残渣取出し作業に、この例が多い。

(2)　作業の準備

A　立入り前

作業者を塔槽内に立ち入らせる前に、作業責任者または作業担当者は、次の事項を行っておくこと。

①　作業に必要な足場を設けること。

第4章

② 附属する圧力計、温度計は使用状態にしておくこと。

③ スチームジャケットのスチームバルブを閉止し、またはヒーターが設置されているものにあっては電源を開くこと。

④ 攪拌機等回転機器の電源を開く（ヒューズをはずすか、またはロッキングをする。）とともに「内部作業中駆動禁止」の標示を行うこと。回転機器の駆動は、安全のため作業担当者自らが行うこと。

B　換気を必要とする場合

換気を必要とする塔槽内作業については、換気ファン、とくに軸流ファンを使用することが望ましい。

換気については、当該容器などの容量 6 ～ 10 倍の換気量で行い、給気換気によりデッドスペースをなくすよう十分注意して行うこと。

C　火災・爆発防止

塔槽内での火災、爆発防止のため、経時的に内部の可燃性ガスの検知を行う可燃性ガス警報器（携帯型）の設置を考慮する。

D　排水時

塔槽内から排水する作業でその残渣物等が引火性、または有害性であるときは、塔槽類から離れた安全な場所に、運搬集積すること。

E　照明、電気機器、ボンベ等

塔槽内作業に使用する照明、電気機器、ボンベ等については、次の事項について点検する。

① 照明は、防爆型電灯で丈夫なガードグローブ等を備え、衝撃によって容易に電球が破損しない構造のものを使用させる。

防爆型電灯でも点滅は、容器外で行うよう指示しておく。また、懐中電灯を使用する場合でも、点滅は容器外で行うようにする。某化学工場で可燃性ガス容器内で懐中電灯のスイッチを入れた瞬間、この点灯が点火源となり爆発事故が発生した例がある。

② アーク溶接器およびボンベを、塔槽内に持ち込まないこと。

③ 塔槽内の電線よりのスパーク（不良電線の使用禁止）およびボンベ、ホースよりのガス漏れがないようにすること。

F　災害発生時

災害発生時の救出、ならびに消火作業に備えて、次の事項を準備しておくこと。

① ホースマスク、ライフゼム、防毒マスク、防災網、墜落制止用器具（安全帯）、

ロープ、安全ベルト、救出用ロープ等の備付け

② 10型以上のドライケミカル消火器の準備……これらの諸器材は、塔槽類の近くに整頓しておくとともに、作業者に、緊急時における連絡措置、救出法、避難の方法等について指示しておくこと。

G 作業者に対して

作業者に対しては、次の事項を確認し事故防止に努める。

① 作業服……長そで作業衣、長ズボン、保護帽とし、マッチ、ライター等の携帯は不可とする。

② 保護具……保護めがね、透視面、手袋、長靴、保護衣等

③ 作業責任者と作業監視員の配備実験

④ 作業者の交替人員と交替要領の周知

⑤ 年少者（18歳未満)、高齢者、身体障害者および病弱者の有無をチェックし、安全に作業が行えるよう配慮したうえで作業を行うようにする。なお、年少者については、職業訓練等の例外を除き、特殊化学設備取扱いの作業に従事させることはできない。

H 準備完了後

以上の安全点検、ガス検知、その他の諸準備が完了した後作業者を塔槽内に立ち入らせる場合、まず作業現場の作業責任者または作業担当者は安全担当課の了解を得てから内部に入り点検を行う。

(3) 作業中と作業終了後の点検

A 作業中の点検

① 作業者が塔槽内に入ったら、先に標示した「開放中、注意－立入禁止」の標識を直ちに取りはずし、「内部作業中」の標示を掲げ、併せて監視員による監視業務を行わせること。

監視員には必ず交替員を決めておき監視員が現場を離れるときは交替員に依頼してから離れること。

② 人員の交替と休息は、原則として、1時間に10～15分の休息をとらせて、交替させること。

③ 臭気がひどい、気分がよくない、軽い頭痛がする、眼がしみる、肌が痛む、呼吸が苦しい、不快である、吐気がする等の徴候を感じたときは、直ちに、作業を中止させて全員塔槽外に出させ、再度内部点検を行い安全を確認すること。

④　可燃性ガス、有毒ガスおよび酸素の経時点検を必ず行うこと。

a　経時点検は、作業開始第１日目は、午前と午後、それぞれ１回以上、２日目よりは、少なくとも毎日作業開始前に行うようにする。

b　残渣物汲取作業、塗装作業、溶接作業、錆落作業等のように、作業中に引火性、有害性のガスやベーパーが発生するおそれがある場合は、作業中でも随時、ガス検知を行うこと。

⑤　塔槽内の換気の状況を点検すること。

とくにデッドスペースと思われる箇所については、スモークテスター等（図 4-1 参照）による点検を行っておくこと（ただし、スモークテスターは小容量のドラム等の点検に使用してもあまり効果がない。）。

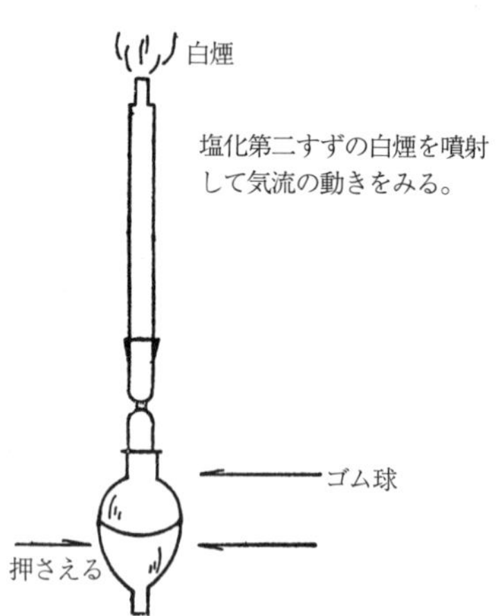

図 4-1　スモークテスター

⑥　換気冷却のために、酸素を使用しないこと。

また作業者に勝手にサービス・ステーションのバルブを取り扱わせないこと。

⑦　高所作業を伴う場合は、物の落下を防止するために、工具袋、取り外したボルト、ナットの整理箱などを足場板上に置かないよう、また使用中の工具の落下防止について指導しておくこと。また落下物による危害防止のため安全網の使用などの措置をしておくこと。

⑧　マンホール開放口の上部で、火気使用工事、その他の工事で、塔槽内に危害を及ぼすことがないよう点検するとともに防止措置をとること。

⑨　塔槽内の清掃その他洗浄作業等で、スチームを塔槽内に放出するときは、静電気による災害を避けるため、低圧のスチームを使用すること。また、スチームホースの出口に金具があるときは、アースをとっておくこと。

⑩　夏季等とくに、塔槽内部の温度が著しく上昇する場合は、たびたび点検し作業性をよくし（必要な場合は水で冷却すること）、熱中症等に気を付けること。

⑪　監視員は、塔槽内に入って作業している作業人員と氏名、および休息時または作業終了時の人員の異常の有無を確認すること。

B　作業終了後の点検

①　塔槽内に器材、足場、工具等の放置がないか、確かめること。

②　作業者が塔槽内に残っていないかを確かめること。

③　マンホールの閉止は、①、②項を確認した後、作業責任者または作業担当者

の指示で行うこと。

④　閉止板、フランジの切離し等をもとにもどし、標識の撤収、諸準備器材の回収点検等を行うこと。

⑤　塔槽類周辺の整理整頓、清掃、排出した残渣等の処分を行うこと。

4 環境管理

(1) ガス検知

A 実施

ガス検知を行う前に、可燃性ガス、窒息性ガス等を放散するおそれのある容器類、配管、その他これに類する系統に属するものは、すべて完全に閉鎖するか遮断しておき、マンホール等の開口部は、全開して十分に通風換気の措置を講じておくこと。

とくに容器内、タンク等の中に入る場合は、必ず直前にガス検知を行い、ガスがないことを確かめたうえ、所属長の許可を受けたのち入るようにする（図4-2工場内作業許可証；159頁）。

また、ガス検知を行うため、またはその他の作業で、塔槽内作業を行う場合は、当該作業者のほか必ず、作業指揮者を定め、安全についての監督を行うこと。

可燃性ガス、窒息性ガス等を放散するおそれのある容器類、配管、その他これに類する系統に属するもので、ガス検知の必要がある場所は、おおむね次のとおりである。ただし、気象条件によって測定場所、測定方法等が左右されることもあるので注意する。

① 貯蔵タンク周辺

② 配管類の周辺

③ 排水溝、ピット、マンホール等の周辺

④ 埋設管上およびその周辺

⑤ 危険物取扱い場所およびその周辺

⑥ 漏えいが予測される場所、およびとくに重点的にチェックする必要のある場所の周辺

一例として、貯蔵タンクについて、ガス検知を行う必要がある箇所は、次のとおりである。

a タンクの基礎部分（周辺）

b タンク側壁、屋根部分

c マンホール、検尺孔、各ノズルの接続部、空気等開口部周辺

d 液面計、温度計等の計器類、その他の附属設備周辺

e 新設、改造および補修作業などのために、新たに、漏えいするような場所、その周辺

工場内作業許可証（例）

装置名称または区域						
工事名称						
作業の種類	容器内作業	火気使用作業（ ）				
工事期間	月 日 時 ～ 月 日 時					
工事担当者	㊞					
工事施工者	㊞					

必要なガス検知の種類と測定結果					
□酸　　素※%	%	□硫化水素	%	□	%
□一酸化炭素	%	□塩化メチル	%	※イナートガスがあると思われる場合にはガス検知を行い酸素濃度20%以上なければならない	
□可燃性物質	%	□ベンゼン	%		

ガス検知者	時間　午前 時 分 　　　　後 時 分

確認事項	作業の許可を与える前に下記項目につきチェックのこと
□	関連する機器，配管等は完全に縁が切れているか，又その状態を工事担当者に教えたか　YES NO
□	作業現場付近の油，可燃物等が満足すべき状態に除去されているか　YES NO
□	関連部門との連絡調整はOKか，承認はとったか　YES NO
□	マンホール，キャッチベースン及びその他のシュワーにつながる所が満足すべき状態にカバーされているか　YES NO

指示事項	作業の許可を与える前に下記有毒物質の有無をチェックし，保護具，消火器等を必要とする場合は指示すること				
□硫化水素	□酸，アルカリ	□	□ゴム手袋	□保護めがね	□送風機
□一酸化炭素	□芳香族系油	□	□ゴム長靴	□ガスマスク	□
□アンモニア	□高温物体	□	□ゴム合羽	□送風マスク	□消火器具

上記により 容器内／火気使用 作業を許可する 氏名 ㊞	月 日	午前 時 分 □ 午後 時 分 □

区域担当者	課	日 時 分
同意者	課	日 時 分
同意者	課	日 時 分

図 4-2 工場内作業許可証

B　結果

① 作業中にガスの発生を検知し、あるいは発生の危険を予知したときは、直ちにその場所を退去すること。

② とくに、槽内作業所は、ガスによる危害防止のため、絶えず換気を続けること。

C　ガス検知

ア　ガス検知の種類

ガス検知には感覚によるガス検知、検知器類による検知、検知管による検知、検知紙による検知とがあり、その検知の区分は次のとおりである。

① 感覚によるガス検知

a 直接――臭覚、視覚、触覚、聴覚

b 間接――発泡漏れ検査

② 検知器類によるもの

a 携帯式―― 熱線式可燃性ガス検知器（警報ブザー付もある）
光干渉計型ガス検知器
超音波式ガス漏えい検知器

b 定置式―― 携帯式と同様な原理によるものであるが、ガスの受感部と警報器本体が別々に定置され、警報器は計器室などで監視する。

③ 検知管によるもの

a 吸収法――試料をシリンダ等で吸引して検知管内を通すもの。

b 真空法――特別な真空採取器によって自動的に一定容積、一定流速で検知管内を試料ガスが通るようにしたもの。

④ 検知紙によるもの

濾紙などに検知ガスと反応し呈色する化学薬品を含浸させ、検知ガスとの接触による変色で検知する。一般的ではないが、特殊のガスでは活用されるものがある。

イ　ガス検知器の選定

使用上から携帯式と、定置式に分けられるが化学プラントの工事等においては両方が目的に応じて使い分けられる。

(ア)　熱線式可燃性ガス検知器

防爆性能、あるいは内部材質に銅系金属を使用している点などから、水素ガス、アセチレンの検知にあっては、安全が保証されていないことがある。あらかじめ検知器の防爆性能を確認する必要がある。はっきりしない場合は、必ずメーカーに相談する必要がある。一般品のほか、とくに防爆性能を改善したものも製造されている。

(イ) 光干渉計型ガス検知器

この検知器は、正常組成の空気中の単独ガスを測定するものが普通である。この型式のものは酸素欠乏の場合、窒素成分が多くなり、ガスの読みが高く示される。防爆的には最も安全である。

(ウ) 超音波式ガス漏えい検知器

漏えい部から発振される超音波を電気的に増幅して音響として聞きとりながら、漏えい源を検知していくもので、きわめて微量の漏えいでも検知できる。

(エ) 検知管

検知管によるものは、検知管の種類によって共存ガスの影響を受けて着色を増し、あるいは着色が妨害されるものがある。メーカー説明書には、他のガスの影響が記載されているので見落とさないように注意すること。

この方式は検知の都度１本ずつ使用するが熱源を使用せず、簡便で、費用も安価であるためまれにしか検知しない所、あるいは小規模の箇所での使用には便利である。しかしガスの種類ごとの検知管が必要で、種類には制限がある。

ウ　ガス検知器取扱上の注意

粗雑に扱われないよう、携帯用のガス検知器について、次のことに注意すること。

① 最高目盛以上の濃いガスを長時間吸引しないこと。
② ちり、ゴミまたは湿気の多い所では、トラップをつけて水分などの混入を防ぐこと。
③ 落としたり、ぶつけたり、強いショックを与えないこと。
④ むやみに本体を開き、内部のメーター配線などに触れないこと。
⑤ 爆発限界以上の濃厚なガス中で、電池の取替のような電気的な作業をしないこと。

(2) 通風、換気

塔槽内作業を行う場合、通常、作業中継続して通風、換気を行うが、塔槽類の構造、球型タンク、大型の横置円筒タンクでは、隅々まで、換気が完全に行われにくい。これらの塔槽類では、マンホール等の入口付近では比較的よく換気が行われるが、マンホール等より、遠く離れた場所や、隅の部分で換気が行われず、ガスが滞留しやすい。

このような場合には、換気口を、たとえば、フレキシブルチューブにより、作業位置の近くに持ってくるか、それが困難な場合には、ホースマスク等の保護具を着用して、作業をしなければならない。

(3) 保 護 具

A 保護具を必要とする作業

労働災害を防止するための必要な措置のひとつに保護具の着用がある。どのような作業の場合にどの保護具を使用するかを決めることは、安全衛生上重要なことである。それぞれの工場や事業場では、具体的に作業の種類に適応した保護具の着用を基準化しておくことが必要である。

B 保護具の取扱い方法

ア 保護帽

定められた保護帽の使用についてはとくに次の3点に注意すること。

① 帽体と頭頂の間隔は15～20mmとなるようにハンモック（保護帽の内装）を調整すること。

② あごひもは常に締めておくこと。

③ 帽体に穴を開けるなど、強度を弱めることをしないこと。

イ 空気呼吸器

空気呼吸器は自分で携行する空気ボンベから減圧弁を経て、呼吸に必要な量の空気を消費していく呼吸保護具である。携行空気量が600Lの場合の一例として、重量　約12kg、使用時間　20～40分（作業強度により空気消費量に差がある。）のものがある。

使用時は、有害ガス環境から新鮮な空気中に帰れるだけの必要酸素量を残して、作業を打ち切る必要がある。

空気呼吸器は、呼吸についてはガス濃度と関係なく保護されるが、皮膚や粘膜からのガス吸収については保護されるわけではないので、別に保護具を着用しなければならない。

ウ 防毒マスク（隔離式）

このマスクは空気中の有害ガス濃度が2％以下で、かつ、酸素欠乏のない環境に限って使用できる。したがって以下の場合は酸素呼吸器あるいはホースマスクを使用しなければならない。

① 緊急事態のため有害ガスの濃度が不明のとき

② ガス濃度が2%以上あることがはっきりしている場合

③ 空気中の酸素が18%以下の場合

④ 塔槽内作業の場合（不測の事態を考慮して塔槽内作業においては防毒マスクを使用しないことが望ましい）

⑤ 有害ガス環境にいる時間が30分以上になる場合（吸収缶の能力が失われることに対して、時間の面から制限を付すことが望ましい。この場合、ガス濃度を2%と仮定して、破過時間をとった。）

吸収缶の残存寿命については、素人判断は危険であるので、メーカーの説明書等をよく調べて、安全率を高くみて定期的に吸収缶を交換しなければならない。

エ　ホースマスク

ホースマスクは、前記①～⑤等のような場合に使用する。

このマスクは面体に空気が送られているため面体内は大気圧よりわずかに加圧された状態である。

少々気密の悪い部分があっても外部の有害ガスが侵入してこない利点はあるが、この点に頼りすぎないようにしなければならない。

空気は附属の手回しポンプ、あるいは空気貯槽につながるホースステーションから受け入れる。

したがって、有害ガスによる濃度上の制限はなくなるが、反面、次のような不利がある。

① 手回しの場合、人が疲れる。

② 停電の場合、送風機が停止する。

③ ホースステーションのない場所では使えない。

④ ホースを引き回すので作業がしにくく、ホースの長さが足りない場合、使えない。

⑤ 空気取入口が汚染された場合、使えない。

オ　保護手袋、保護めがね、保護衣等

突発的な事故を対象に眼、皮膚への付着による急性の健康障害防止、また、経皮吸収による慢性の健康障害防止等のために、取扱い物質からのばく露防止に対応した適切な耐透過性、耐浸透性を持つ保護手袋、保護めがね、保護衣等を選定し、作業内容の必要性に応じて確実に着用をしなければならない。

5　ボルトの締付け方法

装置、機器類、配管等で、ボルトまたはボルトナットによって締め付ける場合、その締付け方法、締付け力等が不十分の場合は、機器類の漏れ、ボルトの切損、ナットの摩滅等を生じ、これが原因となって機械類の破損を生じ、装置事故や災害等のトラブルまで発展することがある。ボルト、切損の主な原因は締めすぎと考えられる場合が多く、このためボルトの安全率を十分大きく持たせる必要がある。

道具等を使用して法外な締付けを行って、しかも、安全率のギリギリのところで使用した場合、材料の疲れに対する強度が弱まり短時間の使用で切れることがある。平均的な人間の力は、片手の場合、持てる重さは約35kg、両手の場合は、短時間で約70～80kg持ち上げられるが、ボルトナットの締付け力も、足場がよく、力を一杯に出した場合、トルクレンチによる実測値で、片手の場合ハンドルが1mの長さで343.2N・m（35kgf・m）のトルクとなり、両手の場合、ハンドルが0.5mの長さで343.2N・m（35kgf・m）のトルクとなる（図4-3参照）。

（1）　ボルトの締付け方法

ボルトの締付けは次のとおり行う（図4-4参照）。

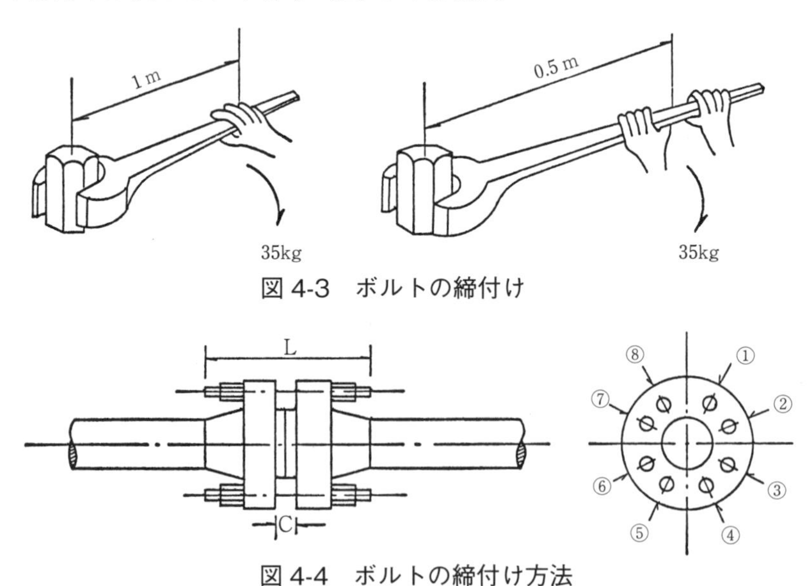

図4-3　ボルトの締付け

図4-4　ボルトの締付け方法

①　締付け前にボルトの総長（L）を測定しておく。
②　ボルトの締付けは対向的（①→⑤、③→⑦、②→⑥、④→⑧の順）に段階を設けて締め付ける。
（発電用高圧タービン、高圧配管、重量機械等の強力な締付けに、最近、ボルト締めモーターが開発された。）
③　フランジ隙間Cを4点、等分位置で測定し、均一な値を保持するようにする。
④　締付け後、各サイズについてボルトの総長（L）を測定する。
⑤　ボルトの伸び量ΔLmmを測定する。その値が限界値内であればよい。

(2)　ボルトの締付けにあたって留意すべき事項

A　締付け力の測定

一般に締付け力の測定は、トルクレンチによることが多い。すなわちトルクレンチを使用することにより次のような利点がある。
①　経験や勘を要せず、未熟練者でも同様に締め付けられる。
②　ボルトの内部応力は計画どおりに締められ、損傷のおそれがない。
③　一連のボルトは均等に締められ、中心がずれることがない。
④　組立て不良が一掃でき安心して組立作業ができる。
⑤　能率的な作業ができる。

B　ボルトの伸びの測定

精度を必要としない程度のものであれば、スケール、キャリパー等でも測定できるが、一般にはダイヤルゲージ、マイクロメーター、ノギス等を使用して測定する。

C　ボルト締付け時における温度の影響

締め付けられたボルトがゆるむ主な理由は、ポンプやエンジン等振動のある機械に使用した場合、および高温とか温度差のある機器配管等、温度影響の大きいところで使用した場合に生じやすい。

このため、スプリングワッシャー、パッキン、大型機器ではチューブハンガー等クッションによって振動を吸収するものや、温度差の大きな装置等ではスタートアップに伴うヒートアップ中の増締めなどを確実に行うなどして、ゆるみから生ずる、ガタや漏れを防止するようにすること、低温系統の配管においても、テストを常温で行い漏えいしないものでも、実際に使用温度－30℃位で使った場合大量の漏えいを見た例があり、増締めによって止めたことがある。

第 5 章

災害事例

ポイント

■　この章では、特殊化学設備等に関する５つの災害事例について、その発生状況および原因と対策を学ぶ。

化学工場における爆発、火災等の事故について、主な原因と例を示すと表5-1のようになる。

表5-1　原因別分類表

主な原因別	そ　の　例
誤操作によるもの	1　バルブ操作の誤り（バルブ開閉のまちがい） 2　燃焼装置の点火の誤り 3　裸火の不正使用
装置の故障によるもの（電気・水等ユーティリティーの停止を含む）	1　配管の破損、容器の破壊 2　ポンプおよび機械の故障 3　計装類の故障
運転中の装置の修理方法の誤り等によるもの	1　配管接続部の切離し箇所から流出 2　配管の破損および圧力をかけたままでの復旧作業 3　加圧中の脆弱な装置への物体の落下 4　加圧中であることを知らずに配管および装置の切離し
落雷、暴風雨、地震その他天災によるもの	1　タンク火災、排水溝、ピットの火災 2　洪水、構造物および建物の破壊 3　タンクの破壊、配管の折損
不適格な装置その他によるもの	1　高圧、高温、低温部分の材料の不適正 2　接手部分の構造の不良および材料の不適正 3　可燃物を発火させる電気装置 4　装置を初めて運転する際に予見できなかった影響

これらの事故は1つの要因から起こる場合もあるが数種の要因が組み合わさる場合が多い。これらの事故を防止するために各種の制御装置、警報装置、安全装置などが設けられているが、とくに化学設備は小さなミスが大きな災害事故につながる場合があることを忘れてはならない。

次に紹介するものの他、厚生労働省のホームページ（「職場のあんぜんサイト」http://www.anzeninfo.mhlw.go.jp/）には多くの災害事例が掲載されているので、活用するとよい。

事例1　ヒドロキシルアミン水溶液製造プラントの再蒸留設備の爆発事故

【事故装置等の概要】

① ヒドロキシルアミン85wt%水溶液（母液）を加熱器と蒸発缶との間を循環ポンプにより循環させながら、蒸発缶で母液から蒸発した蒸気を凝縮缶で凝縮させてヒドロキシルアミン50wt%水溶液を製造する装置である。

② 再蒸留設備は鉄イオン40～50ppb程度の原料ヒドロキシルアミン水溶液製造を塔底から循環ラインに供給し蒸発させて、鉄イオン濃度を1ppb以下の製品として得る装置の蒸留プロセスの装置の部分である。

【被　害】

① 人的被害　死者4名　負傷者　58名　計62名

② 物的被害　製造設備　全壊

近隣の建物2棟全壊　5棟半壊　285棟一部損壊

発生状況

第1段階

① 13時30分に再蒸留塔の運転停止作業を開始し、14時に運転停止作業を終了した。停止の原因となった真空ポンプの油交換を行った。

② 15時45分に運転再開準備を開始し、17時20分から17時30分にかけて運転を再開した。

第2段階

① 18時8分に爆発が起こり、真空ポンプのある冷却器付近から大きな音がした。

② 18時11分に消防が出動し、同じ頃国道の交通が規制された。

③ 23時10分に鎮火が確認された。

原　因

原因は特定されていないが、次のことが考えられる。

① 母液として使用していたヒドロキシルアミン50wt%水溶液は、発火性・爆発性の危険性が高い85wt%水溶液の高濃度を蒸留して得た水溶液であったこと。ヒドロキシルアミンは加熱することにより分解し、強アルカリ性物質、強酸化

剤、金属粉、重金属類と反応して発熱的に分解することがある物質であること。

② 発火の原因については、固形不純物に吸着された鉄イオンが局部的に高濃度になったこと、運転再開後、循環ポンプにキャビテーションの発生または異物の混入による摩擦熱または衝撃があったことが考えられること

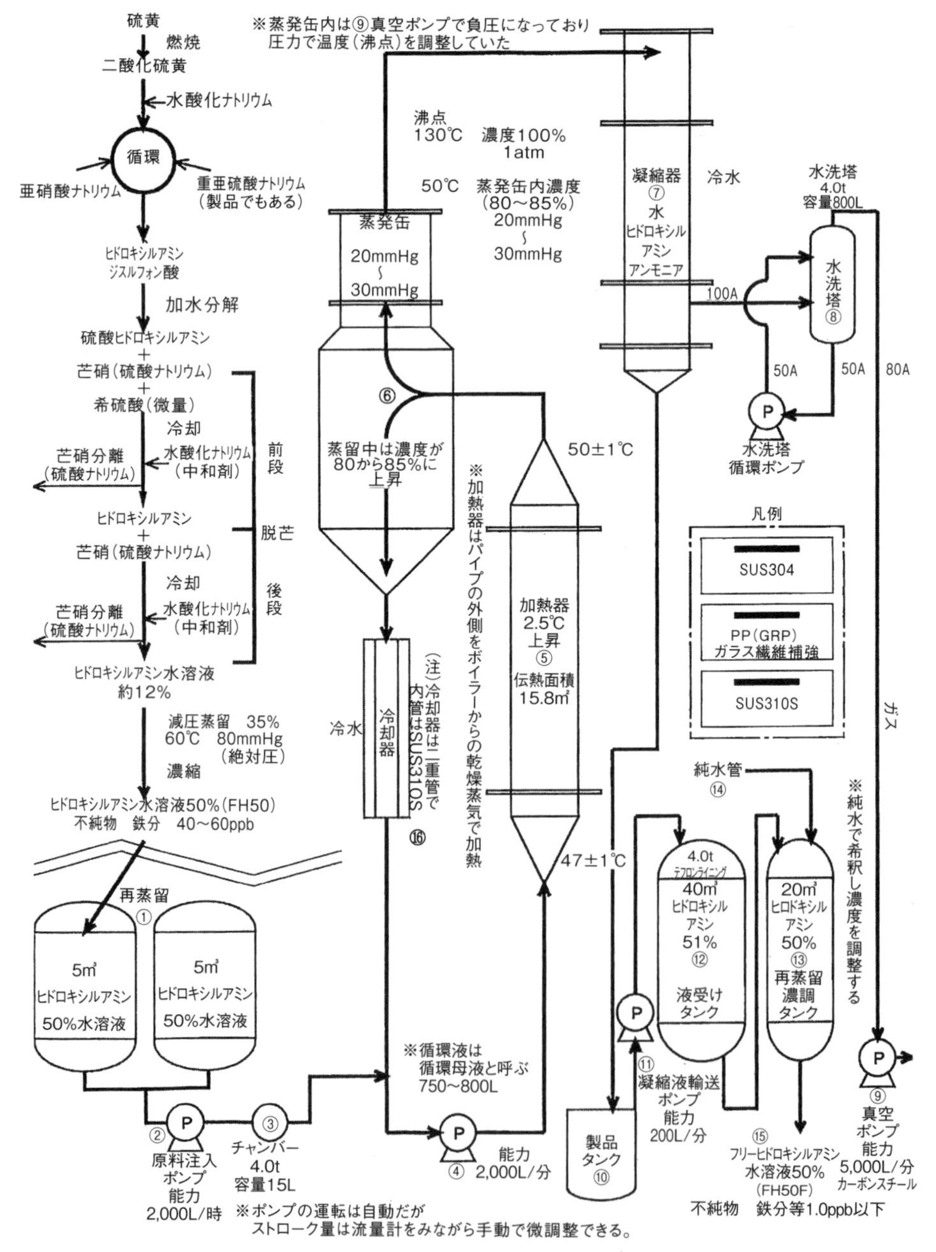

図 5-1 再蒸留設備の概要 1)

③　製造プロセスにおけるヒドロキシルアミン水溶液の爆発の危険性など化学物質に対するリスクアセスメントが十分に行われていなかったため、高濃度の水溶液を母液として加熱使用していたこと。

対　策

①　鉄イオンの増大を防止するため、循環系配管底部での堆積を促進する構造の排除、鉄イオンの濃度の適正管理、必要量の抑制剤の確実な添加、装置内面の定期的な表面処理を実施すること。

②　ヒドロキシルアミン水溶液の循環ポンプは、温度センサーの取り付け、定期的な点検整備の実施など適正な管理を行うこと。なお、水溶液の流路には、破損、脱落の危険があるセンサーなどの突起部分は取り付けないこと。

③　ヒドロキシルアミン水溶液の濃度は、70wt％以下で使用し、適切な濃度管理を行い、水溶液の温度は可能な限り低い温度に設定すること。

④　ヒドロキシルアミン水溶液製造設備では、一時に多量のヒドロキシルアミン水溶液の取扱いは避けること。

⑤　蒸留塔、蒸発缶などは半地下方式とし、ヒドロキシルアミンの凝相部が高位置にならないようにすること。

⑥　製造設備の周囲には爆発防御壁を設けること。

⑦　蒸留設備の運転は遠隔操作とし、運転条件などを集中管理することが望ましいこと。

1) 危険物保安技術協会「群馬県の化学工場において発生したヒドロキシルアミン爆発火災事故調査報告書」（一般財団法人消防試験研究センター委託業務）（2001）

事例２　レゾルシン製造設備における
ジヒドロキシパーオキサイドの分解、発熱による爆発事故

【事故装置等の概要】

レゾルシン製造設備は酸化反応器は原料メタジイロプロピルベンゼンを空気中の酸素で酸化し、中間体のジヒドロキシパーオキサイドを合成する装置である。この反応はバッチ反応である。内部には冷却用コイルが設置されており、槽の下部より攪拌用エアが供給されている。槽内温度の上昇によりジヒドロキシパーオキサイドが急激に分解するおそれがある。

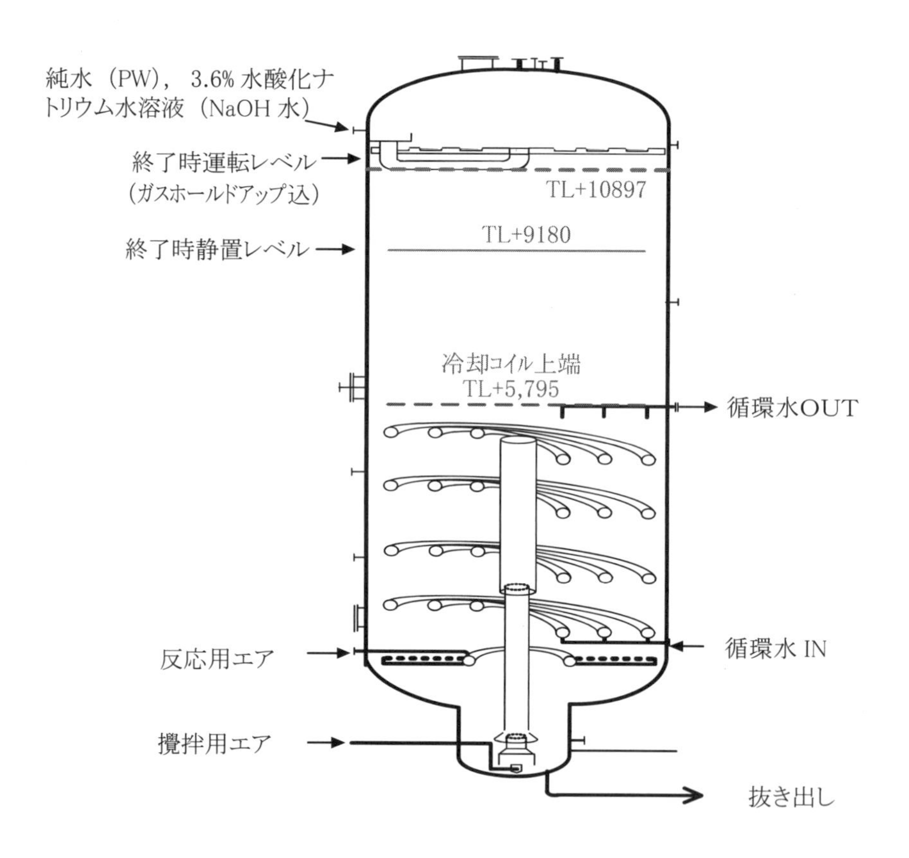

図 5-2　酸化反応器の仕様

【被　害】

① 人的被害　死者1名　負傷者　25名　計26名

② 物的被害

工場構外：家屋損傷　999軒　近隣企業設備　一部損傷

工場構内：・レゾルシンプラントが酸化反応器を中心に甚大な損壊

・サイメンプラントと動力プラント配管ラックが爆風および飛来物により損壊、延焼

・その他周辺の15プラントが爆風および飛来物により損傷

発生状況

第1段階

① 23時20分：レゾルシン（RS）酸化反応器は順調に運転中。バッチ反応40時間に対して36時間経過。用役プラント停止の影響でスチーム供給が停止。全工場に緊急指令が発令された。

② 23時32分：RSプラントでは、緊急停止（ESD）スイッチを作動させた。インターロックは正常に作動し、エア供給は停止し、酸化反応を停止して爆発範囲を回避するため窒素供給が開始された。また、酸化反応器冷却水は循環水から緊急冷却水（FW）に切り替わった。

③ インターロック作動後、液相下部温度が下がっていないことから現場確認するとFW現場圧力が0.3～0.4MPaG※と低かった。FW圧力が低くFW流量が少ないため、温度が下がらないと考え、動力プラントにFWの昇圧を依頼し、動力プラントはFWを昇圧した。

④ 23時56分：反応器温度が低下し始めた。

第2段階

① 0時30分：FW昇圧後、液相下部温度が若干下がり傾向であることを確認したが、冷却速度が遅いと感じ、通常運転バッチの酸化反応終了時の冷却操作経験からFWより循環水が冷えると考え、冷却水を循環水に切り替える判断をした。

② 0時40分：冷却水をFWから循環水に切り替えるため、インターロックを解除した。インターロック解除により、冷却水がFWから循環水に切り替わり、また、窒素が停止して酸化反応器の撹拌が停止した。（このとき窒素が停止したことに気づかなかった。）

※MPaG＝大気圧基準での圧力

③　0時44分:FWから循環水に切り替えた後も、液相下部温度は低下し続けた。一方、窒素が停止し撹拌が停止したことで、ESD後液相下部と同じ温度だった液相上部温度は上昇し始めた。

④　1時33分～：液相上部温度が104℃となりHIアラームが発報したが、温度上昇している気相部で温度96～97℃だと思い込み、通常運転範囲内だと考えた。そのため、水を入れれば温度は下がると考え、反応器上部から純水（PW）注入を開始した。

⑤　1時45分：PWを注入したが、温度低下が見られなかった。このときに窒素停止による撹拌停止に気づいて運転状態を確認した。酸素濃度は0%で窒素置換ができており、圧力は0.5MPaGのコントロール状態で正常だと考えた。

⑥　～1時59分：上記の運転状態確認後、エアによる撹拌を再開する目的で、通常運転と同様にエアコンプレッサーを起動することを判断した。

第3段階

①　2時1分：気相温度が99.5℃となりHIアラームが発報した。

②　～2時11分：エアコンプレッサーの起動準備中も液相温度は上昇し続け、また、圧力も上昇し始めた。

③　～2時14分：エアコンプレッサーを起動し、圧力を確認したところ、圧力が0.56MPaGまで上昇していることに気づき、圧力調節弁を手動で全開したが、脱圧が追いつかず圧力はさらに上昇した。

④　圧力が設計圧の0.8MPaG以上となり、酸化反応器が破裂し、火災が発生した。

原　因

緊急停止後、インターロックを解除したことから、酸化反応器への窒素撹拌が停止し、液相上部が除熱できず、液温が徐々に上昇。反応暴走により酸化反応器が破裂、爆発、火災、周辺施設に壊滅的損傷。有機過酸化物の熱物性に対する知識不足、酸化反応器の温度の計測と制御が不十分だったことも要因。

・直接原因：酸化反応器のインターロックを解除したことにより、窒素撹拌が停止し、冷却不足となった。

・間接原因：酸化反応器の反応量変更時の安全性検討不足、有機過酸化物の熱物性の知識不足、インターロック停止時の安全性検討不足、緊急停止マニュアルの記載不足、運転管理者の緊急時の対応不足がある。

対　策

酸化反応器の冷却能力の確保、反応原料および反応生成物の熱物性データ採取と安全設計思想への反映、インターロック作動温度計の複数化、示差走査熱量測定装置（DCS）監視強化、教育訓練等が示されている。対策の詳細については割愛する。

事例３　塩ビモノマー製造施設の爆発事故

【事故装置等の概要】

当該製造施設は、オキシ反応工程、二塩化エタン（EDC）洗浄工程、EDC 精製工程、EDC 分解工程、塩ビモノマー（VCM）精製工程（塩酸塔、塩ビ塔）他から構成され、年間 55 万 t の VCM を製造する能力を有する（図 5-3)。オキシ反応工程は 2 系列あり、最終製品の VCM での換算値で A 系は 40 万 t/ 年、B 系は 25 万 t/ 年の生産能力を有している。また、EDC 分解工程は 3 系列に分かれており、それぞれの系列の VCM 換算での生産能力は、A 系が 15 万 t/ 年、B 系が 15 万 t/ 年、C 系が 25 万 t/ 年である。VCM 精製工程 塩酸塔まわりのフローシートは図 5-4 の通りである。

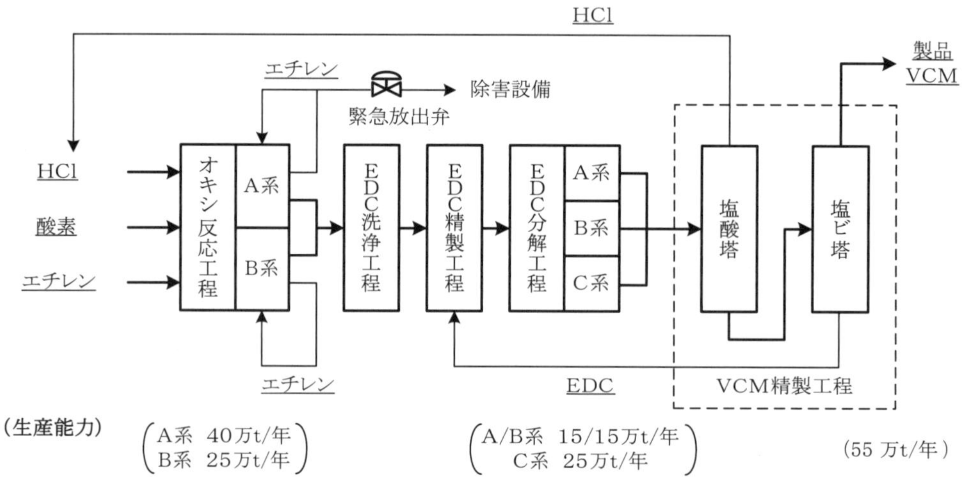

図 5-3　第二塩化ビニルモノマー製造施設 ブロックフロー

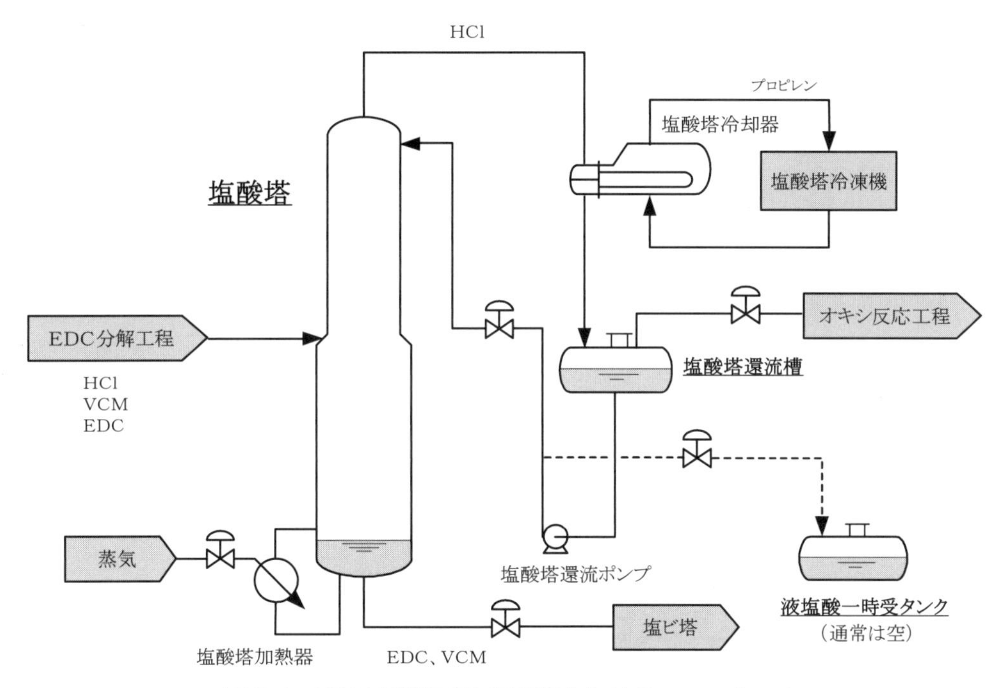

図5-4　VCM精製工程 塩酸塔まわりのフローシート

【被　害】

① 人的被害　死者1名

② 物的被害　VCM精製工程の塩酸塔還流槽を中心に甚大な損壊。
爆風および飛来物による周辺プラントへの一部損壊あり。

発生状況

第1段階

11月13日3時39分、第二塩化ビニルモノマー製造施設のオキシ反応工程A系の緊急放出弁の故障を発端に、5時57分にプラントを全停止した。その後、プラント点検のために液抜き等の作業を行っていた。

第2段階

塩酸塔還流槽から液塩酸一時受タンクへの液抜き作業中の15時15分頃に液塩酸一時受タンクのマンホール周辺から塩化水素（HCl）、VCM他のガスが漏洩。

第3段階

15時24分頃にVCM精製工程の塩酸塔還流槽付近にて爆発2回および火災が発生し、液塩酸一時受タンクへも延焼した。

原　因

緊急停止に伴い、塩酸塔の運転温度分布が変動し、塩酸塔の塔頂温度が上昇した。このため、塩酸塔還流槽に HCl に加えて VCM が混入し、槽壁の鉄錆と HCl の反応で塩化鉄（Ⅲ）（FeCl3）が生成し、さらに FeCl3 を触媒として、1.1EDC の生成反応が進行して、反応暴走が起こり、圧力が急激に増大して、塩酸塔還流槽が破裂、着火、爆発に至った。

・直接原因：塩酸塔の蒸留温度制御の失敗、その後の処置の不適切

・間接原因：緊急措置マニュアルの記載と教育訓練の不足、危険予知と異常対応の教育訓練不足、化学反応の知識不十分

対　策

インターロック追加、異常警報の適正化、マニュアルの改訂と教育訓練、緊急放出弁を破裂板に変更。対策の詳細については割愛する。

事例４　アクリル酸製造施設の爆発・火災事故

【事故装置等の概要】

発災設備であるアクリル酸中間タンク（V-3138）は、1985 年 11 月に設置された公称容量 70m^3 の保温（厚さ 75mm）を施したコーンルーフ型タンクであり、精製塔の停止時等に精製塔からの抜き出し液を一時貯蔵する中間タンクである。通常、精製塔ボトム液は V-3138 を経由せず回収塔へ直接供給されるため、当該タンクへの液の出入りはない。

V-3138 内部には、アクリル酸の凍結防止と当該タンクへ流入した液の冷却を兼ねて、冷却水コイルが設置されている。コイル上面までの液容量は約 25m^3 である。アクリル酸は引火性液体であり、V-3138 空間部には 7vol% の酸素と 93vol% の窒素からなるミックスガス（M-Gas）を供給し、シールしている。

V-3138 の貯蔵液は送液ポンプ（P-3138C）を介して、同じ V-3138 へ循環されている。循環先はタンク側板下部に設置された液面計ノズル部（液面計リサイクル）およびタンク天板（天板リサイクル）の 2 カ所がある。1985 年の V-3138 設置当初には天板リサイクルラインのみであったが、液面計誤指示の原因となる検出部での析出物の堆積を防止する目的で、2009 年に液面計リサイクルラインを設置した。

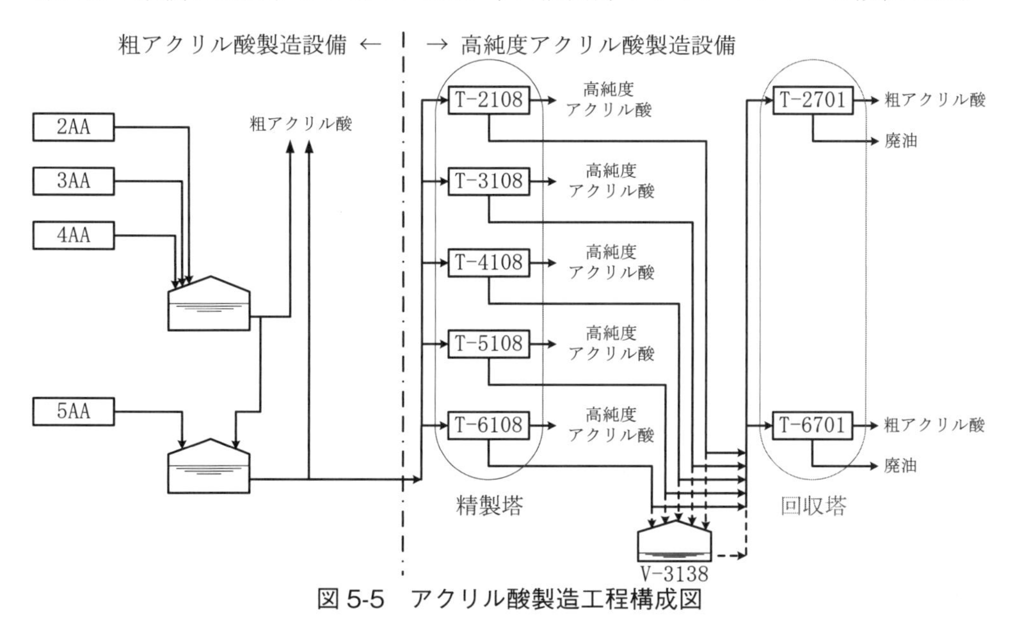

図 5-5　アクリル酸製造工程構成図

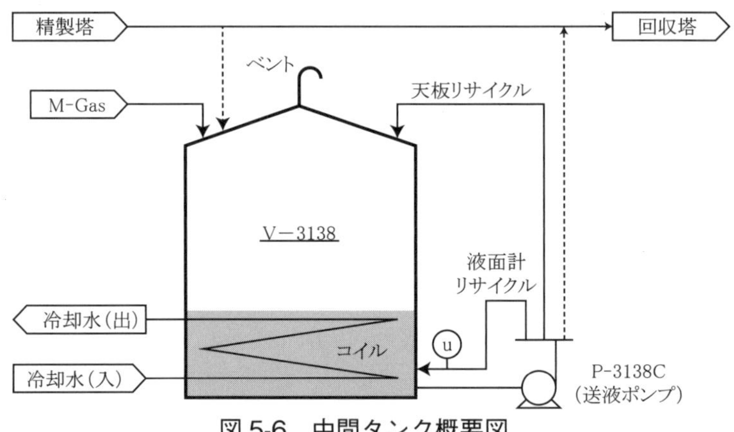

図 5-6　中間タンク概要図

【被　害】

① 人的被害　死者 1 名　負傷者 36 名　計 37 名

② 物的被害　製造設備　全壊

当該タンクは大破し、周辺設備およびラック、配管、ケーブル等が損傷

発生状況

第 1 段階

9 月 18 日～ 9 月 20 日：全面停電による電気・計装保全工事（全面停電工事）

9 月 20 日：21 時頃 全面停電工事後の中間タンク（V-3138）復旧

(冷却水コイル通水開始、M-Gas シール開始、P-3138C 稼働)

9 月 21 日：11 時頃～ 14 時頃 V-3138 から回収塔（T-6701）へ液張り、T-6701 スタート

その後、精製塔（T-6108）スタートし、T-6701 へは直接供給

9 月 24 日：10 時頃～ 精製塔（T-5108）スタート

14 時 10 分頃～ T-5108 ボトム液抜出し開始（V-3138 経由で T-6701 へ供給）

9 月 25 日:9 時 30 分頃～ V-3138 液溜め開始（V-3138 から T-6701 への供給停止）

9 月 28 日：14 時頃～ V-3138 液量 60m3 到達後、V-3138 への供給停止（T-5108 ボトム液を T-6701 への直接供給に切り替え）

第 2 段階

9 月 29 日：13 時 17 分頃 V-3138 液面計 高位液面異常アラーム発報

13 時 20 分頃 V-3138 ベントからの白煙を確認

13 時 25 分頃～ 運転員による V-3138 への放水開始

13時40分頃 運転シフト責任者が自衛防災隊出動要請の一斉放送を実施

V-3138液面計指示値が計器指示限界値（84.8m^3）を超過

13時48分頃～13時49分頃 防災管理課員がホットラインにて消防へ通報

14時00分頃～ 自衛防災隊によるV-3138への放水開始

14時2分頃 公設消防隊が現場に到着、警戒線を設定、～14時35分頃 V-3138亀裂箇所より内容物が流出

14時35分頃 V-3138液面計指示値が降下、低位液面異常アラーム発報

V-3138爆発・破裂、V-3138内容物に着火し、火災発生

原　因

回収塔の能力アップテストのために、非定常作業として中間タンク（V-3138）に高温のボトム液を長時間溜めて（60m^3）いたところ、タンク上部において、アクリル酸の二量体生成反応が進行してしまったことから中間タンクの爆発となった。

直接原因としては、中間タンクの冷却不足と、温度検知、温度監視の不備があり、重合反応がおきている状況を把握できなかったことにあると特定された。

中間タンクにボトム液を25m^{3}以上で数日間保持する場合、天板リサイクルを行わなければならなかったが、現場掲示のみでマニュアル化されていなかったことから、バルブを閉じたままにしたことで冷却が不足していた。

また、中間タンクの温度管理については、通常は貯蔵液が少なかったため、温度管理のリスクが低く見積もられていた。そのため、タンクには温度計が設置されておらず、ボトム液の温度検知、温度監視にも不備があった。

対　策

温度検出、温度管理の強化（遠隔監視等）温度管理範囲（閾値）の見直し、逸脱時の対応明確化タンク貯液時にタンク上部からの液循環の常時実施アクリル酸二量体生成による潜在的危険性に関する教育徹底。対策の詳細については割愛する。

事例５　合成洗剤装置のメタノール蒸留塔の爆発事故

【事故装置等の概要】

① 脂肪酸メチルエステルから脂肪酸メチルスルホン酸ナトリウム（α-SF）を製造する工程は、図 5-7 に示すようにスルホン化反応、漂白、中和、濃縮（α-SF スラリーからメタノール水溶液を分離する工程）およびメタノール精留工程からなる。これらの工程はコンピューター制御の下に連続運転されていた。

② メタノール精留塔（発災設備）の概要を図 5-8 に示す。回収メタノールは精留塔の 26 段に供給されていた。メタノール蒸気は熱交換器で凝縮後、還流槽を経て一部が精製メタノールとして取り出され、残りは精留塔内に還流される。定常運転時の還流比は 5 である缶出水はボトムより取り出され排出される。

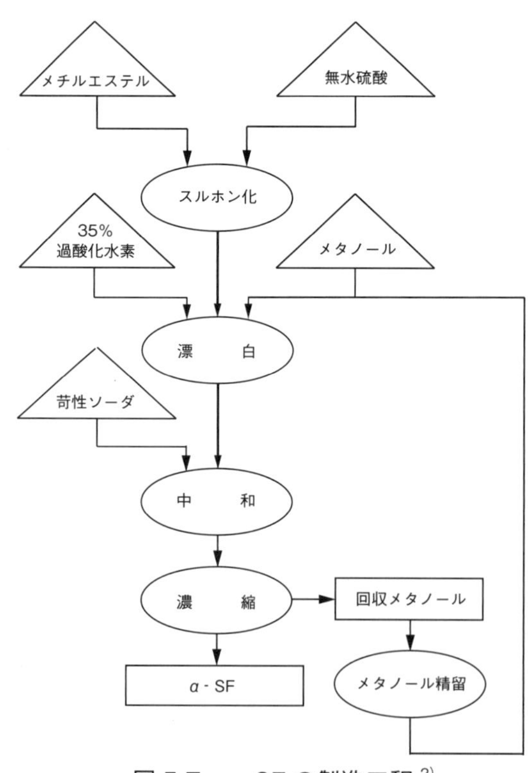

図 5-7　α -SF の製造工程 [2)]

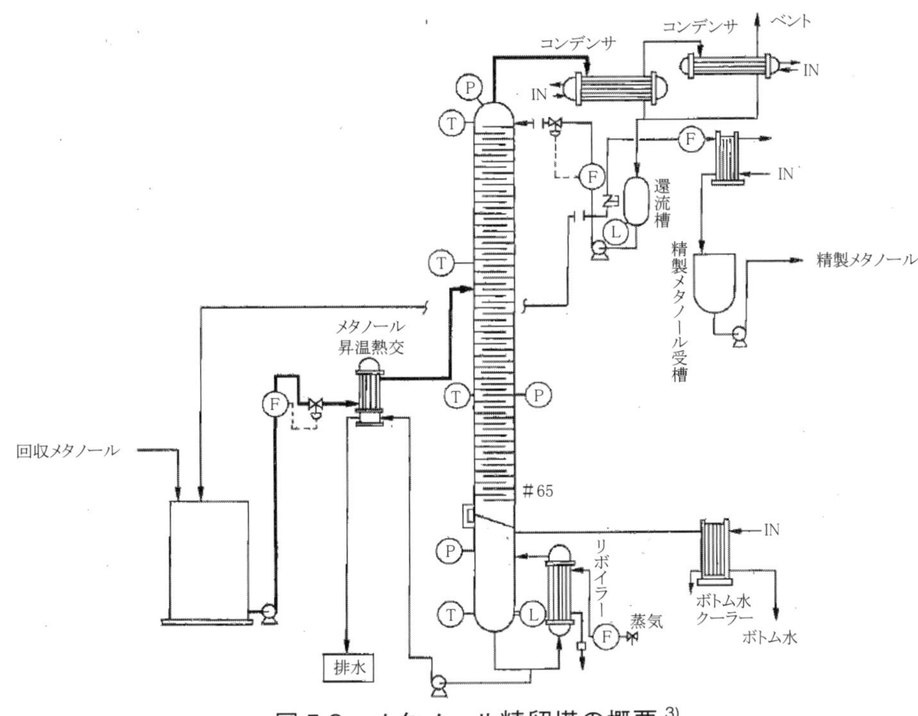

図5-8　メタノール精留塔の概要[3)]

【被　害】

① 人的被害　死者2名　負傷者13名　計15名

② 物的被害　爆発に伴う飛散物・爆風によって319カ所破損
　爆発に伴う飛散物によって近隣17社で被害発生

発生状況

α-SF製造設備は1991年1月に完成し試運転後同年2月より定常運転を行っていた、発災前の運転状況は下記の通りである。

第1段階

① 6月19日21時35分頃：α-SFのスルホン化反応装置稼働開始。

② 6月20日2時46分頃:メタノール精留塔に回収メタノールの供給を開始する。

③ 6月26日8時9分頃：スルホン化反応装置の稼働停止（生産予定数量が確保されたため）。

④ 同日9時6分頃：メタノール精留塔への回収メタノールの供給を停止する。同時にリボイラーのスチーム量を下げ、精製メタノール抜き出し量を通常の

350kg/h から 150kg/h に減らして、次の操作を待つ「ホールド状態」にしていた（還流比は 12)。

⑤ 9時55分頃：精留塔内のメタノールと水との分離をできるだけよくするために、精製メタノールの抜出しを停止し、凝縮メタノールを全量塔内に戻す「全還流操作」に移行。

⑥ 10時5分頃：凝縮メタノールの精留塔内への還流を停止し、リボイラーのスチーム量を増して、精留塔内のメタノールを全量塔頂から追い出す「焚き上げ操作」に移行。

第2段階

① 10時15分頃：爆発事故発生（事故発生0～2秒前までに温度および圧力の異常は特に認められなかった)。

原　因

原因は特定されていないが、次のことが考えられる。

回収メタノール中に微量含有されていた過メタノールが、精留塔の運転停止過程で、精留塔内で局部的に濃縮されて高濃度液となり、熱爆発を起こしたものと推定される。

対　策

① 精留塔に供給される回収メタノール中に含まれる過酸化物を、還元剤により完全に除去できる設備を設置する。

② 回収メタノール中の過酸化物が、還元処理後、完全に除去されたことを確認した後、精留塔に供給する。

③ 精留塔：焚上げ操作を止める。

④ 工程改善策：

1）漂白工程：漂白条件をマイルド化し、過メタノールの生成を抑制する。

2）中和工程：中和工程の pH 計を二重に設置し、pH 管理を徹底する。

2、3）吉田忠雄、中村昌充他「有機過酸化物によるメタノール精留塔爆発事故」安全工学 Vol.35.No5 (1996)371-372.

第 6 章

関係法令

ポイント

■ この章では、特殊化学設備等の取扱い、整備および修理の業務に関係する法令について知る。

1　法令の意義

(1) 法律、政令、省令

国民を代表する立法機関である国会が制定した「法律」と、法律委任を受けて内閣が制定した「政令」および専門の行政機関が制定した「省令」などの「命令」を合わせて一般的に「法令」と呼ぶ。

たとえば、工場や建設工事の現場などの事業場には、放置すれば労働災害の発生につながるような危険有害因子（リスク）が常に存在する。もし労働者にそれらの危険性や事故を防ぐ方法を教育しなかったり、正しい作業方法を守らせる指導監督を怠ったり、作業に使う設備に欠陥があったりすると重大な災害が発生する危険がある。そこでこのような危険を取り除いて労働者に安全で健康的な作業を行わせるために、事業場の最高責任者である事業者（法律上の事業者は会社そのものであるが、一般的には会社の代表者である社長が事業者の義務を負っていると解釈される。）には、法令に定められたいろいろな対策を講じて労働災害を防止する義務がある。

事業者も国民であり、民主主義の下で国民に義務を負わせるには、国民を代表する立法機関である国会が制定した「法律」によるべきである。労働安全衛生に関する法律として「労働安全衛生法」がある。

しかしながら、日々変化する社会情勢、複雑化する規制内容、進歩する技術に関する事項についていちいち法律を定めていたのでは迅速に対応することはできない。むしろそうした専門的、技術的な事項については、それぞれ専門の行政機関に任せることが適当である。

そこで、法律を実施するための規定や、法律を補充したり規定を具体化したり、より詳細に解釈したりする権限が行政機関に与えられている。これを「法律」による「命令」への「委任」といい、政府の定める命令を「政令」、行政機関の長である大臣が定める命令を「省令」（厚生労働大臣が定める命令は「厚生労働省令」）と呼ぶ。

(2) 労働安全衛生法と政令、省令

労働安全衛生法については、政令として「労働安全衛生法施行令」があり、労働安全衛生法の各条に定められた規定の適用範囲、用語の定義などを定めている。また、省令には、すべての事業場に適用される事項の詳細等を定める「労働安全衛生規則」の「第１編　通則」のようなものと、特定の設備や、特定の業務等を行う事業場だけに適用される「特別規則」がある。一定の危険な業務を行う事業場だけに適用される設備や管理に関する詳細な事項を定める「特別規則」の例が「ボイラー及び圧力容器安全規則」などである。

(3) 告示と通達

法律、政令、省令とともにさらに詳細な事項について具体的に定めて国民に知らせるものに「告示」がある。技術基準などは一般に告示として公表される。告示は厳密には法令とは異なるが、法令の一部を構成するものといえる。また、法令、告示に関して、上級の行政機関が下級の機関に対し（たとえば厚生労働省労働基準局長が都道府県労働局長に対し）て、法令の内容を解説したり、指示を与えるために発したりする通知を「通達」という。通達は法令ではないが、法令を正しく理解するためには通達も知る必要がある。法令､告示の内容を解説する通達は「解釈例規」として公表されている。

2　労働安全衛生法のあらまし

労働安全衛生法（以下、安衛法）は、労働条件の最低基準を定めている労働基準法と相まって、

① 事業場内における安全衛生管理の責任体制の明確化

② 危害防止基準の確立

③ 事業者の自主的安全衛生活動の促進

等の措置を講ずる等災害防止に関する総合的、計画的な対策を推進することにより、労働者の安全と健康を確保し、さらに快適な作業環境の形成を促進することを目的として昭和47年に制定された。

その後何回か改正が行われて現在に至っている。

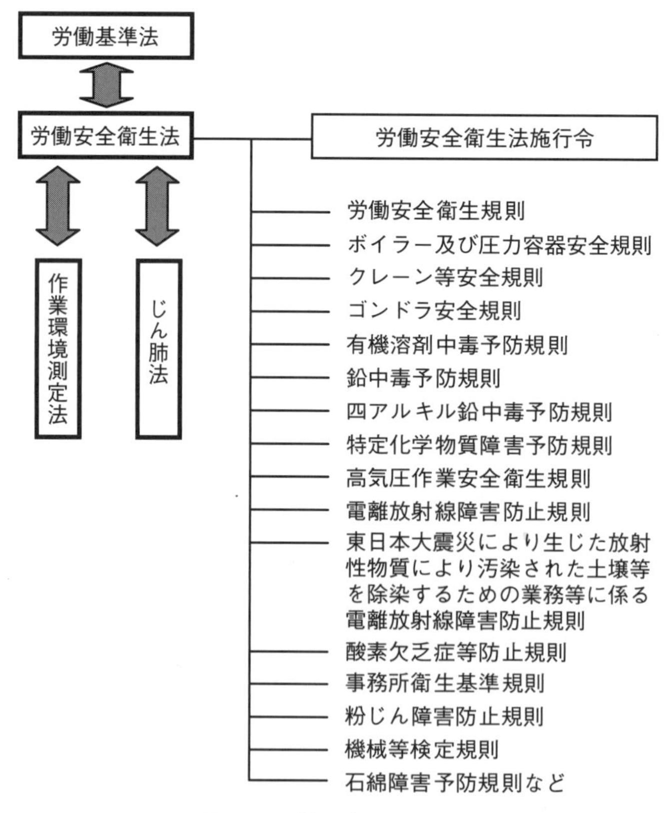

図6-1　労働安全衛生関係法令

安衛法は、労働安全衛生法施行令、労働安全衛生規則等で適用の細部を定めているほか、ボイラーなどの取扱い業務について事業者の講ずべき措置の基準は特別規則で細かく定めている。安衛法と関係法令の関係を示すと図6-1のようになる。

(1)　総則（第1条～第5条）

この法律の目的、法律に出てくる用語の定義、事業者の責務、労働者の協力、事業者に関する規定の適用について定めている。

（目的）
第1条　この法律は、労働基準法（昭和22年法律第49号）と相まつて、労働災害の防止のための危害防止基準の確立、責任体制の明確化及び自主的活動の促進の措置を講ずる等その防止に関する総合的計画的な対策を推進することにより職場における労働者の安全と健康を確保するとともに、快適な職場環境の形成を促進することを目的とする。
第2条　この法律において、次の各号に掲げる用語の意義は、それぞれ当該各号に定めるところによる。
1　労働災害　労働者の就業に係る建設物、設備、原材料、ガス、蒸気、粉じん等により、又は作業行動その他業務に起因して、労働者が負傷し、疾病にかかり、又は死亡することをいう。
2　労働者　労働基準法第9条に規定する労働者（同居の親族のみを使用する事業又は事務所に使用される者及び家事使用人を除く。）をいう。

3　事業者　事業を行う者で、労働者を使用するものをいう。
3の2　化学物質　元素及び化合物をいう。
4　作業環境測定　作業環境の実態をは握するため空気環境その他の作業環境について行うデザイン、サンプリング及び分析（解析を含む。）をいう。
（事業者等の責務）
第3条　事業者は、単にこの法律で定める労働災害の防止のための最低基準を守るだけでなく、快適な職場環境の実現と労働条件の改善を通じて職場における労働者の安全と健康を確保するようにしなければならない。また、事業者は、国が実施する労働災害の防止に関する施策に協力するようにしなければならない。
2　機械、器具その他の設備を設計し、製造し、若しくは輸入する者、原材料を製造し、若しくは輸入する者又は建設物を建設し、若しくは設計する者は、これらの物の設計、製造、輸入又は建設に際して、これらの物が使用されることによる労働災害の発生の防止に資するように努めなければならない。
3　建設工事の注文者等仕事を他人に請け負わせる者は、施工方法、工期等について、安全で衛生的な作業の遂行をそこなうおそれのある条件を附さないように配慮しなければならない。
第4条　労働者は、労働災害を防止するため必要な事項を守るほか、事業者その他の関係者が実施する労働災害の防止に関する措置に協力するように努めなければならない。

(2)　労働災害防止計画（第6条～第9条）

労働災害の防止に関する総合的計画的な対策を図るために、厚生労働大臣が策定する「労働災害防止計画」の策定等について定めている。

(3) 安全衛生管理体制（第10条～第19条の3）

企業の安全衛生活動を確立させ、的確に促進させるために安衛法では組織的な安全衛生管理体制について規定している。

① 労働災害防止のための一般的な安全衛生管理組織

これには①総括安全衛生管理者、②安全管理者、③衛生管理者（衛生工学衛生管理者を含む）、④安全衛生推進者等、⑤産業医、⑥作業主任者があり、安全衛生に関する調査審議機関として、安全委員会および衛生委員会ならびに安全衛生委員会がある。

安衛法では、一定規模以上の事業場には当該事業の実施を統括管理する者をもって総括安全衛生管理者を充てることとしている。安衛法第10条には、総括安全衛生管理者に、安全管理者、衛生管理者等を指揮させるとともに、次の業務を統括管理することが規定されている。

① 労働者の危険または健康障害を防止するための措置に関すること

② 労働者の安全または衛生のための教育の実施に関すること

③ 健康診断の実施その他健康の保持増進のための措置に関すること

④ 労働災害の原因の調査および再発防止対策に関すること

⑤ 安全衛生に関する方針の表明に関すること

⑥ 危険性または有害性等の調査およびその結果に基づき講ずる措置に関すること（リスクアセスメント）

⑦ 安全衛生に関する計画の作成、実施、評価および改善に関すること

また、安全管理者および衛生管理者は、①から⑦までの業務の安全面および衛生面の実務管理者として位置付けられており、安全衛生推進者等や産業医についても、その役割が明確に規定されている。

> （総括安全衛生管理者）
> 第10条　事業者は、政令で定める規模の事業場ごとに、厚生労働省令で定めるところにより、総括安全衛生管理者を選任し、その者に安全管理者、衛生管理者又は第25条の2第2項の規定により技術的事項を管理する者の指揮をさせるとともに、次の業務を統括管理させなければならない。
> 1　労働者の危険又は健康障害を防止するための措置に関すること。
> 2　労働者の安全又は衛生のための教育の実施に関すること。
> 3　健康診断の実施その他健康の保持増進のための措置に関すること。
> 4　労働災害の原因の調査及び再発防止対策に関すること。

5　前各号に掲げるもののほか、労働災害を防止するため必要な業務で、厚生労働省令で定めるもの
②および③　（略）

（安全管理者）
第11条　事業者は、政令で定める業種及び規模の事業場ごとに、厚生労働省令で定める資格を有する者のうちから、厚生労働省令で定めるところにより、安全管理者を選任し、その者に前条第一項各号の業務（第25条の2第2項の規定により技術的事項を管理する者を選任した場合においては、同条第1項各号の措置に該当するものを除く。）のうち安全に係る技術的事項を管理させなければならない。
②　労働基準監督署長は、労働災害を防止するため必要があると認めるときは、事業者に対し、安全管理者の増員又は解任を命ずることができる。

（安全衛生推進者等）
第12条の2　事業者は、第11条第1項の事業場及び前条第一項の事業場以外の事業場で、厚生労働省令で定める規模のものごとに、厚生労働省令で定めるところにより、安全衛生推進者（第11条第1項の政令で定める業種以外の業種の事業場にあつては、衛生推進者）を選任し、その者に第10条第1項各号の業務（第25条の2第2項の規定により技術的事項を管理する者を選任した場合においては、同条第1項各号の措置に該当するものを除くものとし、第11条第1項の政令で定める業種以外の業種の事業場にあつては、衛生に係る業務に限る。）を担当させなければならない。

（産業医等）
第13条　事業者は、政令で定める規模の事業場ごとに、厚生労働省令で定めるところにより、医師のうちから産業医を選任し、その者に労働者の健康管理その他の厚生労働省令で定める事項（以下「労働者の健康管理等」という。）を行わせなければならない。
②　産業医は、労働者の健康管理等を行うのに必要な医学に関する知識について厚生労働省令で定める要件を備えた者でなければならない。
③　産業医は、労働者の健康を確保するため必要があると認めるときは、事業者に対し、労働者の健康管　理等について必要な勧告をすることができる。
④　事業者は、前項の勧告を受けたときは、これを尊重しなければならない。

第13条の2　事業者は、前条第一項の事業場以外の事業場については、労働者の健康管理等を行うのに必要な医学に関する知識を有する医師その他厚生労働省令で定める者に労働者の健康管理等の全部又は一部を行わせるように努めなければならない。

（作業主任者）
第14条　事業者は、高圧室内作業その他の労働災害を防止するための管理を必要とする作業で、政令で定めるものについては、都道府県労働局長の免許を受けた者又は都道府県労働局長の登録を受けた者が行う技能講習を修了した者のうちから、厚生労働省令で定めるところにより、当該作業の区分に応じて、作業主任者を選任し、その者に当該作業に従事する労働者の指揮その他の厚生労働省令で定める事項を行わせなければならない。

(4)　労働者の危険又は健康障害を防止するための措置（第20条～第36条）

労働災害防止の基礎となる、いわゆる危害防止基準を定めたもので、①事業者の講ずべき措置、②厚生労働大臣による技術上の指針の公表、③元方事業者の講ずべ

き措置、④注文者の講ずべき措置、⑤機械等貸与者等の講ずべき措置、⑥建築物貸与者の講ずべき措置、⑦重量物の重量表示などが定められている。

（事業者の講ずべき措置等）
第20条　事業者は、次の危険を防止するため必要な措置を講じなければならない。
1　機械、器具その他の設備（以下「機械等」という。）による危険
2　爆発性の物、発火性の物、引火性の物等による危険
3　電気、熱その他のエネルギーによる危険

第23条　事業者は、労働者を就業させる建設物その他の作業場について、通路、床面、階段等の保全並びに換気、採光、照明、保温、防湿、休養、避難及び清潔に必要な措置その他労働者の健康、風紀及び生命の保持のため必要な措置を講じなければならない。

第25条　事業者は、労働災害発生の急迫した危険があるときは、直ちに作業を中止し、労働者を作業場から退避させる等必要な措置を講じなければならない。

第27条　第20条から第25条まで及び第25条の2第1項の規定により事業者が講ずべき措置及び前条の規定により労働者が守らなければならない事項は、厚生労働省令で定める。
②　前項の厚生労働省令を定めるに当たつては、公害（環境基本法（平成5年法律第91号）第2条第3項 に規定する公害をいう。）その他一般公衆の災害で、労働災害と密接に関連するものの防止に関する法令の趣旨に反しないように配慮しなければならない。

（事業者の行うべき調査等）
第28条の2　事業者は、厚生労働省令で定めるところにより、建設物、設備、原材料、ガス、蒸気、粉じん等による、又は作業行動その他業務に起因する危険性又は有害性等（第57条第1項の政令で定める物及び第57条の2第1項に規定する通知対象物による危険性又は有害性等を除く。）を調査し、その結果に基づいて、この法律又はこれに基づく命令の規定による措置を講ずるほか、労働者の危険又は健康障害を防止するため必要な措置を講ずるように努めなければならない。ただし、当該調査のうち、化学物質、化学物質を含有する製剤その他の物で労働者の危険又は健康障害を生ずるおそれのあるものに係るもの以外のものについては、製造業その他厚生労働省令で定める業種に属する事業者に限る。
②　厚生労働大臣は、前条第一項及び第三項に定めるもののほか、前項の措置に関して、その適切かつ有効な実施を図るため必要な指針を公表するものとする。
③　厚生労働大臣は、前項の指針に従い、事業者又はその団体に対し、必要な指導、援助等を行うことができる。

（注文者の講ずべき措置）
第31条の2　化学物質、化学物質を含有する製剤その他の物を製造し、又は取り扱う設備で政令で定めるものの改造その他の厚生労働省令で定める作業に係る仕事の注文者は、当該物について、当該仕事に係る請負人の労働者の労働災害を防止するため必要な措置を講じなければならない。

危険性または有害性等の調査を実施し、その結果に基づいて労働者への危険または健康障害を防止するための必要な措置を講ずること（リスクアセスメント）については、安全衛生管理を進めるうえで今日的な重要事項となっている。

なお、平成26年6月25日公布の「労働安全衛生法の一部を改正する法律」（平成26年法律第82号）により、通知対象物については、リスクアセスメントの実施

が義務化された。したがって、法第28条の2によりすべての化学物質についてリスクアセスメント実施の努力義務が課せられ、そのうちの通知対象物については、法第57条の3により、その実施が義務とされる。

(5) 機械等並びに危険物及び有害物に関する規制（第37条〜第57条の5）

① 譲渡等の制限

機械、器具その他の設備による危険から労働災害を防止するためには、製造、流通段階において一定の基準により規制することが重要である。そこで安衛法では、危険もしくは有害な作業を必要とするもの、危険な場所において使用するものまたは危険もしくは健康障害を防止するため使用するもののうち、一定のものは、厚生労働大臣の定める規格または安全装置を具備しなければ、譲渡し、貸与し、または設置してはならないこととしている。

（譲渡等の制限等）
第42条 特定機械等以外の機械等で、別表第2に掲げるものその他危険若しくは有害な作業を必要とするもの、危険な場所において使用するもの又は危険若しくは健康障害を防止するため使用するもののうち、政令で定めるものは、厚生労働大臣が定める規格又は安全装置を具備しなければ、譲渡し、貸与し、又は設置してはならない。

別表第2（第42条関係）
1 （略）
2 第二種圧力容器（第一種圧力容器以外の圧力容器であつて政令で定めるものをいう。次表において同じ。）
3 小型ボイラー
4 小型圧力容器（第一種圧力容器のうち政令で定めるものをいう。次表において同じ。）
5 （略）
6 防爆構造電気機械器具
7 （略）
8 防じんマスク
9 防毒マスク
10、11（略）
12 交流アーク溶接機用自動電撃防止装置
13、14（略）
15 保護帽
16 電動ファン付き呼吸用保護具

第43条の2 厚生労働大臣又は都道府県労働局長は、第42条の機械等を製造し、又は輸入した者が、当該機械等で、次の各号のいずれかに該当するものを譲渡し、又は貸与した場合には、その者に対し、当該機械等の回収又は改善を図ること、当該機械等を使用している者へ厚生労働省令で定める事項を通知することその他当該機械等が使用されることによる労働災害を防止するため必要な措置を講ずることを命ずることができる。

1　次条第５項の規定に違反して、同条第４項の表示が付され、又はこれと紛らわしい表示が付された機械等
2　第44条の２第３項に規定する型式検定に合格した型式の機械等で、第42条の厚生労働大臣が定める規格又は安全装置（第４号において「規格等」という。）を具備していないもの
3　第44条の２第６項の規定に違反して、同条第５項の表示が付され、又はこれと紛らわしい表示が付された機械等
4　第44条の２第１項の機械等以外の機械等で、規格等を具備していないもの

②　型式検定・個別検定

①の機械等のうち、さらに一定のものについては、個別検定または型式検定を受けなければならないこととされている。

（型式検定）
第44条の２　第42条の機械等のうち、別表第４に掲げる機械等で政令で定めるものを製造し、又は輸入した者は、厚生労働省令で定めるところにより、厚生労働大臣の登録を受けた者（以下「登録型式検定機関」という。）が行う当該機械等の型式についての検定を受けなければならない。ただし、当該機械等のうち輸入された機械等で、その型式について次項の検定が行われた機械等に該当するものは、この限りでない。
②　前項に定めるもののほか、次に掲げる場合には、外国において同項本文の機械等を製造した者（以下この項及び第44条の４において「外国製造者」という。）は、厚生労働省令で定めるところにより、当該機械等の型式について、自ら登録型式検定機関が行う検定を受けることができる。
1　当該機械等を本邦に輸出しようとするとき。
2　当該機械等を輸入した者が外国製造者以外の者（以下この号において単に「他の者」という。）である場合において、当該外国製造者が当該他の者について前項の検定が行われることを希望しないとき。
③　登録型式検定機関は、前二項の検定（以下「型式検定」という。）を受けようとする者から申請があつた場合には、当該申請に係る型式の機械等の構造並びに当該機械等を製造し、及び検査する設備等が厚生労働省令で定める基準に適合していると認めるときでなければ、当該型式を型式検定に合格させてはならない。
④　登録型式検定機関は、型式検定に合格した型式について、型式検定合格証を申請者に交付する。
⑤　型式検定を受けた者は、当該型式検定に合格した型式の機械等を本邦において製造し、又は本邦に輸入したときは、当該機械等に、厚生労働省令で定めるところにより、型式検定に合格した型式の機械等である旨の表示を付さなければならない。型式検定に合格した型式の機械等を本邦に輸入した者（当該型式検定を受けた者以外の者に限る。）についても、同様とする。
⑥　型式検定に合格した型式の機械等以外の機械等には、前項の表示を付し、又はこれと紛らわしい表示を付してはならない。
⑦　第１項本文の機械等で、第５項の表示が付されていないものは、使用してはならない。

別表第４（第44条の２関係）
1～4（略）
5　防じんマスク
6　防毒マスク
7、8（略）
9　交流アーク溶接機用自動電撃防止装置

10、11（略）
12　保護帽
13　電動ファン付き呼吸用保護具

（型式検定合格証の有効期間等）
第44条の3　型式検定合格証の有効期間（次項の規定により型式検定合格証の有効期間が更新されたときにあつては、当該更新された型式検定合格証の有効期間）は、前条第1項本文の機械等の種類に応じて、厚生労働省令で定める期間とする。
②　型式検定合格証の有効期間の更新を受けようとする者は、厚生労働省令で定めるところにより、型式検定を受けなければならない。

③　定期自主検査

一定の機械等について使用開始後一定の期間ごとに定期的に所定の機能を維持していることを確認するために検査を行わなければならないこととされている。

（定期自主検査）
第45条　事業者は、ボイラーその他の機械等で、政令で定めるものについて、厚生労働省令で定めるところにより、定期に自主検査を行ない、及びその結果を記録しておかなければならない。
②　事業者は、前項の機械等で政令で定めるものについて同項の規定による自主検査のうち厚生労働省令で定める自主検査（以下「特定自主検査」という。）を行うときは、その使用する労働者で厚生労働省令で定める資格を有するもの又は第54条の3第1項に規定する登録を受け、他人の求めに応じて当該機械等について特定自主検査を行う者（以下「検査業者」という。）に実施させなければならない。
③　厚生労働大臣は、第一項の規定による自主検査の適切かつ有効な実施を図るため必要な自主検査指針を公表するものとする。
④　厚生労働大臣は、前項の自主検査指針を公表した場合において必要があると認めるときは、事業者若しくは検査業者又はこれらの団体に対し、当該自主検査指針に関し必要な指導等を行うことができる。

（第57条第1項の政令で定める物及び通知対象物について事業者が行うべき調査等）
第57条の3　事業者は、厚生労働省令で定めるところにより、第57条第1項の政令で定める物及び通知対象物による危険性又は有害性等を調査しなければならない。
②　事業者は、前項の調査の結果に基づいて、この法律又はこれに基づく命令の規定による措置を講ずるほか、労働者の危険又は健康障害を防止するため必要な措置を講ずるように努めなければならない。
③　厚生労働大臣は、第28条第1項及び第3項に定めるもののほか、前二項の措置に関して、その適切かつ有効な実施を図るため必要な指針を公表するものとする。
④　厚生労働大臣は、前項の指針に従い、事業者又はその団体に対し、必要な指導、援助等を行うことができる。

(6)　労働者の就業に当たつての措置（第59条～第63条）

労働災害を防止するためには、作業に就く労働者に対する安全衛生教育の徹底等もきわめて重要なことである。このような観点から安衛法では、新規雇入れ時のほか、作業内容変更時においても安全衛生教育を行うべきことを定め、また、危険・

有害業務に就く者についての特別教育や職長その他の現場監督者に対する安全衛生教育についても規定している。

（安全衛生教育）
第59条　事業者は、労働者を雇い入れたときは、当該労働者に対し、厚生労働省令で定めるところにより、その従事する業務に関する安全又は衛生のための教育を行なわなければならない。
②　前項の規定は、労働者の作業内容を変更したときについて準用する。
③　事業者は、危険又は有害な業務で、厚生労働省令で定めるものに労働者をつかせるときは、厚生労働省令で定めるところにより、当該業務に関する安全又は衛生のための特別の教育を行なわなければならない。

第60条　事業者は、その事業場の業種が政令で定めるものに該当するときは、新たに職務につくこととなつた職長その他の作業中の労働者を直接指導又は監督する者（作業主任者を除く。）に対し、次の事項について、厚生労働省令で定めるところにより、安全又は衛生のための教育を行なわなければならない。
1　作業方法の決定及び労働者の配置に関すること。
2　労働者に対する指導又は監督の方法に関すること。
3　前二号に掲げるもののほか、労働災害を防止するため必要な事項で、厚生労働省令で定めるもの

第60条の2　事業者は、前二条に定めるもののほか、その事業場における安全衛生の水準の向上を図るため、危険又は有害な業務に現に就いている者に対し、その従事する業務に関する安全又は衛生のための教育を行うように努めなければならない。
②　厚生労働大臣は、前項の教育の適切かつ有効な実施を図るため必要な指針を公表するものとする。
③（略）

特定の危険業務に労働者を就業させる時は、一定の有資格者でなければその業務に就かせてはならない。「可燃性ガス及び酸素を用いて行なう金属の溶接、溶断又は加熱の業務」について、ガス溶接作業主任者免許を受けた者や、ガス溶接技能講習を修了した者などでなければならない。

（就業制限）
第61条　事業者は、クレーンの運転その他の業務で、政令で定めるものについては、都道府県労働局長の当該業務に係る免許を受けた者又は都道府県労働局長の登録を受けた者が行う当該業務に係る技能講習を修了した者その他厚生労働省令で定める資格を有する者でなければ、当該業務に就かせてはならない。
②　前項の規定により当該業務につくことができる者以外の者は、当該業務を行なつてはならない。
③　第1項の規定により当該業務につくことができる者は、当該業務に従事するときは、これに係る免許証その他その資格を証する書面を携帯していなければならない。
④　（略）

（7）　健康の保持増進のための措置（第65条～第71条）

安衛法では、労働者の健康の保持増進のため、作業環境測定や健康診断、面接指

導等の実施について定めている。

(8)　快適な職場環境の形成のための措置（第71条の2～第71条の4）

労働者がその生活時間の多くを過ごす職場について、疲労やストレスを感じることが少ない快適な職場環境を形成する必要がある。安衛法では、事業者が講ずる措置について規定するとともに、国は、快適な職場環境の形成のための指針を公表することとしている。

(9)　免許等（第72条～第77条）

危険・有害業務であり労働災害を防止するために管理を必要とする作業について選任を義務付けられている作業主任者や特殊な業務に就く者に必要とされる資格、技能講習、試験等についての規定がなされている。

（技能講習）
第76条　第14条又は第61条第1項の技能講習（以下「技能講習」という。）は、別表第18に掲げる区分ごとに、学科講習又は実技講習によつて行う。
②　技能講習を行なつた者は、当該技能講習を修了した者に対し、厚生労働省令で定めるところにより、技能講習修了証を交付しなければならない。
③　技能講習の受講資格及び受講手続その他技能講習の実施について必要な事項は、厚生労働省令で定める。

別表第18（第76条関係）
1　木材加工用機械作業主任者技能講習
2　プレス機械作業主任者技能講習
3　乾燥設備作業主任者技能講習
4～14（略）
15　はい作業主任者技能講習
16、17（略）
18　化学設備関係第一種圧力容器取扱作業主任者技能講習
19　普通第一種圧力容器取扱作業主任者技能講習
20　特定化学物質及び四アルキル鉛等作業主任者技能講習
21　鉛作業主任者技能講習
22　有機溶剤作業主任者技能講習
23　石綿作業主任者技能講習
24　酸素欠乏危険作業主任者技能講習
25　酸素欠乏・硫化水素危険作業主任者技能講習
26　床上操作式クレーン運転技能講習

27　小型移動式クレーン運転技能講習
28　ガス溶接技能講習
29　フォークリフト運転技能講習
30　ショベルローダー等運転技能講習
31 ～ 34（略）
35　高所作業車運転技能講習
36　玉掛け技能講習
37　ボイラー取扱技能講習

(10)　事業場の安全又は衛生に関する改善措置等（第78条～第87条）

労働災害の防止を図るため、総合的な改善措置を講ずる必要がある事業場については、都道府県労働局長が安全衛生改善計画の作成を指示し、その自主的活動によって安全衛生状態の改善を進めることが制度化されている。

この際、企業外の民間有識者の安全および労働衛生についての知識を活用し、企業における安全衛生についての診断や指導に対する需要に応ずるため、労働安全・労働衛生コンサルタント制度が設けられている。

なお、平成26年6月25日公布の「労働安全衛生法の一部を改正する法律」（平成26年法律第82号）により、一定期間内に重大な労働災害を同一企業の複数の事業場で繰返し発生させた企業に対し、厚生労働大臣が特別安全衛生改善計画の策定を指示することができる制度が創設された。また、当該企業が計画の作成指示や変更指示に従わない場合や計画を実施しない場合には厚生労働大臣が当該事業者に勧告を行い、勧告に従わない場合には企業名を公表する仕組みが創設された。

(11)　監督等、雑則および罰則（第88条～第123条）

①　計画の届出

一定の機械等を設置し、もしくは移転し、またはこれらの主用構造部分を変更しようとする事業者には、当該計画を事前に労働基準監督署長に届け出る義務を課し、事前に法令違反がないかどうかの審査が行われることとなっている。

（計画の届出等）
第88条　事業者は、機械等で、危険若しくは有害な作業を必要とするもの、危険な場所において使用するもの又は危険若しくは健康障害を防止するため使用するもののうち、厚生労働省令で定めるものを設置し、若しくは移転し、又はこれらの主要構造部分を変更しようとするときは、その計画を当該工事の開始の日の30日前までに、厚生労働省令で定めるところにより、労働基準監督署長に届け出なければならない。ただし、第28条の2第

1項に規定する措置その他の厚生労働省令で定める措置を講じているものとして、厚生労働省令で定めるところにより労働基準監督署長が認定した事業者については、この限りでない。
② 事業者は、建設業に属する事業の仕事のうち重大な労働災害を生ずるおそれがある特に大規模な仕事で、厚生労働省令で定めるものを開始しようとするときは、その計画を当該仕事の開始の日の30日前までに、厚生労働省令で定めるところにより、厚生労働大臣に届け出なければならない。
③ 事業者は、建設業その他政令で定める業種に属する事業の仕事（建設業に属する事業にあつては、前項の厚生労働省令で定める仕事を除く。）で、厚生労働省 令で定めるものを開始しようとするときは、その計画を当該仕事の開始の日の14日前までに、厚生労働省令で定めるところにより、労働基準監督署長に届け出なければならない。
④ 事業者は、第1項の規定による届出に係る工事のうち厚生労働省令で定める工事の計画、第2項の厚生労働省令で定める仕事の計画又は前項の規定による届出に係る仕事のうち厚生労働省令で定める仕事の計画を作成するときは、当該工事に係る建設物若しくは機械等又は当該仕事から生ずる労働災害の防止を図るため、厚生労働省令で定める資格を有する者を参画させなければならない。
⑤～⑦ （略）

② 罰則

安衛法は、その厳正な運用を担保するため、違反に対する罰則について12カ条の規定を置いている（第115条の2、第115条の3、第115条の4、第116条、第117条、第118条、第119条、第120条、第121条、第122条、第122条の2、第123条）。

また、同法は、事業者責任主義を採用し、その第122条で両罰規定を設けて各本条が定めた措置義務者（事業者）のほかに、法人の代表者、法人または人の代理人、使用人その他の従事者がその法人または人の業務に関して、それぞれの違反行為をしたときの従事者が実行行為者として罰されるほか、その法人または人に対しても、各本条に定める罰金刑を科すこととされている。なお、安衛法第20条から第25条に規定される事業者の講じた危害防止措置または救護措置等に関し、第26条により労働者は遵守義務を負い、これに違反した場合も罰金刑が課せられる。

3　労働安全衛生法施行令（抄）

（昭和 47 年 8 月 19 日政令第 318 号）

（最終改正　平成 30 年 6 月 19 日政令第 184 号）

（定義）

第１条　この政令において、次の各号に掲げる用語の意義は、当該各号に定めるところによる。

1 ～ 4（略）

5　第 1 種圧力容器　次に掲げる容器（ゲージ圧力 0.1 メガパスカル以下で使用する容器で、内容積が 0.04 立方メートル以下のもの又は胴の内径が 200 ミリメートル以下で、かつ、その長さが 1,000 ミリメートル以下のもの及びその使用する最高のゲージ圧力をメガパスカルで表した数値と内容積を立方メートルで表した数値との積が 0.004 以下の容器を除く。）をいう。

イ　蒸気その他の熱媒を受け入れ、又は蒸気を発生させて固体又は液体を加熱する容器で、容器内の圧力が大気圧を超えるもの（ロ又はハに掲げる容器を除く。）

ロ　容器内における化学反応、原子核反応その他の反応によつて蒸気が発生する容器で、容器内の圧力が大気圧を超えるもの

ハ　容器内の液体の成分を分離するため、当該液体を加熱し、その蒸気を発生させる容器で、容器内の圧力が大気圧を超えるもの

ニ　イからハまでに掲げる容器のほか、大気圧における沸点を超える温度の液体をその内部に保有する容器

6（略）

7　第 2 種圧力容器　ゲージ圧力 0.2 メガパスカル以上の気体をその内部に保有する容器（第 1 種圧力容器を除く。）のうち、次に掲げる容器をいう。

イ　内容積が 0.04 立方メートル以上の容器

ロ　胴の内径が 200 ミリメートル以上で、かつ、その長さが 1,000 ミリメートル以上の容器

8 ～ 11（略）

解説

令第１条第５号イの「熱媒」とは、水銀、ダウサム油等熱の媒体となるものをいうものである。

（総括安全衛生管理者を選任すべき事業場）

第２条　労働安全衛生法（以下「法」という。）第10条第１項の政令で定める規模の事業場は、次の各号に掲げる業種の区分に応じ、常時当該各号に掲げる数以上の労働者を使用する事業場とする。

1　林業、鉱業、建設業、運送業及び清掃業　100人

2　製造業（物の加工業を含む。）、電気業、ガス業、熱供給業、水道業、通信業、（中略）、自動車整備業及び機械修理業　300人

3　その他の業種　1,000人

（安全管理者を選任すべき事業場）

第３条　法第11条第１項の政令で定める業種及び規模の事業場は、前条第一号又は第２号に掲げる業種の事業場で、常時50人以上の労働者を使用するものとする。

（作業主任者を選任すべき作業）

第６条　法第14条の政令で定める作業は、次のとおりとする。

1～16（略）

17　第１種圧力容器（小型圧力容器及び次に掲げる容器を除く。）の取扱いの作業

イ　第１条第５号イに掲げる容器で、内容積が５立方メートル以下のもの

ロ　第１条第５号ロからニまでに掲げる容器で、内容積が１立方メートル以下のもの

18～23（略）

解説

第17号の「第１種圧力容器の取扱いの作業」とは、ふた板の開閉、給排気、内容物の排出等第１種圧力容器の機能に直接関連する作業をいうものであること。

（法第31条の２の政令で定める設備）

第９条の３　法第31条の２の政令で定める設備は、次のとおりとする。

1　化学設備（別表第１に掲げる危険物（火薬類取締法第２条第１項に規定する

火薬類を除く。）を製造し、若しくは取り扱い、又はシクロヘキサノール、クレオソート油、アニリンその他の引火点が65度以上の物を引火点以上の温度で製造し、若しくは取り扱う設備で、移動式以外のものをいい、アセチレン溶接装置、ガス集合溶接装置及び乾燥設備を除く。第15条第1項第5号において同じ。）及びその附属設備

2　特定化学設備（別表第3第2号に掲げる第2類物質のうち厚生労働省令で定めるもの又は同表第3号に掲げる第3類物質を製造し、又は取り扱う設備で、移動式以外のものをいう。第15条第1項第10号において同じ。）及びその附属設備

解説

①　化学設備及び特定化学設備は、爆発火災を引き起こす物質及び大量漏えいにより急性障害を引き起こす物質を製造し、又は取り扱っていることから、対象設備として規定したものであること。
②　第1号の「化学設備」とは、法第31条の2の政令で定める設備として、整備政令による改正前の労働安全衛生法施行令（以下「旧令」という。）第15条第1項第5号の「化学設備」に配管を含めたものであること。
③　第1号の「引火点が65度以上の物を引火点以上の温度で製造し、若しくは取り扱う設備」とは、引火点が65度以上の物に係る加熱炉、反応器、蒸留器、貯蔵タンク等のうち、加熱、反応、蒸留、固化防止等のため、その内部の温度が引火点以上となるものをいうこと。
④　「附属設備」とは、化学設備以外の設備で、化学設備に附設されたものをいい、その主なものとしては、動力装置、圧縮装置、給水装置、計測装置、安全装置等があること。

別表第1　危険物（第1条、第6条、第9条の3関係）

1　爆発性の物

1　ニトログリコール、ニトログリセリン、ニトロセルローズその他の爆発性の硝酸エステル類

2　トリニトロベンゼン、トリニトロトルエン、ピクリン酸その他の爆発性のニトロ化合物

3　過酢酸、メチルエチルケトン過酸化物、過酸化ベンゾイルその他の有機過酸化物

4　アジ化ナトリウムその他の金属のアジ化物

2　発火性の物

1　金属「リチウム」

2　金属「カリウム」

3　金属「ナトリウム」
4　黄りん
5　硫化りん
6　赤りん
7　セルロイド類
8　炭化カルシウム（別名カーバイド）
9　りん化石灰
10　マグネシウム粉
11　アルミニウム粉
12　マグネシウム粉及びアルミニウム粉以外の金属粉
13　亜二チオン酸ナトリウム（別名ハイドロサルファイト）

3　酸化性の物
1　塩素酸カリウム、塩素酸ナトリウム、塩素酸アンモニウムその他の塩素酸塩類
2　過塩素酸カリウム、過塩素酸ナトリウム、過塩素酸アンモニウムその他の過塩素酸塩類
3　過酸化カリウム、過酸化ナトリウム、過酸化バリウムその他の無機過酸化物
4　硝酸カリウム、硝酸ナトリウム、硝酸アンモニウムその他の硝酸塩類
5　亜塩素酸ナトリウムその他の亜塩素酸塩類
6　次亜塩素酸カルシウムその他の次亜塩素酸塩類

4　引火性の物
1　エチルエーテル、ガソリン、アセトアルデヒド、酸化プロピレン、二硫化炭素その他の引火点が零下30度未満の物
2　ノルマルヘキサン、エチレンオキシド、アセトン、ベンゼン、メチルエチルケトンその他の引火点が零下30度以上零度未満の物
3　メタノール、エタノール、キシレン、酢酸ノルマル－ペンチル（別名酢酸ノルマル－アミル）その他の引火点が零度以上30度未満の物
4　灯油、軽油、テレビン油、イソペンチルアルコール（別名イソアミルアルコール）、酢酸その他の引火点が30度以上65度未満の物

5　可燃性のガス（水素、アセチレン、エチレン、メタン、エタン、プロパン、ブタンその他の温度15度、1気圧において気体である可燃性の物をいう。）

（厚生労働大臣が定める規格又は安全装置を具備すべき機械等）

第13条　法別表第2第2号の政令で定める圧力容器は、第2種圧力容器（船舶安

全法の適用を受ける船舶に用いられるもの及び電気事業法、高圧ガス保安法又はガス事業法の適用を受けるものを除く。）とする。

② 法別表第2第4号の政令で定める第1種圧力容器は、小型圧力容器（船舶安全法の適用を受ける船舶に用いられるもの及び電気事業法、高圧ガス保安法又はガス事業法の適用を受けるものを除く。）とする。

③ 法第42条の政令で定める機械等は、次に掲げる機械等（本邦の地域内で使用されないことが明らかな場合を除く。）とする。

1～24（略）

25 蒸気ボイラー及び温水ボイラーのうち、第1条第3号イからヘまでに掲げるもの（船舶安全法の適用を受ける船舶に用いられるもの及び電気事業法の適用を受けるものを除く。）

26 第1条第5号イからニまでに掲げる容器のうち、第1種圧力容器以外のもの（ゲージ圧力0.1メガパスカル以下で使用する容器で内容積が0.01立方メートル以下のもの及びその使用する最高のゲージ圧力をメガパスカルで表した数値と内容積を立方メートルで表した数値との積が0.001以下の容器並びに船舶安全法の適用を受ける船舶に用いられるもの及び電気事業法、高圧ガス保安法、ガス事業法又は液化石油ガスの保安の確保及び取引の適正化に関する法律の適用を受けるものを除く。）

27 大気圧を超える圧力を有する気体をその内部に保有する容器（第1条第5号イからニまでに掲げる容器、第2種圧力容器及び第7号に掲げるアセチレン発生器を除く。）で、内容積が0.1立方メートルを超えるもの（船舶安全法の適用を受ける船舶に用いられるもの及び電気事業法、高圧ガス保安法又はガス事業法の適用を受けるものを除く。）

28 墜落制止用器具

29～34（略）

④ 法別表第2に掲げる機械等には、本邦の地域内で使用されないことが明らかな機械等を含まないものとする。

⑤ 次の表の上欄（編注·左欄）に掲げる機械等には、それぞれ同表の下欄（編注·右欄）に掲げる機械等を含まないものとする。

法別表第2第3号に掲げる小型ボイラー	船舶安全法の適用を受ける船舶に用いられる小型ボイラー及び電気事業法の適用を受ける小型ボイラー

法別表第２第６号に掲げる防爆構造電気機械器具	船舶安全法の適用を受ける船舶に用いられる防爆構造電気機械器具
法別表第２第８号に掲げる防じんマスク	ろ過材又は面体を有していない防じんマスク
法別表第２第９号に掲げる防毒マスク	ハロゲンガス用又は有機ガス用防毒マスクその他厚生労働省令で定めるもの以外の防毒マスク
（略）	
法別表第２第15号に掲げる保護帽	物体の飛来若しくは落下又は墜落による危険を防止するためのもの以外の保護帽

（個別検定を受けるべき機械等）

第14条　法第44条第１項の政令で定める機械等は、次に掲げる機械等（本邦の地域内で使用されないことが明らかな場合を除く。）とする。

1　ゴム、ゴム化合物又は合成樹脂を練るロール機の急停止装置のうち電気的制動方式のもの

2　第２種圧力容器（船舶安全法の適用を受ける船舶に用いられるもの及び電気事業法、高圧ガス保安法又はガス事業法の適用を受けるものを除く。）

3　小型ボイラー（船舶安全法の適用を受ける船舶に用いられるもの及び電気事業法の適用を受けるものを除く。）

4　小型圧力容器（船舶安全法の適用を受ける船舶に用いられるもの及び電気事業法、高圧ガス保安法又はガス事業法の適用を受けるものを除く。）

（型式検定を受けるべき機械等）

第14条の２　法第44条の２第１項の政令で定める機械等は、次に掲げる機械等（本邦の地域内で使用されないことが明らかな場合を除く。）とする。

1、2（略）

3　防爆構造電気機械器具（船舶安全法の適用を受ける船舶に用いられるものを除く。）

4（略）

5　防じんマスク（ろ過材及び面体を有するものに限る。）

6　防毒マスク（ハロゲンガス用又は有機ガス用のものその他厚生労働省令で定めるものに限る。）

7～11（略）

12　保護帽（物体の飛来若しくは落下又は墜落による危険を防止するためのものに限る。）

13　電動ファン付き呼吸用保護具

（定期に自主検査を行うべき機械等）

第15条　法第45条第1項の政令で定める機械等は、次のとおりとする。

1　第12条第1項各号に掲げる機械等、第13条第3項第5号、第6号、第8号、第9号、第14号から第19号まで及び第30号から第34号までに掲げる機械等、第14条第2号から第4号までに掲げる機械等並びに前条第10号及び第11号に掲げる機械等

2～4（略）

5　化学設備（配管を除く。）及びその附属設備

6（略）

7　乾燥設備及びその附属設備

8（略）

9　局所排気装置、プッシュプル型換気装置、除じん装置、排ガス処理装置及び排液処理装置で、厚生労働省令で定めるもの

10　特定化学設備及びその附属設備

11（略）

②（略）

解説

①　第1項第5号の「化学設備」および第1項第10号の「特定化学設備」中に第1種圧力容器または第2種圧力容器が組み込まれている場合には、当該第1種圧力容器または第2種圧力容器は、本条第1項第1号に該当するものとして取り扱うこと。

②　第1項第5号の「附属設備」とは、令第9条の3の第2号の解説を参照（○頁）。

（名称等を表示すべき危険物及び有害物）

第18条　法第57条第1項の政令で定める物は、次のとおりとする。

1　別表第9に掲げる物（アルミニウム、イットリウム、インジウム、カドミウム、銀、クロム、コバルト、すず、タリウム、タングステン、タンタル、銅、鉛、ニッケル、白金、ハフニウム、フェロバナジウム、マンガン、モリブデン又はロジウムにあつては、粉状のものに限る。）

2　別表第9に掲げる物を含有する製剤その他の物で、厚生労働省令で定めるもの

3　別表第3第1号1から7までに掲げる物を含有する製剤その他の物（同号8に掲げる物を除く。）で、厚生労働省令で定めるもの

（名称等を通知すべき危険物及び有害物）

第18条の2　法第57条の2第1項の政令で定める物は、次のとおりとする。

1　別表第9に掲げる物

2　別表第9に掲げる物を含有する製剤その他の物で、厚生労働省令で定めるもの

3　別表第3第1号1から7までに掲げる物を含有する製剤その他の物（同号8に掲げる物を除く。）で、厚生労働省令で定めるもの

（法第57条の4第1項の政令で定める化学物質）

第18条の3　法第57条の4第1項の政令で定める化学物質は、次のとおりとする。

1　元素

2　天然に産出される化学物質

3　放射性物質

4　附則第9条の2の規定により厚生労働大臣がその名称等を公表した化学物質

（法第57条の4第1項ただし書の政令で定める場合）

第18条の4　法第57条の4第1項ただし書の政令で定める場合は、同項に規定する新規化学物質（以下この条において「新規化学物質」という。）を製造し、又は輸入しようとする事業者が、厚生労働省令で定めるところにより、1の事業場における1年間の製造量又は輸入量（当該新規化学物質を製造し、及び輸入しようとする事業者にあつては、これらを合計した量）が100キログラム以下である旨の厚生労働大臣の確認を受けた場合において、その確認を受けたところに従つて当該新規化学物質を製造し、又は輸入しようとするときとする。

（法第57条の5第1項の政令で定める有害性の調査）

第18条の5　法第57条の5第1項の政令で定める有害性の調査は、実験動物を用いて吸入投与、経口投与等の方法により行うがん原性の調査とする。

（職長等の教育を行うべき業種）

第19条　法第60条の政令で定める業種は、次のとおりとする。

1　建設業

2　製造業。ただし、次に掲げるものを除く。

イ　食料品・たばこ製造業（うま味調味料製造業及び動植物油脂製造業を除く。）

ロ　繊維工業（紡績業及び染色整理業を除く。）

ハ　衣服その他の繊維製品製造業

ニ　紙加工品製造業（セロファン製造業を除く。）

ホ　新聞業、出版業、製本業及び印刷物加工業

3　電気業

4　ガス業

5　自動車整備業

6　機械修理業

（就業制限に係る業務）

第20条　法第61条第1項の政令で定める業務は、次のとおりとする。

1、2（略）

3　ボイラー（小型ボイラーを除く。）の取扱いの業務

4　前号のボイラー又は第1種圧力容器（小型圧力容器を除く。）の溶接（自動溶接機による溶接、管（ボイラーにあつては、主蒸気管及び給水管を除く。）の周継手の溶接及び圧縮応力以外の応力を生じない部分の溶接を除く。）の業務

5　ボイラー（小型ボイラー及び次に掲げるボイラーを除く。）又は第6条第17号の第1種圧力容器の整備の業務

イ　胴の内径が750ミリメートル以下で、かつ、その長さが1,300ミリメートル以下の蒸気ボイラー

ロ　伝熱面積が3平方メートル以下の蒸気ボイラー

ハ　伝熱面積が14平方メートル以下の温水ボイラー

ニ　伝熱面積が30平方メートル以下の貫流ボイラー（気水分離器を有するものにあつては、当該気水分離器の内径が400ミリメートル以下で、かつ、その内容積が0.4立方メートル以下のものに限る。）

6～16（略）

解説

①　第5号の「ボイラーの整備の業務」とは、ボイラー使用を中止し、ボイラー水を排水して行うボイラー本体および附属設備の内外面の清浄作業ならびに附属装置等の整備の作業をいい、自動制御装置または附属品のみを整備する作業を含まないものであること。

②　第5号の「第1種圧力容器の整備の業務」とは、第1種圧力容器の使用を中止し、本体を開放して行なう内外面の清浄作業ならびに附属装置等の整備の作業をいい、附属装置または附属品のみを整備する作業を含まないものであること。

4　労働安全衛生規則（抄）

（昭和47年9月30日労働省令第32号）
（最終改正　平成30年4月6日厚生労働省令第59号）

第1編　通　則

第2章　安全衛生管理体制

（安全管理者の選任）

第４条　法第11条第1項の規定による安全管理者の選任は、次に定めるところにより行わなければならない。

1　安全管理者を選任すべき事由が発生した日から14日以内に選任すること。

2　その事業場に専属の者を選任すること。ただし、2人以上の安全管理者を選任する場合において、当該安全管理者の中に次条第2号に掲げる者がいるときは、当該者のうち1人については、この限りでない。

3　化学設備（労働安全衛生法施行令（以下「令」という。）第9条の3第1号に掲げる化学設備をいう。以下同じ。）のうち、発熱反応が行われる反応器等異常化学反応又はこれに類する異常な事態により爆発、火災等を生ずるおそれのあるもの（配管を除く。以下「特殊化学設備」という。）を設置する事業場であつて、当該事業場の所在地を管轄する都道府県労働局長（以下「所轄都道府県労働局長」という。）が指定するもの（以下「指定事業場」という。）にあつては、当該都道府県労働局長が指定する生産施設の単位について、操業中、常時、法第10条第1項各号の業務のうち安全に係る技術的事項を管理するのに必要な数の安全管理者を選任すること。

4　次の表の中欄に掲げる業種に応じて、常時同表の下欄（編注・右欄）に掲げる数以上の労働者を使用する事業場にあつては、その事業場全体について法第10条第1項各号の業務のうち安全に係る技術的事項を管理する安全管理者のうち少なくとも1人を専任の安全管理者とすること。ただし、同表4の項の業種にあつては、過去3年間の労働災害による休業1日以上の死傷者数の合計が100人を超える事業場に限る。

1	建設業 有機化学工業製品製造業 石油製品製造業	300 人
2	無機化学工業製品製造業 化学肥料製造業 道路貨物運送業 港湾運送業	500 人
3	紙・パルプ製造業 鉄鋼業 造船業	1,000 人
4	令第２条第１号及び第２号に掲げる業種（1 の項から 3 の項までに掲げる業種を除く。）	2,000 人

（② 略）

解説

① 「これに類する異常な事態」とは、化学反応、蒸留等の化学的又は物理的処理が行われる化学設備内部の異常高圧、異常高温等をいうこと。

② 「特殊化学設備」とは、化学反応、蒸留等の化学的又は物理的処理が行われる化学設備であって、次の各号のいずれかに該当するものをいうこと。なお、ハに掲げるものについての該当の有無については、当分の間、本省にりん伺するものとすること。

イ 発熱反応が行われる反応器

ロ 蒸発器であって、蒸発される危険物の蒸発範囲内で操作するもの又は加熱する熱媒等の温度が蒸発する危険物の分解温度若しくは発火点より高いもの。

ハ イ又はロに掲げる化学設備以外のもので、爆発性物質を生成するおそれがあるもの等爆発、火災等の危険性が高いと考えられるもの。

③ 事業場の指定は、特殊化学設備を含む生産施設の設置場所及び爆発、火災等の危険性の程度、同種施設の災害発生状況、危険物の取扱い量、操業の方式等を勘案し、高度な安全管理を行うことが必要と認められる場合に、別紙様式第１号により行うものとすること。

④ 「生産施設」とは、配合、反応、蒸留、精製等化学的又は物理的処理により物を製造するために必要な設備、配管及びこれらの附属設備であって、特殊化学設備を含むものをいうこと。

⑤ 「生産施設の単位」としては、例えば、原料から製品となるまでの製造設備一式、同一場所で生産管理が行われ、かつ同種反応等同種操作が行われる設備群等があること。

なお、本号の指定は、生産施設の規模、生産管理方法の実情、同種施設の災害発生状況、安全委員会、労働組合等の意見等を勘案して行うものとすること。

⑥ 「操業中」とは、指定された生産施設が本来の目的のために運転されている間をいうこと。

⑦ 「常時」とは、夜間、休日を含む趣旨であること。

⑧ 「必要な数」とは、指定された単位ごとに、各直について、常時、配置することのできる数をいうこと。

（安全管理者の資格）

第５条　法第 11 条第１項の厚生労働省令で定める資格を有する者は、次のとおりとする。

1　次のいずれかに該当する者で、法第10条第1項各号の業務のうち安全に係る技術的事項を管理するのに必要な知識についての研修であつて厚生労働大臣が定めるものを修了したもの

イ　学校教育法（昭和22年法律第26号）による大学（旧大学令（大正7年勅令第388号）による大学を含む。以下同じ。）又は高等専門学校（旧専門学校令（明治36年勅令第61号）による専門学校を含む。以下同じ。）における理科系統の正規の課程を修めた者（独立行政法人大学改革支援・学位授与機構（以下「大学改革支援・学位授与機構」という。）により学士の学位を授与された者（当該課程を修めた者に限る。）又はこれと同等以上の学力を有すると認められる者を含む。第18条の4第1号において同じ。）で、その後2年以上産業安全の実務に従事した経験を有するもの

ロ　学校教育法による高等学校（旧中等学校令（昭和18年勅令第36号）による中等学校を含む。以下同じ。）又は中等教育学校において理科系統の正規の学科を修めて卒業した者で、その後4年以上産業安全の実務に従事した経験を有するもの

2　労働安全コンサルタント

3　前二号に掲げる者のほか、厚生労働大臣が定める者

（安全管理者の巡視及び権限の付与）

第6条　安全管理者は作業場等を巡視し、設備、作業方法等に危険のおそれがあるときは、直ちに、その危険を防止するため必要な措置を講じなければならない。

②　事業者は、安全管理者に対し、安全に関する措置をなし得る権限を与えなければならない。

（安全衛生推進者等を選任すべき事業場）

第12条の2　法第12条の2の厚生労働省令で定める規模の事業場は、常時10人以上50人未満の労働者を使用する事業場とする。

（安全衛生推進者等の選任）

第12条の3　法第12条の2の規定による安全衛生推進者又は衛生推進者（以下「安全衛生推進者等」という。）の選任は、都道府県労働局長の登録を受けた者が行う講習を修了した者その他法第10条第1項各号の業務（衛生推進者にあつては、衛生に係る業務に限る。）を担当するため必要な能力を有すると認められる者のうちから、次に定めるところにより行わなければならない。

1　安全衛生推進者等を選任すべき事由が発生した日から14日以内に選任すること。

2　その事業場に専属の者を選任すること。ただし、労働安全コンサルタント、労働衛生コンサルタントその他厚生労働大臣が定める者のうちから選任するときは、この限りでない。

②　次に掲げる者は、前項の講習の講習科目（安全衛生推進者に係るものに限る。）のうち厚生労働大臣が定めるものの免除を受けることができる。

1　第5条各号に掲げる者

2　第10条各号に掲げる者

（作業主任者の選任）

第16条　法第14条の規定による作業主任者の選任は、別表第1の上欄（編注・左欄）に掲げる作業の区分に応じて、同表の中欄に掲げる資格を有する者のうちから行なうものとし、その作業主任者の名称は、同表の下欄（編注・右欄）に掲げるとおりとする。

②　事業者は、令第6条第17号の作業のうち、高圧ガス保安法（昭和26年法律第204号）、ガス事業法（昭和29年法律第51号）又は電気事業法（昭和39年法律第170号）の適用を受ける第1種圧力容器の取扱いの作業については、前項の規定にかかわらず、ボイラー及び圧力容器安全規則（昭和47年労働省令第33号。以下「ボイラー則」という。）の定めるところにより、特定第1種圧力容器取扱作業主任者免許を受けた者のうちから第1種圧力容器取扱作業主任者を選任することができる。

別表第1　(抜すい)

作業の区分	資格を有する者	名　　称
令第6条第17号の作業のうち化学設備に係る第1種圧力容器の取扱いの作業	化学設備関係第1種圧力容器取扱作業主任者技能講習を修了した者	第1種圧力容器取扱作業主任者

（危険有害化学物質等に関する危険性又は有害性等の表示等）

第24条の14　化学物質、化学物質を含有する製剤その他の労働者に対する危険又は健康障害を生ずるおそれのある物で厚生労働大臣が定めるもの（令第18条各号及び令別表第3第1号に掲げる物を除く。次項及び第24条の16において「危険有害化学物質等」という。）を容器に入れ、又は包装して、譲渡し、又は提供する者は、その容器又は包装（容器に入れ、かつ、包装して、譲渡し、又は提供するときにあつては、その容器）に次に掲げるものを表示するように努めなければならない。

1　次に掲げる事項

イ　名称

ロ　人体に及ぼす作用

ハ　貯蔵又は取扱い上の注意

ニ　表示をする者の氏名（法人にあつては、その名称）、住所及び電話番号

ホ　注意喚起語

ヘ　安定性及び反応性

二　当該物を取り扱う労働者に注意を喚起するための標章で厚生労働大臣が定めるもの

2　危険有害化学物質等を前項に規定する方法以外の方法により譲渡し、又は提供する者は、同項各号の事項を記載した文書を、譲渡し、又は提供する相手方に交付するよう努めなければならない。

第24条の15　特定危険有害化学物質等（化学物質、化学物質を含有する製剤その他の労働者に対する危険又は健康障害を生ずるおそれのある物で厚生労働大臣が定めるもの（法第57条の2第1項に規定する通知対象物を除く。）をいう。以下この条及び次条において同じ。）を譲渡し、又は提供する者は、文書の交付又は相手方の事業者が承諾した方法により特定危険有害化学物質等に関する次に掲げる事項（前条第二項に規定する者にあつては、同条第1項に規定する事項を除く。）を、譲渡し、又は提供する相手方の事業者に通知するよう努めなければならない。

1　名称

2　成分及びその含有量

3　物理的及び化学的性質

4　人体に及ぼす作用

5　貯蔵又は取扱い上の注意

6　流出その他の事故が発生した場合において講ずべき応急の措置

7　通知を行う者の氏名（法人にあつては、その名称）、住所及び電話番号

8　危険性又は有害性の要約

9　安定性及び反応性

10　適用される法令

11　その他参考となる事項

②　特定危険有害化学物質等を譲渡し、又は提供する者は、前項の規定により通知した事項に変更を行う必要が生じたときは、文書の交付又は相手方の事業者が承諾した方法により、変更後の同項各号の事項を、速やかに、譲渡し、又は提供した相手方の事業者に通知するよう努めなければならない。

第3章　機械等並びに危険物及び有害物に関する規制

（規格に適合した機械等の使用）

第27条　事業者は、法別表第2に掲げる機械等及び令第13条第3項各号に掲げる機械等については、法第42条の厚生労働大臣が定める規格又は安全装置を具備したものでなければ、使用してはならない。

（安全装置等の有効保持）

第28条　事業者は、法及びこれに基づく命令により設けた安全装置、覆（おお）い、囲い等（以下「安全装置等」という。）が有効な状態で使用されるようそれらの点検及び整備を行なわなければならない。

解説

本条の「安全装置」には、ボイラーの安全弁、クレーンの巻過ぎ防止装置等この省令以外の労働省令において、事業者に設置が義務づけられているものも含むものであること。

第29条　労働者は安全装置等について、次の事項を守らなければならない。

1　安全装置等を取りはずし、又はその機能を失わせないこと。

2　臨時に安全装置等を取りはずし、又はその機能を失わせる必要があるときは、あらかじめ、事業者の許可を受けること。

3　前号の許可を受けて安全装置等を取りはずし、又はその機能を失わせたときは、その必要がなくなつた後、直ちにこれを原状に復しておくこと。

4　安全装置等が取りはずされ、又はその機能を失つたことを発見したときは、すみやかに、その旨を事業者に申し出ること。

②　事業者は、労働者から前項第4号の規定による申出があつたときは、すみやかに、適当な措置を講じなければならない。

（調査対象物の危険性又は有害性等の調査の実施時期等）

第34条の2の7　法第57条の3第1項の危険性又は有害性等の調査（主として一般消費者の生活の用に供される製品に係るものを除く。次項及び次条第一項において「調査」という。）は、次に掲げる時期に行うものとする。

1　令第18条各号に掲げる物及び法第57条の2第1項に規定する通知対象物（以下この条及び次条において「調査対象物」という。）を原材料等として新規に採用し、又は変更するとき。

2　調査対象物を製造し、又は取り扱う業務に係る作業の方法又は手順を新規に採用し、又は変更するとき。

3　前二号に掲げるもののほか、調査対象物による危険性又は有害性等について変化が生じ、又は生ずるおそれがあるとき。

②　調査は、調査対象物を製造し、又は取り扱う業務ごとに、次に掲げるいずれかの方法（調査のうち危険性に係るものにあつては、第1号又は第3号（第1号に係る部分に限る。）に掲げる方法に限る。）により、又はこれらの方法の併用により行わなければならない。

1　当該調査対象物が当該業務に従事する労働者に危険を及ぼし、又は当該調査対象物により当該労働者の健康障害を生ずるおそれの程度及び当該危険又は健康障害の程度を考慮する方法

2　当該業務に従事する労働者が当該調査対象物にさらされる程度及び当該調査対象物の有害性の程度を考慮する方法

3　前二号に掲げる方法に準ずる方法

（調査の結果等の周知）

第34条の2の8　事業者は、調査を行つたときは、次に掲げる事項を、前条第二項の調査対象物を製造し、又は取り扱う業務に従事する労働者に周知させなければならない。

1　当該調査対象物の名称

2　当該業務の内容

3　当該調査の結果

4　当該調査の結果に基づき事業者が講ずる労働者の危険又は健康障害を防止するため必要な措置の内容

②　前項の規定による周知は、次に掲げるいずれかの方法により行うものとする。

1　当該調査対象物を製造し、又は取り扱う各作業場の見やすい場所に常時掲示

し、又は備え付けること。

2　書面を、当該調査対象物を製造し、又は取り扱う業務に従事する労働者に交付すること。

3　磁気テープ、磁気ディスクその他これらに準ずる物に記録し、かつ、当該調査対象物を製造し、又は取り扱う各作業場に、当該調査対象物を製造し、又は取り扱う業務に従事する労働者が当該記録の内容を常時確認できる機器を設置すること。

（指針の公表）

第34条の2の9　第24条の規定は、法第57条の3第3項の規定による指針の公表について準用する。

第4章　安全衛生教育

（特別教育を必要とする業務）

第36条　法第59条第3項の厚生労働省令で定める危険又は有害な業務は、次のとおりとする。

1～26（略）

27　特殊化学設備の取扱い、整備及び修理の業務（令第20条第5号に規定する第1種圧力容器の整備の業務を除く。）

28～37（略）

（特別教育の記録の保存）

第38条　事業者は、特別教育を行なつたときは、当該特別教育の受講者、科目等の記録を作成して、これを3年間保存しておかなければならない。

（特別教育の細目）

第39条　前二条及び第592条の7に定めるもののほか、第36条第1号から第13号まで、第27号及び第30号から第36号まで、第39号及び第40号に掲げる業務に係る特別教育の実施について必要な事項は、厚生労働大臣が定める。

（指定事業場等における安全衛生教育の計画及び実施結果報告）

第40条の3　事業者は、指定事業場又は所轄都道府県労働局長が労働災害の発生率等を考慮して指定する事業場について、法第59条又は第60条の規定に基づく安全又は衛生のための教育に関する具体的な計画を作成しなければならない。

②　前項の事業者は、4月1日から翌年3月31日までに行つた法第59条又は第60条の規定に基づく安全又は衛生のための教育の実施結果を、毎年4月30日までに、

様式第４号の５により、所轄労働基準監督署長に報告しなければならない。

第７章　免許等

（受講手続）

第80条　技能講習を受けようとする者は、技能講習受講申込書（様式第15号）を当該技能講習を行う登録教習機関に提出しなければならない。

（技能講習修了証の交付）

第81条　技能講習を行つた登録教習機関は、当該講習を修了した者に対し、遅滞なく、技能講習修了証（様式第17号）を交付しなければならない。

（技能講習修了証の再交付等）

第82条　技能講習修了証の交付を受けた者で、当該技能講習に係る業務に現に就いているもの又は就こうとするものは、これを滅失し、又は損傷したときは、第３項に規定する場合を除き、技能講習修了証再交付申込書（様式第18号）を技能講習修了証の交付を受けた登録教習機関に提出し、技能講習修了証の再交付を受けなければならない。

②　前項に規定する者は、氏名を変更したときは、第３項に規定する場合を除き、技能講習修了証書替申込書（様式第18号）を技能講習修了証の交付を受けた登録教習機関に提出し、技能講習修了証の書替えを受けなければならない。

③　第１項に規定する者は、技能講習修了証の交付を受けた登録教習機関が当該技能講習の業務を廃止した場合（当該登録を取り消された場合及び当該登録がその効力を失つた場合を含む。）及び労働安全衛生法及びこれに基づく命令に係る登録及び指定に関する省令（昭和47年労働省令第44号）第24条第１項ただし書に規定する場合に、これを滅失し、若しくは損傷したとき又は本籍若しくは氏名を変更したときは、技能講習修了証明書交付申込書（様式第18号）を同項ただし書に規定する厚生労働大臣が指定する機関に提出し、当該技能講習を修了したことを証する書面の交付を受けなければならない。

④　前項の場合において、厚生労働大臣が指定する機関は、同項の書面の交付を申し込んだ者が同項に規定する技能講習以外の技能講習を修了しているときは、当該技能講習を行つた登録教習機関からその者の当該技能講習の修了に係る情報の提供を受けて、その者に対して、同項の書面に当該技能講習を修了した旨を記載して交付することができる。

第９章　監督等

（計画の届出をすべき機械等）

第８５条　法第88条第１項の厚生労働省令で定める機械等は、法に基づく他の省令に定めるもののほか、別表第７の上欄（編注：左欄）に掲げる機械等とする。ただし、別表第７の上欄に掲げる機械等で次の各号のいずれかに該当するものを除く。

１　機械集材装置、運材索道（架線、搬器、支柱及びこれらに附属する物により構成され、原木又は薪炭材を一定の区間空中において運搬する設備をいう。以下同じ。）、架設通路及び足場以外の機械等（法第37条第１項の特定機械等及び令第６条第14号の型枠支保工（以下「型枠支保工」という。）を除く。）で、６月未満の期間で廃止するもの

２　機械集材装置、運材索道、架設通路又は足場で、組立てから解体までの期間が60日未満のもの

（計画の届出等）

第８６条　事業者は、別表第７の上欄に掲げる機械等を設置し、若しくは移転し、又はこれらの主要構造部分を変更しようとするときは、法第88条第１項の規定により、様式第20号による届書に、当該機械等の種類に応じて同表の中欄に掲げる事項を記載した書面及び同表の下欄に掲げる図面等を添えて、所轄労働基準監督署長に提出しなければならない。

②、③（略）

別表第７（第85条、第86条関係<計画の届出をすべき機械等>抜すい）

機械等の種類	事　　項	図　面　等
３　化学設備（配管を除く。）（製造し、若しくは取り扱う危険物又は製造し、若しくは取り扱う引火点が65度以上の物の量が厚生労働大臣が定める基準に満たないものを除く。）	１　種類、型式及び機能 ２　製造し、若しくは取り扱う危険物又は製造し、若しくは取り扱う引火点が65度以上の物の名称及び性状 ３　標準仕込量、温度、圧力その他の使用条件 ４　構造、材質及び主要寸法 ５　主要な附属設備及び配管の構造、材質及び主要寸法	当該化学設備、主要な附属設備及び配管の配置図及び構造図

解説

別表第７の機械等の種類の欄の「化学設備」とは、令第９条の３第１号の化学設備をいい、これらのうち、高圧ガス安定法の適用を受けるものおよびガス事業法に規定するガス発生設備またはガス精製設備に該当するものについては、本条による届出は要しないものとして取り扱うこと。

（法第88条第１項ただし書の厚生労働省令で定める措置）

第87条　法第88条第1項ただし書の厚生労働省令で定める措置は、次に掲げる措置とする。

1　法第28条の2第1項又は第57条の3第1項及び第2項の危険性又は有害性等の調査及びその結果に基づき講ずる措置

2　前号に掲げるもののほか、第24条の2の指針に従つて事業者が行う自主的活動

（認定の単位）

第87条の２　法第88条第1項ただし書の規定による認定（次条から第88条までにおいて「認定」という。）は、事業場ごとに、所轄労働基準監督署長が行う。

（欠格事項）

第87条の３　次のいずれかに該当する者は、認定を受けることができない。

1　法又は法に基づく命令の規定（認定を受けようとする事業場に係るものに限る。）に違反して、罰金以上の刑に処せられ、その執行を終わり、又は執行を受けることがなくなつた日から起算して2年を経過しない者

2　認定を受けようとする事業場について第87条の9の規定により認定を取り消され、その取消しの日から起算して2年を経過しない者

3　法人で、その業務を行う役員のうちに前二号のいずれかに該当する者があるもの

（認定の基準）

第87条の４　所轄労働基準監督署長は、認定を受けようとする事業場が次に掲げる要件のすべてに適合しているときは、認定を行わなければならない。

1　第87条の措置を適切に実施していること。

2　労働災害の発生率が、当該事業場の属する業種における平均的な労働災害の発生率を下回つていると認められること。

3　申請の日前1年間に労働者が死亡する労働災害その他の重大な労働災害が発

生していないこと。

（認定の申請）

第87条の5　認定の申請をしようとする事業者は、認定を受けようとする事業場ごとに、計画届免除認定申請書（様式第20号の2）に次に掲げる書面を添えて、所轄労働基準監督署長に提出しなければならない。

1　第87条の3各号に該当しないことを説明した書面

2　第87条の措置の実施状況について、申請の日前3月以内に2人以上の安全に関して優れた識見を有する者又は衛生に関して優れた識見を有する者による評価を受け、当該措置を適切に実施していると評価されたことを証する書面及び当該評価の概要を記載した書面

3　前号の評価について、1人以上の安全に関して優れた識見を有する者及び1人以上の衛生に関して優れた識見を有する者による監査を受けたことを証する書面

4　前条第二号及び第三号に掲げる要件に該当することを証する書面（当該書面がない場合には、当該事実についての申立書）

②　前項第二号及び第三号の安全に関して優れた識見を有する者とは、次のいずれかに該当する者であつて認定の実施について利害関係を有しないものをいう。

1　労働安全コンサルタントとして3年以上その業務に従事した経験を有する者で、第24条の2の指針に従つて事業者が行う自主的活動の実施状況についての評価を3件以上行つたもの

2　前号に掲げる者と同等以上の能力を有すると認められる者

③　第1項第2号及び第3号の衛生に関して優れた識見を有する者とは、次のいずれかに該当する者であつて認定の実施について利害関係を有しないものをいう。

1　労働衛生コンサルタントとして3年以上その業務に従事した経験を有する者で、第24条の2の指針に従つて事業者が行う自主的活動の実施状況についての評価を3件以上行つたもの

2　前号に掲げる者と同等以上の能力を有すると認められる者

④　所轄労働基準監督署長は、認定をしたときは、様式第20号の3による認定証を交付するものとする。

（認定の更新）

第87条の6　認定は、3年ごとにその更新を受けなければ、その期間の経過によつて、その効力を失う。

② 第87条の3、第87条の4及び前条第1項から第3項までの規定は、前項の認定の更新について準用する。

（実施状況等の報告）

第87条の7　認定を受けた事業者は、認定に係る事業場（次条において「認定事業場」という。）ごとに、1年以内ごとに1回、実施状況等報告書（様式第20号の4）に第87条の措置の実施状況について行つた監査の結果を記載した書面を添えて、所轄労働基準監督署長に提出しなければならない。

（措置の停止）

第87条の8　認定を受けた事業者は、認定事業場において第87条の措置を行わなくなつたときは、遅滞なく、その旨を所轄労働基準監督署長に届け出なければならない。

（認定の取消し）

第87条の9　所轄労働基準監督署長は、認定を受けた事業者が次のいずれかに該当するに至つたときは、その認定を取り消すことができる。

1　第87条の3第1号又は第3号に該当するに至つたとき。

2　第87条の4第1号又は第2号に適合しなくなつたと認めるとき。

3　第87条の4第3号に掲げる労働災害を発生させたとき。

4　第87条の7の規定に違反して、同条の報告書及び書面を提出せず、又は虚偽の記載をしてこれらを提出したとき。

5　不正の手段により認定又はその更新を受けたとき。

（建設業の特例）

第88条　第87条の2の規定にかかわらず、建設業に属する事業の仕事を行う事業者については、当該仕事の請負契約を締結している事業場ごとに認定を行う。

② 前項の認定についての次の表の上欄（編注・左欄）に掲げる規定の適用については、これらの規定中同表の中欄に掲げる字句は、それぞれ同表の下欄（編注・右欄）に掲げる字句に読み替えるものとする。

第87条の3第1号	事業場	建設業に属する事業の仕事に係る請負契約を締結している事業場及び当該事業場において締結した請負契約に係る仕事を行う事業場（以下「店社等」という。）
第87条の4	事業場が	店社等が
	当該事業場の属する業種	建設業

第6章

第87条の7	認定に係る事業場（次条において「認定事業場」という。）	認定に係る店社等
第87条の8	認定事業場	認定に係る店社等

（事故報告）

第96条　事業者は、次の場合は、遅滞なく、様式第22号による報告書を所轄労働基準監督署長に提出しなければならない。

1　事業場又はその附属建設物内で、次の事故が発生したとき

イ　火災又は爆発の事故（次号の事故を除く。）

ロ～ニ（略）

2　令第1条第3号のボイラー（小型ボイラーを除く。）の破裂、煙道ガスの爆発又はこれらに準ずる事故が発生したとき

3～10（略）

②（略）

解説

［附属建設物の範囲］
事業附属寄宿舎内において発生した事故および労働者の私傷病（労働災害であることが明らかなものを除く。）は、労働基準法施行規則により報告させることになっているので、本条の「附属建設物」には、寄宿舎を含めないものであること。

第2編　安全基準

第4章　爆発、火災等の防止

（危険物を製造する場合等の措置）

第256条　事業者は、危険物を製造し、又は取り扱うときは、爆発又は火災を防止するため、次に定めるところによらなければならない。

1　爆発性の物（令別表第1第1号に掲げる爆発性の物をいう。）については、みだりに、火気その他点火源となるおそれのあるものに接近させ、加熱し、摩擦し、又は衝撃を与えないこと。

2　発火性の物（令別表第1第2号に掲げる発火性の物をいう。）については、それぞれの種類に応じ、みだりに、火気その他点火源となるおそれのあるものに接近させ、酸化をうながす物若しくは水に接触させ、加熱し、又は衝撃を与えないこと。

3　酸化性の物（令別表第1第3号に掲げる酸化性の物をいう。以下同じ。）については、みだりに、その分解がうながされるおそれのある物に接触させ、加熱し、摩擦し、又は衝撃を与えないこと。

4　引火性の物（令別表第1第4号に掲げる引火性の物をいう。以下同じ。）については、みだりに、火気その他点火源となるおそれのあるものを接近させ、若しくは注ぎ、蒸発させ、又は加熱しないこと。

5　危険物を製造し、又は取り扱う設備のある場所を常に整理整とんし、及びその場所に、みだりに、可燃性の物又は酸化性の物を置かないこと。

②　労働者は、前項の場合には、同項各号に定めるところによらなければならない。

解説

①　第1号の「点火源となるおそれがあるもの」とは、火花若しくはアークを発し、又は高温となって点火源となるおそれがある機械、器具、その他のものをいい、昭和35年1月22日付け基発第990号の記の24と同意であること。

②　第2号は、マグネシウム粉を火気その他点火源となるおそれがあるものに接近させること、赤りんを酸化剤に接触させること、金属ナトリウムを水に接触させること、セルロイド類を加熱すること、硫化りんに衝撃を与えること等を禁止したものであること。

③　第2号の「酸化をうながす物」とは、酸化剤のほか、空気が含まれること。

④　第3号の「その分解がうながされるおそれがある物」とは、接触をすることにより酸化性の物を分解させる物をいい、たとえば塩素酸カリウムに対するアンモニア、過塩素酸カリウムに対するいおう、過酸化ナトリウムに対するマグネシウム粉等をいうこと。

（作業指揮者）

第257条　事業者は、危険物を製造し、又は取り扱う作業（令第6条第2号又は第8号に掲げる作業を除く。）を行なうときは、当該作業の指揮者を定め、その者に当該作業を指揮させるとともに、次の事項を行なわせなければならない。

1　危険物を製造し、又は取り扱う設備及び当該設備の附属設備について、随時点検し、異常を認めたときは、直ちに、必要な措置をとること。

2　危険物を製造し、又は取り扱う設備及び当該設備の附属設備がある場所における温度、湿度、遮（しゃ）光及び換気の状態等について、随時点検し、異常を認めたときは、直ちに、必要な措置をとること。

3　前各号に掲げるもののほか、危険物の取扱いの状況について、随時点検し、異常を認めたときは、直ちに、必要な措置をとること。

4　前各号の規定によりとつた措置について、記録しておくこと。

第6章

（ホースを用いる引火性の物等の注入）

第258条　事業者は、引火性の物又は可燃性ガス（令別表第１第５号に掲げる可燃性のガスをいう。以下同じ。）で液状のものを、ホースを用いて化学設備（配管を除く。）、タンク自動車、タンク車、ドラムかん等に注入する作業を行うときは、ホースの結合部を確実に締め付け、又ははめ合わせたことを確認した後でなければ、当該作業を行つてはならない。

②　労働者は、前項の作業に従事するときは同項に定めるところによらなければ、当該作業を行なつてはならない。

（ガソリンが残存している設備への灯油等の注入）

第259条　事業者は、ガソリンが残存している化学設備（危険物を貯蔵するものに限るものとし、配管を除く。次条において同じ。）タンク自動車、タンク車、ドラムかん等に灯油又は軽油を注入する作業を行うときは、あらかじめ、その内部について、洗浄し、ガソリンの蒸気を不活性ガスで置換する等により、安全な状態にしたことを確認した後でなければ、当該作業を行つてはならない。

②　労働者は、前項の作業に従事するときは、同項に定めるところによらなければ、当該作業を行なつてはならない。

解説

ガソリンが残存している容器の内部に灯油又は軽油を入れた場合に、ガソリンの蒸気がこれらに吸収され、その結果、爆発上限界をこえる濃度であったガソリンの蒸気の濃度が爆発限界内の値となり、危険な状態となることを防止することを定めたものであること。

（エチレンオキシド等の取扱い）

第260条　事業者は、エチレンオキシド、アセトアルデヒド又は酸化プロピレンを化学設備、タンク自動車、タンク車、ドラムかん等に注入する作業を行うときは、あらかじめ、その内部の不活性ガス以外のガス又は蒸気を不活性ガスで置換した後でなければ、当該作業を行つてはならない。

②　事業者は、エチレンオキシド、アセトアルデヒド又は酸化プロピレンを化学設備、タンク自動車、タンク車、ドラムかん等に貯蔵するときは、常にその内部の不活性ガス以外のガス又は蒸気を不活性ガスで置換しておかなければならない。

解説

1 「ドラムかん等」の「等」には、ボンベが含まれること。
2 「不活性ガス」の主なものとしては、窒素、炭酸ガス等があること。

（通風等による爆発又は火災の防止）
第261条　事業者は、引火性の物の蒸気、可燃性ガス又は可燃性の粉じんが存在して爆発又は火災が生ずるおそれのある場所については、当該蒸気、ガス又は粉じんによる爆発又は火災を防止するため、通風、換気、除じん等の措置を講じなければならない。

解説

「爆発を防止するため、通風、換気、除じん等の措置」とは、当該ガス、蒸気又は粉じんがその爆発下限界値までに達しないように、これらの濃度を低下させるためにする措置をいい、「等」には、自然通風、自然換気等を十分にするための開口部の増加等が含まれること。なお、引火性の液体の蒸気が有機溶剤である場合には、有機溶剤中毒予防規則に定める基準をもみたすことができる局部排出、全体換気等の措置を講ずる必要があること。

（通風等が不十分な場所におけるガス溶接等の作業）
第262条　事業者は、通風又は換気が不十分な場所において、可燃性ガス及び酸素（以下この条及び次条において「ガス等」という。）を用いて溶接、溶断又は金属の加熱の作業を行なうときは、当該場所におけるガス等の漏えい又は放出による爆発、火災又は火傷を防止するため、次の措置を講じなければならない。
1　ガス等のホース及び吹管については、損傷、摩耗等によるガス等の漏えいのおそれがないものを使用すること。
2　ガス等のホースと吹管及びガス等のホース相互の接続箇所については、ホースバンド、ホースクリップ等の締付具を用いて確実に締付けを行なうこと。
3　ガス等のホースにガス等を供給しようとするときは、あらかじめ、当該ホースに、ガス等が放出しない状態にした吹管又は確実な止めせんを装着した後に行なうこと。
4　使用中のガス等のホースのガス等の供給口のバルブ又はコックには、当該バルブ又はコックに接続するガス等のホースを使用する者の名札を取り付ける等ガス等の供給についての誤操作を防ぐための表示をすること。

5　溶断の作業を行なうときは、吹管からの過剰酸素の放出による火傷を防止するため十分な換気を行なうこと。

6　作業の中断又は終了により作業箇所を離れるときは、ガス等の供給口のバルブ又はコックを閉止してガス等のホースを当該ガス等の供給口から取りはずし、又はガス等のホースを自然通風若しくは自然換気が十分な場所へ移動すること。

②　労働者は、前項の作業に従事するときは、同項各号に定めるところによらなければ、当該作業を行なつてはならない。

（化学設備を設ける建築物）

第268条　事業者は、化学設備（配管を除く。）を内部に設ける建築物については、当該建築物の壁、柱、床、はり、屋根、階段等（当該化学設備に近接する部分に限る。）を不燃性の材料で造らなければならない。

解説

①「化学設備」とは、反応器、蒸溜塔、吸収塔、抽出器、混合器、沈でん分離器、熱交換器、計量タンク、貯蔵タンク等の容器本体並びにこれらの容器本体に附属するバルブ及びコック、これらの容器本体の内部に設けられた管、たな、ジャケット等の部分をいうものであること。

②「化学設備に近接する部分」とは、化学設備の周囲の部分であって、化学設備で使用される危険物の付着、化学設備の輻射熱による加熱等によって燃焼しやすい状態になるおそれがあるものをいうこと。

（腐食防止）

第269条　事業者は、化学設備（バルブ又はコックを除く。）のうち危険物又は引火点が65度以上の物（以下「危険物等」という。）が接触する部分については、当該危険物等による当該部分の著しい腐食による爆発又は火災を防止するため、当該危険物等の種類、温度、濃度等に応じ、腐食しにくい材料で造り、内張りを施す等の措置を講じなければならない。

解説

①「著しい腐食による爆発又は火災」とは、危険物等が及ぼす腐食による損傷により、危険物等が漏えいし、又は空気、水等が内部に侵入して生ずる爆発又は火災をいうこと。

②「濃度等」の「等」には、圧力及び流速が含まれること。

③「内張りを施す」とは、不銹鋼、チタン、ガラス、陶磁器、ゴム、合成樹脂等腐食しにくい材料を用いてライニングすることをいうこと。

④「内張りを施す等」の「等」には、防食塗料の塗布、酸化皮膜による処理、電気防食による処理等のほか、構成部分の耐用期間を適切に定め、その期間毎にその部分を取換えることが含まれること。

（ふた板等の接合部）

第270条　事業者は、化学設備のふた板、フランジ、バルブ、コック等の接合部については、当該接合部から危険物等が漏えいすることによる爆発又は火災を防止するため、ガスケットを使用し、接合面を相互に密接させる等の措置を講じなければならない。

（バルブ等の開閉方向の表示等）

第271条　事業者は、化学設備のバルブ若しくはコック又はこれらを操作するためのスイッチ、押しボタン等については、これらの誤操作による爆発又は火災を防止するため、次の措置を講じなければならない。

1　開閉の方向を表示すること。

2　色分け、形状の区分等を行うこと。

②　前項第二号の措置は、色分けのみによるものであつてはならない。

（バルブ等の材質等）

第272条　事業者は、化学設備のバルブ又はコックについては、次に定めるところによらなければならない。

1　開閉のひん度及び製造又は取扱いに係る危険物等の種類、温度、濃度等に応じ、耐久性のある材料で造ること。

2　化学設備の使用中にしばしば開放し、又は取り外すことのあるストレーナ等とこれらに最も近接した化学設備（配管を除く。以下この号において同じ。）との間には、二重に設けること。ただし、当該ストレーナ等と当該化学設備の間に設けられるバルブ又はコックが確実に閉止していることを確認することができる装置を設けるときは、この限りでない。

（送給原材料の種類等の表示）

第273条　事業者は、化学設備（配管を除く。）に原材料を送給する労働者が当該送給を誤ることによる爆発又は火災を防止するため、当該労働者が見やすい位置に、当該原材料の種類、当該送給の対象となる設備その他必要な事項を表示しなければならない。

（計測装置の設置）

第273条の2　事業者は、特殊化学設備については、その内部における異常な事態を早期には握するために必要な温度計、流量計、圧力計等の計測装置を設けなければならない。

解説

1　計測装置の監視は、中央制御室等化学設備から離れた安全な場所で行うことができるようにすることが望ましいこと。
2「内部における異常な事態を早期には握する」とは、化学設備内部で化学反応等を行わせる場合に設定する温度、流量、圧力等の条件のうち、設定条件を外れたときに化学反応が異常となり、爆発、火災等が発生するおそれのあるものについて、設定条件を外れたことを早期には握する意であること。
3「圧力計等」の「等」には液面計、容量計、PH計、液組成分析計、ガス組成分析計が含まれること。
4「計測装置」には、温度、流量、圧力等を自動的に記録する装置が含まれること。
5「計測装置を設け」とは、特殊化学設備の爆発、火災等を防止するために必要な温度、流量、圧力等の条件について、それらを把握するのに適した1以上の計測装置を設けることをいうものであること。

（自動警報装置の設置等）

第273条の3　事業者は、特殊化学設備（製造し、又は取り扱う危険物等の量が厚生労働大臣が定める基準に満たないものを除く。）については、その内部における異常な事態を早期には握するため必要な自動警報装置を設けなければならない。

②　事業者は、前項に規定する措置を講ずることが困難なときは、監視人を置き、当該特殊化学設備の運転中は当該設備を監視させる等の措置を講じなければならない。

解説

1「自動警報装置」とは、化学反応等を行う場合に、爆発、火災等を防止するために設定する温度、流量、圧力等の条件が、設定条件範囲を外れたとき、ブザー、点滅燈等により自動的に警報を発する装置をいうこと。
2「自動警報装置を設け」とは、特殊化学設備の爆発、火災等を防止するために必要な温度、流量、圧力等の条件について、それらをは握するのに適した1以上の箇所を選び、各箇所に、1以上の自動警報装置を設けることをいうものであること。
3「前項に規定する措置を講ずることが困難なとき」とは、化学設備内で行われる化学反応等の温度、流量、圧力等の条件の時間的変化が著しい等の技術的理由により、自動警報装置の設置が困難である場合をいうものであること。
4「特殊化学設備の運転中は当該設備を監視させる」とは、警報を必要とする化学反応等の設定条件について、当該特殊化学設備の運転中は、常時、当該設備を監視させることをいうものであること。

（緊急しや断装置の設置等）

第273条の4　事業者は、特殊化学設備については、異常な事態の発生による爆発又は火災を防止するため、原材料の送給をしや断し、又は製品等を放出するための装置、不活性ガス、冷却用水等を送給するための装置等当該事態に対処するための装置を設けなければならない。

② 前項の装置に設けるバルブ又はコックについては、次に定めるところによらなければならない。

1 確実に作動する機能を有すること。
2 常に円滑に作動できるような状態に保持すること。
3 安全かつ正確に操作することのできるものとすること。

解説

① 特殊化学設備の内部において異常な事態が発生した場合であっても、当該特殊化学設備が爆発又は火災に至らないようにするための緊急しゃ断装置の設置等について定めたものであり、通常の生産に用いられる冷却装置等はこれに該当しないものであること。

なお、これらの装置は、一般的には、温度計、圧力計等の計測装置とインターロックすることが望ましいこと。

② 「当該事態に対処するための装置」には、特殊化学設備と他の設備とを隔離するためのしゃ断バルブが含まれること。

（予備動力源等）

第273条の５　事業者は、特殊化学設備、特殊化学設備の配管又は特殊化学設備の附属設備に使用する動力源については、次に定めるところによらなければならない。

1 動力源の異常による爆発又は火災を防止するための直ちに使用することができる予備動力源を備えること。
2 バルブ、コツク、スイッチ等については、誤操作を防止するため、施錠、色分け、形状の区分等を行うこと。

解説

① 動力源が突然中断した場合に、特殊化学設備等の内部が異常な事態となり、爆発、火災等が発生することを防止するために設けられたものであること。したがって、そのような事態を防ぐため、動力源にはそれが故障したような場合に、直ちに故障箇所等がは握できる設備（例えば、圧縮空気を動力源とする場合における圧力計、圧力警報装置等）を設けることが望ましいこと。

② 「附属設備」については、令第９条の３の第２号の解説④を参照（202頁）

③ 「動力源」には、電気、圧縮空気、油圧、蒸気等があること。

④ 「直ちに使用することができる」とは、使用中の動力源が中断した場合、直ちに切り換えて使用することができる状態に保持されている意であること。

⑤ 「予備動力源」には、予備電線、電動式以外の動力発生装置であるスチームタービン、内燃機関等、予備エヤーレシーバー等があること。

なお、予備動力源は、動力源の中断によって生ずる特殊化学設備の爆発、火災等の危険性を排除する作業を行うに十分な時間使用することができる能力を有すれば足りるものであること。
⑥ 「バルブ、コック、スイッチ等」とは、特殊化学設備に動力を供給するためのメインスイッチ、元バルブ等をいうものであること。
⑦ 「スイッチ等」の「等」には、押しボタンが含まれること。

「動力源の異常による爆発又は火災を防止するための……予備動力源」とは、使用中の動力源が停止したこと等により、爆発又は火災が発生しないよう特殊化学設備を安全に運転し、又は停止させることができる予備動力源をいい、設備全体を通常運転するためのものである必要はないこと。

（作業規程）

第274条　事業者は、化学設備又はその附属設備を使用して作業を行うときは、これらの設備に関し、次の事項について、爆発又は火災を防止するため必要な規程を定め、これにより作業を行わせなければならない。

1　バルブ、コック等（化学設備（配管を除く。以下この号において同じ。）に原材料を送給し、又は化学設備から製品等を取り出す場合に用いられるものに限る。）の操作
2　冷却装置、加熱装置、攪拌（かくはん）装置及び圧縮装置の操作
3　計測装置及び制御装置の監視及び調整
4　安全弁、緊急しや断装置その他の安全装置及び自動警報装置の調整
5　ふた板、フランジ、バルブ、コック等の接合部における危険物等の漏えいの有無の点検
6　試料の採取
7　特殊化学設備にあつては、その運転が一時的又は部分的に中断された場合の運転中断中及び運転再開時における作業の方法
8　異常な事態が発生した場合における応急の措置
9　前各号に掲げるもののほか、爆発又は火災を防止するため必要な措置

解説

第７号については、特殊化学設備の運転を停電等により一時的に中断すると作業再開時に異常反応が発生するおそれがあること、特殊化学設備内に原材料等を保有したまま運転を中断すると当該設備内で化学反応が進行し、局部的に蓄熱されて異常化学反応が発生するおそれがあること等から、爆発、火災等を防止するために必要な作業の方法を定めることとしたものであること。

（退避等）

第274条の2　事業者は、化学設備から危険物等が大量に流出した場合等危険物等の爆発、火災等による労働災害発生の急迫した危険があるときは、直ちに作業を中止し、労働者を安全な場所に退避させなければならない。

②　事業者は、前項の場合には、労働者が危険物等による労働災害を被るおそれのないことを確認するまでの間、当該作業場等に関係者以外の者が立ち入ることを禁止し、かつ、その旨を見やすい箇所に表示しなければならない。

解説

①「大量に流出した場合等」の「等」には、化学設備内で異常化学反応が起こり、爆発、火災等の防止のための処置を講じてもなお爆発の危険が避けられない場合が含まれること。

②「作業場等」の「等」とは、作業場以外の区域であって、危険物等が流出した場合等に爆発、火災等の被害をうけるおそれのある区域をいうこと。

③「関係者」とは、爆発、火災等の防止、危険物等の除去等緊急措置のため、やむをえず、当該危険場所内に立ち入る者をいうこと。

（改造、修理等）

第275条　事業者は、化学設備又はその附属設備の改造、修理、清掃等を行う場合において、これらの設備を分解する作業を行い、又はこれらの設備の内部で作業を行うときは、次に定めるところによらなければならない。

1　当該作業の方法及び順序を決定し、あらかじめ、これを関係労働者に周知させること。

2　当該作業の指揮者を定め、その者に当該作業を指揮させること。

3　作業箇所に危険物等が漏えいし、又は高温の水蒸気等が逸出しないように、バルブ若しくはコックを二重に閉止し、又はバルブ若しくはコックを閉止するとともに閉止板等を施すこと。

4　前号のバルブ、コック又は閉止板等に施錠し、これらを開放してはならない旨を表示し、又は監視人を置くこと。

5　第3号の閉止板等を取り外す場合において、危険物等又は高温の水蒸気等が流出するおそれのあるときは、あらかじめ、当該閉止板等とそれに最も近接したバルブ又はコックとの間の危険物等又は高温の水蒸気等の有無を確認する等の措置を講ずること。

解説

① 化学設備等に原材料の送給を停止すること、化学設備等から製品等を取り出すこと等の準備作業及び化学設備等の改造、修理、清掃等を終了した後に化学設備等に現材料送給するための運転再開作業についても適用されること。

② 「危険物等又は高温の水蒸気等の有無を確認する等の措置」の「等の措置」には、水蒸気等が存在する場所における当該水蒸気等の流出防止の措置、関係労働関係者への危害防止の措置が含まれる趣旨であること。

第275条の2　事業者は、前条の作業を行うときは、随時、作業箇所及びその周辺における引火性の物の蒸気又は可燃性ガスの濃度を測定しなければならない。

（定期自主検査）

第276条　事業者は、化学設備（配管を除く。以下この条において同じ。）及びその附属設備については、2年以内ごとに1回、定期に、次の事項について自主検査を行わなければならない。ただし、2年を超える期間使用しない化学設備及びその附属設備の当該使用しない期間においては、この限りでない。

1　爆発又は火災の原因となるおそれのある物の内部における有無

2　内面及び外面の著しい損傷、変形及び腐食の有無

3　ふた板、フランジ、バルブ、コック等の状態

4　安全弁、緊急しや断装置その他の安全装置及び自動警報装置の機能

5　冷却装置、加熱装置、攪拌（かくはん）装置、圧縮装置、計測装置及び制御装置の機能

6　予備動力源の機能

7　前各号に掲げるもののほか、爆発又は火災を防止するため特に必要な事項

②　事業者は、前項ただし書の化学設備及びその附属設備については、その使用を再び開始する際に、同項各号に掲げる事項について自主検査を行なわなければならない。

③　事業者は、前二項の自主検査の結果、当該化学設備又はその附属設備に異常を認めたときは、補修その他必要な措置を講じた後でなければ、これらの設備を使用してはならない。

④　事業者は、第1項又は第2項の自主検査を行つたときは、次の事項を記録し、これを3年間保存しなければならない。

1　検査年月日

2　検査方法

3　検査箇所

4 検査の結果
5 検査を実施した者の氏名
6 検査の結果に基づいて補修等の措置を講じたときは、その内容

解説

自主検査は、２年以内ごとに１回、定期に実施すべきことが定められているが、特殊化学設備等爆発及び火災の危険性の高い化学設備については、１年以内ごとに１回実施することが望ましいこと。

（使用開始時の点検）

第277条　事業者は、化学設備（配管を除く。以下この条において同じ。）又はその附属設備を初めて使用するとき、分解して改造若しくは修理を行つたとき、又は引き続き１月以上使用しなかつたときは、これらの設備について前条第一項各号に掲げる事項を点検し、異常がないことを確認した後でなければ、これらの設備を使用してはならない。

② 事業者は前項の場合のほか、化学設備又はその附属設備の用途の変更（使用する原材料の種類を変更する場合を含む。以下この項において同じ。）を行なうときは、前条第一項第一号、第四号及び第五号に掲げる事項並びにその用途の変更のために改造した部分の異常の有無を点検し、異常がないことを確認した後でなければ、これらの設備を使用してはならない。

解説

「はじめて使用するとき」とは、設備を新設して最初に使用する場合、及び既存の設備を化学設備又はその附属設備に用途変更して最初に使用する場合をいうこと。

（安全装置）

第278条　事業者は、異常化学反応その他の異常な事態により内部の気体の圧力が大気圧を超えるおそれのある容器については、安全弁又はこれに代わる安全装置を備えているものでなければ、使用してはならない。ただし、内容積が0.1立方メートル以下である容器については、この限りでない。

② 事業者は、前項の容器の安全弁又はこれに代わる安全装置については、その作動に伴つて排出される危険物（前項の容器が引火点が65度以上の物を引火点以上の温度で製造し、又は取り扱う化学設備（配管を除く。）である場合にあつては、

当該物。以下この項において同じ。）による爆発又は火災を防止するため、密閉式の構造のものとし、又は排出される危険物を安全な場所へ導き、若しくは燃焼、吸収等により安全に処理することができる構造のものとしなければならない。

（危険物等がある場所における火気等の使用禁止）

第279条　事業者は、危険物以外の可燃性の粉じん、火薬類、多量の易燃性の物又は危険物が存在して爆発又は火災が生ずるおそれのある場所においては、火花若しくはアークを発し、若しくは高温となつて点火源となるおそれのある機械等又は火気を使用してはならない。

② 労働者は、前項の場所においては、同項の点火源となるおそれのある機械等又は火気を使用してはならない。

（爆発の危険のある場所で使用する電気機械器具）

第280条　事業者は、第261条の場所のうち、同条の措置を講じても、なお、引火性の物の蒸気又は可燃性ガスが爆発の危険のある濃度に達するおそれのある箇所において電気機械器具（電動機、変圧器、コード接続器、開閉器、分電盤、配電盤等電気を通ずる機械、器具その他の設備のうち配線及び移動電線以外のものをいう。以下同じ。）を使用するときは、当該蒸気又はガスに対しその種類及び爆発の危険のある濃度に達するおそれに応じた防爆性能を有する防爆構造電気機械器具でなければ、使用してはならない。

② 労働者は、前項の箇所においては、同項の防爆構造電気機械器具以外の電気機械器具を使用してはならない。

（点検）

第284条　事業者は、第280条から第282条までの規定により、当該各条の防爆構造電気機械器具（移動式又は可搬式のものに限る。）を使用するときは、その日の使用を開始する前に、当該防爆構造電気機械器具及びこれに接続する移動電線の外装並びに当該防爆構造電気機械器具と当該移動電線との接続部の状態を点検し、異常を認めたときは、直ちに補修しなければならない。

（油類等の存在する配管又は容器の溶接等）

第285条　事業者は、危険物以外の引火性の油類若しくは可燃性の粉じん又は危険物が存在するおそれのある配管又はタンク、ドラムかん等の容器については、あらかじめ、これらの危険物以外の引火性の油類若しくは可燃性の粉じん又は危険物を除去する等爆発又は火災の防止のための措置を講じた後でなければ、溶接、溶断その他火気を使用する作業又は火花を発するおそれのある作業をさせてはならない。

② 労働者は、前項の措置が講じられた後でなければ、同項の作業をしてはならない。

（通風等の不十分な場所での溶接等）

第286条　事業者は、通風又は換気が不十分な場所において、溶接、溶断、金属の加熱その他火気を使用する作業又は研削といしによる乾式研ま、たがねによるはつりその他火花を発するおそれのある作業を行なうときは、酸素を通風又は換気のために使用してはならない。

② 労働者は、前項の場合には、酸素を通風又は換気のために使用してはならない。

（静電気帯電防止作業服等）

第286条の2　事業者は、第280条及び第281条の箇所並びに第282条の場所において作業を行うときは、当該作業に従事する労働者に静電気帯電防止作業服及び静電気帯電防止用作業靴を着用させる等労働者の身体、作業服等に帯電する静電気を除去するための措置を講じなければならない。

② 労働者は、前項の作業に従事するときは、同項に定めるところによらなければ、当該作業を行つてはならない。

③ 前二項の規定は、修理、変更等臨時の作業を行う場合において、爆発又は火災の危険が生ずるおそれのない措置を講ずるときは適用しない。

（静電気の除去）

第287条　事業者は、次の設備を使用する場合において、静電気による爆発又は火災が生ずるおそれのあるときは、接地、除電剤の使用、湿気の付与、点火源となるおそれのない除電装置の使用その他静電気を除去するための措置を講じなければならない。

1　危険物をタンク自動車、タンク車、ドラムかん等に注入する設備

2　危険物を収納するタンク自動車、タンク車、ドラムかん等の設備

3　引火性の物を含有する塗料、接着剤を塗布する設備

4　乾燥設備（熱源を用いて火薬類取締法（昭和25年法律第149号）第2条第1項に規定する火薬類以外の物を加熱乾燥する乾燥室及び乾燥器をいう。以下同じ。）で、危険物又は危険物が発生する乾燥物を加熱乾燥するもの（以下「危険物乾燥設備」という。）又はその附属設備

5　可燃性の粉状の物のスパウト移送、ふるい分け等を行なう設備

6　前各号に掲げる設備のほか、化学設備（配管を除く。）又はその附属設備

（立入禁止等）

第288条　事業者は、火災又は爆発の危険がある場所には、火気の使用を禁止する旨の適当な表示をし、特に危険な場所には、必要でない者の立入りを禁止しなければならない。

（消火設備）

第289条　事業者は、建築物及び化学設備（配管を除く。）又は乾燥設備がある場所その他危険物、危険物以外の引火性の油類等爆発又は火災の原因となるおそれるある物を取り扱う場所（以下この条において「建築物等」という。）には、適当な箇所に、消火設備を設けなければならない。

②　前項の消火設備は、建築物等の規模又は広さ、建築物等において取り扱われる物の種類等により予想される爆発又は火災の性状に適応するものでなければならない。

（防火措置）

第290条　事業者は、火炉、加熱装置、鉄製煙突その他火災を生ずる危険のある設備と建築物その他可燃性物体との間には、防火のため必要な間隔を設け、又は可燃性物体をしや熱材料で防護しなければならない。

第10章　通路、足場等

（危険物等の作業場等）

第546条　事業者は、危険物その他爆発性若しくは発火性の物の製造又は取扱いをする作業場及び当該作業場を有する建築物の避難階（直接地上に通ずる出入口のある階をいう。以下同じ。）には、非常の場合に容易に地上の安全な場所に避難することができる2以上の出入口を設けなければならない。

②　前項の出入口に設ける戸は、引戸又は外開戸でなければならない。

第547条　事業者は、前条の作業場を有する建築物の避難階以外の階については、その階から避難階又は地上に通ずる2以上の直通階段又は傾斜路を設けなければならない。この場合において、それらのうちの1については、すべり台、避難用はしご、避難用タラツプ等の避難用器具をもつて代えることができる。

②　前項の直通階段又は傾斜路のうち1は、屋外に設けられたものでなければならない。ただし、すべり台、避難用はしご、避難用タラツプ等の避難用器具が設けられているときは、この限りでない。

第548条　事業者は、第546条第1項の作業場又は常時50人以上の労働者が就業する屋内作業場には、非常の場合に関係労働者にこれをすみやかに知らせるための自動警報設備、非常ベル等の警報用の設備又は携帯用拡声器、手動式サイレン等の警報用の器具を備えなければならない。

（避難用の出入口等の表示等）

第549条　事業者は、常時使用しない避難用の出入口、通路又は避難用器具については、避難用である旨の表示をし、かつ、容易に利用することができるように保持しておかなければならない。

②　第546条第2項の規定は、前項の出入口又は通路に設ける戸について準用する。

5　ボイラー及び圧力容器安全規則（抄）

（昭和 47 年 9 月 30 日労働省令第 33 号）
（最終改正　平成 29 年 3 月 24 日厚生労働省令第 24 号）

第 3 章　第 1 種圧力容器

（第 1 種圧力容器取扱作業主任者の選任）

第 62 条　事業者は、令第 6 条第 17 号の作業のうち化学設備（令第 9 条の 3 第 1 号に掲げる化学設備をいう。以下同じ。）に係る第 1 種圧力容器の取扱いの作業については化学設備関係第 1 種圧力容器取扱作業主任者技能講習を修了した者のうちから、令第 6 条第 17 号の作業のうち化学設備に係る第 1 種圧力容器の取扱いの作業以外の作業については特級ボイラー技士、1 級ボイラー技士若しくは 2 級ボイラー技士又は化学設備関係第 1 種圧力容器取扱作業主任者技能講習若しくは普通第 1 種圧力容器取扱作業主任者技能講習を修了した者のうちから、第 1 種圧力容器取扱作業主任者を選任しなければならない。

②　事業者は、前項の規定にかかわらず、令第 6 条第 17 号の作業で、電気事業法（昭和 39 年法律第 170 号）、高圧ガス保安法又はガス事業法（昭和 29 年法律第 51 号）の適用を受ける第 1 種圧力容器に係るものについては、特定第 1 種圧力容器取扱作業主任者免許を受けた者（当該作業のうち化学設備に係る第 1 種圧力容器の取扱いの作業については、第 119 条第 1 項第 2 号又は第 3 号に掲げる者で特定第 1 種圧力容器取扱作業主任者免許を受けたものに限る。）のうちから、第 1 種圧力容器取扱作業主任者を選任することができる。

（第 1 種圧力容器取扱作業主任者の職務）

第 63 条　事業者は、第 1 種圧力容器取扱作業主任者に、次の事項を行わせなければならない。

1　最高使用圧力を超えて圧力を上昇させないこと。

2　安全弁の機能の保持に努めること。

3　第 1 種圧力容器を初めて使用するとき、又はその使用方法若しくは取り扱う内容物の種類を変えるときは、労働者にあらかじめ当該作業の方法を周知させるとともに、当該作業を直接指揮すること。

4　第１種圧力容器及びその配管に異常を認めたときは、直ちに必要な措置を講ずること。

5　第１種圧力容器の内部における温度、圧力等の状態について随時点検し、異常を認めたときは、直ちに必要な措置を講ずること。

6　第１種圧力容器に係る設備の運転状態について必要な事項を記録するとともに、交替時には、確実にその引継ぎを行うこと。

第７章　ボイラー取扱技能講習、化学設備関係第１種圧力容器取扱作業主任者技能講習及び普通第１種圧力容器取扱作業主任者技能講習

（化学設備関係第１種圧力容器取扱作業主任者技能講習の受講資格）

第122条の２　化学設備関係第１種圧力容器取扱作業主任者技能講習は、化学設備（配管を除く。）の取扱いの作業に5年以上従事した経験を有する者でなければ、受講することができない。

（化学設備関係第１種圧力容器取扱作業主任者技能講習及び普通第１種圧力容器取扱作業主任者技能講習の講習科目）

第123条　化学設備関係第１種圧力容器取扱作業主任者技能講習は、次の科目について学科講習によつて行う。

1　第１種圧力容器の構造に関する知識

2　第１種圧力容器の取扱いに関する知識

3　危険物及び化学反応に関する知識

4　関係法令

②　普通第１種圧力容器取扱作業主任者技能講習は、次の科目について学科講習によつて行う。

1　第１種圧力容器（化学設備に係るものを除く。）の構造に関する知識

2　第１種圧力容器（化学設備に係るものを除く。）の取扱いに関する知識

3　関係法令

（技能講習の細目）

第124条　安衛則第80条から第82条の２まで及びこの章に定めるもののほか、ボイラー取扱技能講習、化学設備関係第１種圧力容器取扱作業主任者技能講習及び普通第１種圧力容器取扱作業主任者技能講習の実施について必要な事項は、厚生労働大臣が定める。

【参考資料】

1　安全衛生特別教育規程（抄）

（昭和47年9月30日労働省告示第92号）

（最終改正　平成27年8月5日厚生労働省告示第342号）

（特殊化学設備の取扱い、整備及び修理の業務に係る特別教育）

第16条　安衛則第36条第27号に掲げる特殊化学設備の取扱い、整備及び修理の業務に係る特別教育は、学科教育及び実技教育により行うものとする。

② 前項の学科教育は、次の表の上欄（編注・左欄）に掲げる科目に応じ、それぞれ、同表の中欄に掲げる範囲について同表の下欄（編注・右欄）に掲げる時間以上行うものとする。ただし、特殊化学設備の整備又は修理の業務のみを行う者については、特殊化学設備等の取扱いの方法に関する知識の科目の教育は、行うことを要しないものとする。

科　　目	範　　囲	時　間
危険物及び化学反応に関する知識	危険物の種類、性状及び危険性　化学反応の概要　発熱反応等の危険性	3時間
特殊化学設備、特殊化学設備の配管及び特殊化学設備の附属設備（以下「特殊化学設備等」という。）の構造に関する知識	特殊化学設備の種類及び構造　計測装置、制御装置、安全装置等の構造　特殊化学設備用材料	3時間
特殊化学設備等の取扱いの方法に関する知識	使用開始時の取扱い方法　使用中の取扱い方法　使用休止時の取扱い方法　点検及び検査の方法　停電時等の異常時における応急の処置	3時間
特殊化学設備等の整備及び修理の方法に関する知識	整備及び修理の手順　通風及び換気　保護具の着用　ガス検知	3時間
関係法令	法、令、安衛則及びボイラー及び圧力容器安全規則（昭和47年労働省令第33号）中の関係条項	1時間

③ 第1項の実技教育は、次の各号に掲げる科目について、当該各号に掲げる時間以上行うものとする。ただし、特殊化学設備の整備又は修理の業務のみを行う者については、第1号の科目の教育は、行うことを要しないものとする。

1　特殊化学設備等の取扱い　10時間

2　特殊化学設備等の整備及び修理　5時間

2　化学設備等定期自主検査指針

（昭 59 年 9 月 17 日自主検査指針公示第 7 号）

Ⅰ　趣旨

この指針は、労働安全衛生規則（昭和 47 年 9 月 30 日労働省令第 32 号）第 276 条の規定による化学設備等の定期自主検査の適切かつ有効な実施を図るため、当該定期自主検査の検査項目、検査方法及び判定基準について定めたものである。

Ⅱ　検査項目、検査方法及び判定基準

化学設備及びその附属設備については、次の表の左欄に掲げる検査項目に応じて、同表の中欄に掲げる検査方法による検査を行った場合に、それぞれ同表の右欄に掲げる判定基準に適合するものでなければならない。

検　査　項　目		検　査　方　法			判定基準
		検査対象	検査事項	検査手法	
1 塔槽類 〔蒸留塔 吸収塔 放散塔 抽出塔 反応槽 混合槽 分離槽 洗滌槽 受槽 貯槽 計量槽 静置ドラム フラッシュドラム ノックアウトドラム サージドラム 等〕	(1) 爆発又は火災の原因となるおそれのある物の内部における有無	●本体内部 ●附属配管内部	●触媒物質、洗滌薬液、酸化性熱媒、スケール等異常反応の原因となるおそれのある物 ●晶析付着物、重合生成物氷結物、ぼろ、金属片、木片等　詰まりの原因となるおそれのある物 ●金属片等火花の発生の原因となるおそれのある物	●目視	●内部に爆発又は火災の原因となるおそれのある物がないこと。
			●その他引火性液体、可燃性ガス、	●目視 ●ガス検知	

参考資料

			可燃性粉じん、発火温度の低い物質、油等の浸染したぼろ等爆発又は火災の原因となるおそれのある物		
	(2) 外面の損傷、変形、腐食等の状態	●本体 ●ジャケット ●ノズル ●附属物	●損傷・割れ ●変形・腐食 ●断熱材の剥離及び脱落	●目視 ●必要に応じ、次の検査 肉厚測定 寸法測定 非破壊検査（検査対象物を破壊せずに内部の状態を検査する検査をいう。以下同じ。）	●著しい損傷、変形又は腐食がないこと。 ●最小必要肉厚以上の肉厚を確保していること。 ●割れがないこと。 ●断熱材に著しい剥離又は脱落がないこと。 ●寸法が適正であること。
		●脚 ●サポート	●損傷・変形 ●腐食・ボルト及びナットの緩み	●目視 ●必要に応じ、ハンマーテスト	●著しい損傷、変形又は腐食がないこと。 ●ボルト又はナットに緩みがないこと。
		●アンカーボルト	●損傷・変形 ●腐食・緩み		●著しい損傷、変形又は腐食がないこと。 ●緩みがないこと。
	(3) 内面の損傷・変形、腐食等の状態	●本体 ●ジャケット ●ノズル ●附属物	●損傷・割れ ●変形・腐食 ●本体・ジャケット及びノズルの詰まり	●目視 ●必要に応じ、次の検査 肉厚測定 寸法測定 硬度測定 スンプ検査 非破壊検査 材料試験（試験片を採取して行う。以下同じ。）	●著しい損傷、変形又は腐食がないこと。 ●最小必要肉厚以上の肉厚を確保していること。 ●割れがないこと。 ●本体、ジャケット又はノズルに詰まりがないこと。 ●寸法が適正であること。
		●ライニング ●コーティング	●損傷・割れ ●変形・腐食 ●膨らみ・剥離	●目視 ●必要に応じ、次の検査 ピンホールテスト 漏れテスト	●著しい損傷、変形、腐食又は剥離がないこと。 ●割れ又は膨らみがないこと。

	(4) ふた板、フランジ等の状態	●フランジ継手部 ●ネジ込み部	●損傷・変形 ●腐食・漏れ ●緩み・摩耗 ●ガスケットの脱落 ●ボルトの欠損	●目視 ●必要に応じ、漏れテスト	●著しい損傷、変形、腐食又は摩耗がないこと。 ●漏れ又は緩みがないこと。 ●ガスケットの脱落がないこと。 ●ボルトの欠損がないこと。
	(5) バルブ及びコックの状態	●バルブ ●コック	●損傷・割れ ●腐食・弁棒の曲がり ●漏れ ●開閉作動	●目視 ●手動 ●必要に応じ、漏れテスト	●著しい損傷又は腐食がないこと。 ●割れ又は弁棒の曲がりがないこと。 ●フランジガスケット面の漏れがないこと。 ●グランド部及び弁体と弁座の当たり面の著しい漏れがないこと。 ●開閉作動が良好であること。
	(6) アースの状態	●アース	●損傷・変形 ●腐食・ボルト及びナットの緩み	●目視 ●必要に応じ、接地抵抗測定	●著しい損傷、変形又は腐食がないこと。 ●ボルト又はナットに緩みがないこと。 ●接地状態が良好であること。
	(7) 基礎の状態	●基礎	●不等沈下	●目視	●著しい不等沈下がないこと。
2　熱交換器類	(1) 爆発又は火災の原因となるおそれのある物の内部における有無	●本体内部 ●附属配管内部	●触媒物質、洗滌薬液、酸化性熱媒、スケール等、異常反応の原因となるおそれのある物 ●晶析付着物、重合生成物、氷結物、ぼろ、金属片、木片等詰まりの原因となるおそれのある物 ●金属片等火花の発生の原因となるおそれのある物	●目視	●内部に爆発又は火災の原因となるおそれのある物がないこと。
			●その他引火性液体、可燃性ガス、発火温度の低い物質、油等の浸染したぼろ等	●目視 ●ガス検知	

参考資料

			爆発又は火災の原因となるおそれのある物		
	(2) 外面の損傷、変形、腐食等の状態	●本体 ●ノズル ●附属物	●損傷・割れ ●変形・腐食 ●断熱材の剥離及び脱落	●目視 ●必要に応じ、次の検査 肉厚測定 寸法測定 非破壊検査	●著しい損傷、変形又は腐食がないこと。 ●最小必要肉厚以上の肉厚を確保していること。 ●割れがないこと。 ●断熱材に著しい剥離又は脱落がないこと。 ●寸法が適正であること。
		●脚 ●サポート	●損傷・変形 ●腐食・ボルト及びナットの緩み	●目視 ●必要に応じ、ハンマーテスト	●著しい損傷、変形又は腐食がないこと。 ●ボルト又はナットに緩みがないこと。
		●アンカーボルト	●損傷・変形 ●腐食・緩み		●著しい損傷、変形又は腐食がないこと。 ●緩みがないこと。
	(3) 内面の損傷、変形、腐食等の状態	●本　体 ●ノズル ●附属物	●損傷・割れ ●変形・腐食 ●スケールの付着	●目視 ●必要に応じ、次の検査 肉厚測定 寸法測定 非破壊検査	●著しい損傷、変形、腐食又はスケールの付着がないこと。 ●最小必要肉厚以上の肉厚を確保していること。 ●割れがないこと。 ●寸法が適正であること。
		●チューブ内面 ●チューブ外面 ●管　板 ●バッフルプレート ●タイロッド ●緩衝板 ●拡管部	●損傷・割れ ●変形・腐食 ●チューブ及び拡管部の漏れ・摩耗 ●スケールの付着	●目視 ●必要に応じ、次の検査 漏れテスト 肉厚測定 寸法測定 管内鏡検査 ファイバースコープ検査 非破壊検査 チューブ抜き取り検査	●著しい損傷、変形、腐食、摩耗又はスケールの付着がないこと。 ●割れがないこと。 ●チューブ及び管板が最小必要肉厚以上の肉厚を確保していること。 ●チューブ及び拡管部に漏れがないこと。 ●寸法が適正であること。
		●フローティングヘッドカバー ●割りフランジ	●損傷・割れ ●変形・腐食 ●フローティングヘッドカバーの漏れ	●目視 ●必要に応じ、次の検査 肉厚測定 寸法測定	●著しい損傷、変形、腐食、摩耗又はスケールの付着がないこと。 ●割れがないこと。 ●フローティングヘ

		●ボルト及びナット	●摩耗 ●スケールの付着 ●ボルト及びナットの緩み	非破壊検査	ッドカバーが最小必要肉厚以上の肉厚を確保していること。 ●フローティングヘッドカバーの漏れがないこと。 ●ボルト又はナットに緩みがないこと。 ●寸法が適正であること。
	(4) ふた板、フランジ等の状態	●フランジ継手部 ●ネジ込み部	●損傷・変形 ●腐食・漏れ ●緩み・摩耗・ガスケットの脱落 ●ボルトの欠損	●目視 ●必要に応じ、漏れテスト	●著しい損傷、変形、腐食又は摩耗がないこと。 ●漏れ又は緩みがないこと。 ●ガスケットの脱落がないこと。 ●ボルトの欠損がないこと。
	(5) バルブ及びコックの状態	●バルブ ●コック	●損傷・割れ ●腐食・弁棒の曲がり・漏れ ●開閉作動	●目視 ●手動 ●必要に応じ、漏れテスト	●著しい損傷又は腐食がないこと。 ●割れがないこと。 ●弁棒の曲がりがないこと。 ●フランジガスケット面の漏れがないこと。 ●グランド部及び弁体と弁座の当たり面の著しい漏れがないこと。 ●開閉作動が良好であること。
	(6) アースの状態	●アース	●損傷・変形 ●腐食・ボルト及びナットの緩み	●目視 ●必要に応じ、接地抵抗測定	●著しい損傷、変形又は腐食がないこと。 ●ボルト又はナットに緩みがないこと。 ●接地状態が良好であること。
3 加熱炉	(1) 爆発又は火災の原因となるおそれのある物の内部における有無	●本体内部 ●附属配管内部	●金属片、木片等詰まりの原因となるおそれのある物	●目視	●内部に爆発又は火災の原因となるおそれのある物がないこと。
			●その他引火性液体、可燃性ガス等爆発又は火災の原因となるおそれのある物	●目視 ●ガス検知	
	(2) 外面の損傷、変形、腐食等の状態	●本体 ●附属配管 ●バーナ	●損傷・変形 ●腐食 ●附属配管及びバーナのガス漏れ及	●目視 ●必要に応じ、次の検査 肉厚測定	●著しい損傷、変形又は腐食がないこと。 ●本体及び附属配管が最小必要肉厚を

参考資料

			び油漏れ ●ボルト及びナットの緩み	ガス検知	確保していること。 ●附属配管及びバーナのガス漏れ又は油漏れがないこと。 ●ボルト又はナットに緩みがないこと。
	(3) 内面の損傷、変形、腐食等の状態	●チューブ	●損傷・割れ ●変形・腐食 ●漏れ ●摩耗・変色 ●劣化・詰まり	●目視 ●必要に応じ、次の検査 漏れテスト 肉厚測定 寸法測定 わん曲量測定 硬度測定 管内鏡検査 スンプ検査 非破壊検査 材料試験	●著しい損傷、変形、腐食又は摩耗がないこと。 ●最小必要肉厚以上の肉厚を確保していること。 ●割れ、漏れ又は劣化がないこと。 ●局部加熱又は高温酸化による著しい変色がないこと。 ●詰まりがないこと。 ●寸法が適正であること。
		●チューブハンガー ●ブラケット ●管　板	●割れ・変形 ●焼損・チューブハンガー及びブラケットの脱落	●目　視 ●必要に応じ、次の検査 ハンマーテスト 寸法測定	●著しい変形がないこと。 ●割れ又は焼損がないこと。 ●チューブハンガー又はブラケットの脱落がないこと。 ●寸法が適正であること。
		●炉内の耐火材	●損傷・割れ ●膨らみ・脱落	●目視	●著しい損傷、割れ又は膨らみがないこと。 ●脱落がないこと。
		●ダンパ・軸受 ●滑車・ワイヤロープ	●変形・腐食 ●ダンパ及び滑車の作動	●目視 ●手動	●著しい変形又は腐食がないこと。 ●ダンパ及び滑車の作動が良好であること。
		●バーナ ●バーナリング	●割れ・変形 ●腐食・摩耗 ●焼損・詰まり	●目視	●著しい変形、腐食、摩耗又は焼損がないこと。 ●割れ又は詰まりがないこと。
	(4) ふた板、フランジ等の状態	●フランジ継手部 ●ネジ込み部	●損傷・変形 ●漏れ・緩み ●摩耗・ガスケットの脱落 ●ボルトの欠損	●目視	●著しい損傷、変形又は摩耗がないこと。 ●漏れ又は緩みがないこと。 ●ガスケットの脱落がないこと。 ●ボルトの欠損がないこと。

		(5) バルブ及びコックの状態	●バルブ ●コック	●損傷・割れ ●腐食 ●弁棒の曲がり ●漏れ ●開閉作動	●目視 ●手動 ●必要に応じ、漏れテスト	●著しい損傷又は腐食がないこと。 ●割れがないこと。 ●弁棒に曲がりがないこと。 ●フランジガスケット面の漏れがないこと。 ●グランド部及び弁体と弁座の当たり面の著しい漏れがないこと。 ●開閉作動が良好であること。
		(6) アースの状態	●アース	●損傷・変形 ●腐食・ボルト及びナットの緩み	●目視 ●必要に応じ、接地抵抗測定	●著しい損傷、変形又は腐食がないこと。 ●ボルト又はナットに緩みがないこと。 ●接地状態が良好であること。
4 冷却装置	4—1 空冷式冷却器（エア フィンクーラー）	(1) 機能	① 空気送風羽根の回転作動及び駆動部と羽根の連結状態を調べる。 ② 冷却される流体の入口温度及び出口温度を測定し冷却効果を調べる。 ③ 軸受部の音及び振動の状況を調べる。			① 空気送風羽根の回転作動及び連結状態が良好であること。 ② 冷却効果が良好であること。 ③ 軸受部に異常音又は異常振動がないこと。
		(2) 各部の状態	●羽根 ●軸	●損傷・割れ ●腐食・曲がり ●羽根の脱落	●目視 ●必要に応じ、次の検査 寸法測定 非破壊検査	●著しい損傷、腐食又は曲がりがないこと。 ●割れがないこと。 ●羽根の脱落がないこと。 ●寸法が適正であること。
			●フィンチューブ	●損傷・割れ ●腐食・曲がり ●漏れ・汚れ	●目視 ●必要に応じ、肉厚測定	●著しい損傷、腐食、曲がり又は汚れがないこと。 ●最小必要肉厚以上の肉厚を確保していること。 ●割れ又は漏れがないこと。
			●ヘッダ	●損傷・腐食 ●漏れ	●目視 ●必要に応じ、肉厚測定	●著しい損傷又は腐食がないこと。 ●最小必要肉厚以上の肉厚を確保していること。 ●漏れがないこと。
	〔4—2 水冷式冷却器 ボックスクーラー〕	(1) 機能	冷却される流体の入口温度及び出口温度を測定し冷却効果を調べる。			冷却効果が良好であること。
		(2) 各部の状態	●水槽 ●コイル ●チューブ	●損傷・割れ ●サポートの変形	●目視 ●必要に応じ、次の	●著しい損傷、腐食、摩耗又は汚れがないこと。

参考資料

	散水式クーラー コイル式クーラー チューブ式クーラー		●サポート ●ボルト及びナット	●腐食 ●コイル及びチューブの曲がり ●漏れ ●ボルト及びナットの緩み ●摩耗・汚れ	検査 肉厚測定 非破壊検査	●割れ又は漏れがないこと。 ●コイル又はチューブが最小必要肉厚以上の肉厚を確保していること。 ●サポートに著しい変形がないこと。 ●コイル又はチューブに著しい曲がりがないこと ●ボルト又はナットに緩みがないこと。
5 加熱装置	5—1 電気式加熱器	(1) 機能	① 電気ヒータの電流値及び絶縁抵抗値を測定する。 ② 温度調節器の作動状態を調べる。			① 電気ヒータの電流値及び絶縁抵抗値が適正であること。 ② 温度調節器の作動が良好であること。
		(2) 各部の状態（必要に応じ又は一部又は全部の機器について行うこと。）	●分解して次の検査方法により行う。			●著しい損傷、腐食、摩耗又は汚れがないこと。 ●割れがないこと。 ●本体が最小必要肉厚以上の肉厚を確保していること。 ●著しいサポートの変形がないこと。 ●ボルト又はナットに緩みがないこと。
			●本体 ●サポート ●ボルト及びナット	●損傷・割れ ●サポートの変形 ●腐食 ●ボルト及びナットの緩み ●摩耗・汚れ	●目視 ●必要に応じ、次の検査 肉厚測定 非破壊検査	
			●ヒータ	●損傷・腐食 ●曲がり・汚れ	●目視	●著しい損傷、腐食、曲がり又は汚れがないこと。
			●組立後、次の検査を行う。 ① フランジガスケット面及び溶接部の漏れの有無を調べる。 ② 電気ヒータの電流値及び絶縁抵抗を測定する。 ③ 温度調節器の作動状態を調べる。			① フランジガスケット面及び溶接部の漏れがないこと。 ② 電気ヒータの電流値及び絶縁抵抗値が適正であること。 ③ 温度調節器の作動が良好であること。
	5—2 コイル式加熱器・チューブ式加熱器	(1) 機能	●加熱される流体の入口温度及び出口温度を測定し、加熱効果を調べる。			●加熱効果が良好であること。
		(2) 各部の状態（必要に応じ又は一部又は全部の機器について行うこと。）	分解して次の検査方法により行う。			●著しい損傷、腐食、摩耗又は汚れがないこと。 ●割れがないこと。 ●コイル又はチューブ及びカバーが最小必要肉厚以上の肉厚を確保していること。 ●カバー又はサポートに著しい変形が
			●コイル ●チューブ ●カバー ●サポート ●ボルト及びナット	●損傷・割れ ●カバー及びサポートの変形 ●腐食・コイル及びチューブの曲がり ●ボルト及びナットの緩み ●摩耗・汚れ	●目視 ●必要に応じ、次の検査 肉厚測定 非破壊検査	

						ないこと。 ●コイル又はチューブに著しい曲がりがないこと。 ●ボルト又はナットに緩みがないこと。
			●組立後、フランジガスケット面及び溶接部の漏れの有無を調べる。			●フランジガスケット面及び溶接部の漏れがないこと。
6 攪拌（かくはん）装置	攪拌（かくはん）機	（1）機能	①　攪拌（かくはん）機軸の回転数及び駆動用モータの電流値を測定する。 ②　軸封部の漏れの有無を調べる。 ③　軸受部の音、振動及び滞熱の状況を調べる。 ④　潤滑油の注油状態及び劣化の有無を調べる。			①　攪拌（かくはん）機軸の回転数及び駆動用モータの電流値が適正であること。 ②　軸封部の著しい漏れがないこと。 ③　軸受部に異常音、異常振動又は異常滞熱がないこと。 ④　潤滑油の注油状態が良好で、異物混入又は著しい変色若しくは汚れがないこと。
		（2）各部の状態（必要に応じ一部又は全部の機器について行うこと。）	●分解して次の検査方法により行う。			●著しい損傷、腐食、曲がり、摩耗又は汚れがないこと。 ●割れがないこと。 ●羽根の脱落がないこと。
			●シャフト ●羽根	●損傷・割れ ●腐食・曲がり ●摩耗・羽根の脱落・汚れ	●目視 ●必要に応じ、非破壊検査	
			●軸封部	●損傷・割れ ●腐食・摩耗 ●汚れ・劣化	●目視 ●必要に応じ、寸法測定	●著しい損傷、腐食、摩耗、汚れ又は劣化がないこと。 ●割れがないこと。 ●寸法が適正であること。
			●組立後、試運転を行い、軸封部の漏れの有無、軸受部の音、振動及び滞熱の状況並びに潤滑油の注油状態を調べる。			●軸封部の著しい漏れがないこと。 ●軸受部に異常音、異常振動又は異常滞熱がないこと。 ●潤滑油の注油状態が良好であること。
	7—1 往復動圧縮機	（1）機能	①　圧縮機の回転数並びに吸入、吐出される流体の吸込側と吐出側における温度、圧力及び吐出流量を測定する。 ②　駆動源がスチームタービンであるものにあっては、当該スチームタービンの回転数並びに入口、出口の蒸気の温度、圧力及び出口流量を測定する。 ③　駆動源が電動モータであるものにあっては、当該モータの電流値を測定する。 ④　本体各部の漏れの有無を調べる。			①　圧縮機の回転数並びに吸入、吐出される流体の温度、圧力及び吐出流量が適正であること。 ②　スチームタービンの回転数並びに入口、出口の蒸気の温度、圧力及び出口流量が適正であること。 ③　モータの電流値が適正であること。

7 移送・圧縮装置			⑤ 圧縮機及びスチームタービン又は電動モータの音及び振動の状況を調べる。 ⑥ 軸受部の滞熱の状況を調べる。 ⑦ 潤滑油の注油状態及び劣化の有無を調べる。			④ 本体各部の著しい漏れがないこと。 ⑤ 圧縮機又はスチームタービン若しくは電動モータに異常音又は異常振動がないこと。 ⑥ 軸受部に異常滞熱がないこと。 ⑦ 潤滑油の注油状態が良好で、異物混入又は著しい変色若しくは汚れがないこと。
		(2) 各部の状態（必要に応じて一部又は全部の機器について行うこと。）	●分解して次の検査方法により行う。			●著しい損傷、腐食、摩耗又は汚れがないこと。 ●最小必要肉厚以上の肉厚を確保していること。 ●割れがないこと。 ●寸法が適正であること。
			●クランクケース	●損傷・割れ ●腐食・摩耗 ●汚れ	●目視 ●必要に応じ、次の検査 肉厚測定 寸法測定 非破壊検査	
			●シリンダ	●損傷・割れ ●腐食・摩耗 ●ひずみ・汚れ	●目視 ●必要に応じ、次の検査 寸法測定 非破壊検査	●著しい損傷、腐食、摩耗ひずみ又は汚れがないこと。 ●割れがないこと。 ●寸法が適正であること。
			●ピストン	●損傷・割れ ●腐食・摩耗 ●ひずみ・汚れ ●当たり（接触状態をいう。以下同じ。）		●著しい損傷、腐食、摩耗ひずみ又は汚れがないこと。 ●割れがないこと。 ●当たりが良好であること。 ●寸法が適正であること。
			●弁	●損傷・割れ ●腐食・漏れ ●摩耗・ひずみ ●汚れ・当たり ●作動	●目視 ●手動 ●必要に応じ、次の検査 寸法測定 非破壊検査	●著しい損傷、腐食、摩耗、ひずみ又は汚れがないこと。 ●割れ又は漏れがないこと。 ●当たり又は作動が良好であること。 ●寸法が適正であること。
			●軸受部	●損傷・割れ ●腐食・摩耗 ●当たり	●目視 ●必要に応じ、次の検査 寸法測定 非破壊検査	●著しい損傷、腐食又は摩耗がないこと。 ●割れがないこと。 ●当たりが良好であること。 ●寸法が適正であること。
			●組立後、試運転を行い、漏れの有無、音、振動、軸受部の滞熱の状況、潤滑油の注油状態及び弁の作動状況を調べる。			●著しい漏れがないこと。 ●異常音又は異常振動がないこと。

<table>
<tr><td></td><td></td><td></td><td></td><td></td><td>●軸受部に異常滞熱がないこと。
●潤滑油の注油状態が良好であること。
●弁の作動が良好であること。</td></tr>
<tr><td rowspan="5">7―2
遠心圧縮機</td><td>(1) 機能</td><td colspan="3">①　圧縮機の回転数並びに吸入、吐出される流体の吸込側と吐出側における温度、圧力及び吸入流量を測定する。
②　駆動源がスチームタービンであるものにあっては、当該スチームタービンの回転数並びに入口、出口の蒸気の温度、圧力及び出口流量を測定する。
③　駆動源が電動モータであるものにあっては、当該モータの電流値を測定する。
④　本体各部の漏れの有無を調べる。
⑤　圧縮機及びスチームタービン又は電動モータの音及び振動の状況を調べる。
⑥　軸受部の滞熱の状況を調べる。
⑦　潤滑油の注油状態及び劣化の有無を調べる。</td><td>①　圧縮機の回転数並びに吸入、吐出される流体の温度、圧力及び吸入流量が適正であること。
②　スチームタービンの回転数並びに入口、出口の蒸気の温度、圧力及び出口流量が適正であること。
③　モータの電流値が適正であること。
④　本体各部の著しい漏れがないこと。
⑤　圧縮機又はスチームタービン若しくは電動モータに異常音又は異常振動がないこと。
⑥　軸受部に異常滞熱がないこと。
⑦　潤滑油の注油状態が良好で、異物混入又は著しい変色若しくは汚れがないこと。</td></tr>
<tr><td rowspan="4">(2) 各部の状態（必要に応じ又は一部ては全部の機器につういて行うこと。）</td><td colspan="3">●分解して次の検査方法により行う。</td><td rowspan="2">●著しい損傷、腐食、摩耗又は汚れがないこと。
●最小必要肉厚以上の肉厚を確保していること。
●割れがないこと。
●寸法が適正であること。</td></tr>
<tr><td>●ケーシング</td><td>●損傷・割れ
●腐食・摩耗
●汚れ</td><td>●目視
●必要に応じ、次の検査
肉厚測定
寸法測定
非破壊検査</td></tr>
<tr><td>●ロータ</td><td>●損傷・割れ
●腐食・摩耗
●ひずみ・汚れ</td><td rowspan="2">●目視
●必要に応じ、次の検査
寸法測定
非破壊検査</td><td>●著しい損傷、腐食、摩耗、ひずみ又は汚れがないこと。
●割れがないこと。
●寸法が適正であること。</td></tr>
<tr><td>●軸受部</td><td>●損傷・割れ
●腐食・摩耗
●当たり</td><td>●著しい損傷、腐食、又は摩耗がないこと。
●割れがないこと。
●当たりが良好であること。
●寸法が適正であること。</td></tr>
</table>

		●組立後、試運転を行い、漏れの有無、音、振動、軸受部の滞熱の状況及び潤滑油の注油状態を調べる。			●著しい漏れがないこと。 ●異常音又は異常振動がないこと。 ●軸受部に異常滞熱がないこと。 ●潤滑油の注油状態が良好であること。
7—3 往復動ポンプ	7—1　往復動圧縮機の検査項目、検査方法及び判定基準を準用すること。				
7—4 遠心ポンプ	7—2　遠心圧縮機の検査項目、検査方法及び判定基準を準用すること。				
7—5 ブロワ 〔遠心ブロワ ルーツブロワ〕	(1) 機能	①　ブロワの回転数並びに吸入、吐出される流体の吸込側と吐出側における温度及び圧力を測定する。 ②　駆動用モータの電流値を測定する。 ③　本体各部の漏れの有無を調べる。 ④　ブロワ及び駆動用モータの音及び振動の状況を調べる。 ⑤　軸受部の滞熱の状況を調べる。 ⑥　潤滑油の注油状態及び劣化の有無を調べる。			①　ブロワの回転数並びに吸入、吐出される流体の温度及び圧力が適正であること。 ②　モータの電流値が適正であること。 ③　本体各部の著しい漏れがないこと。 ④　ブロワ又はモータに異常音又は異常振動がないこと。 ⑤　軸受部に異常滞熱がないこと。 ⑥　潤滑油の注油状態が良好で、異物混入又は著しい変色若しくは汚れがないこと。
	(2) 各部の状態（必要に応じて一部又は全部の機器について行うこと。）	●分解して次の検査方法により行う。			
		●ケーシング	●損傷・割れ ●腐食・摩耗 ●汚れ	●目視 ●必要に応じ、次の検査 肉厚測定 寸法測定 非破壊検査	●著しい損傷、腐食、摩耗又は汚れがないこと。 ●最小必要肉厚以上の肉厚を確保していること。 ●割れがないこと。 ●寸法が適正であること。
		●ロータ	●損傷・割れ ●腐食・摩耗 ●ひずみ・汚れ	●目視 ●必要に応じ、次の検査 寸法測定 非破壊検査	●著しい損傷、腐食、摩耗、ひずみ又は汚れがないこと。 ●割れがないこと。 ●寸法が適正であること。
		●軸受部	●損傷・割れ ●腐食・摩耗 ●当たり		●著しい損傷、腐食又は摩耗がないこと。 ●割れがないこと。 ●当たりが良好であること。 ●寸法が適正であること。

			●組立後、試運転を行い、漏れの有無、音、振動並びに軸受部の滞熱の状況及び潤滑油の注油状態を調べる。			●著しい漏れがないこと。 ●異常音又は異常振動がないこと。 ●軸受部に異常滞熱がないこと。 ●潤滑油の注油状態が良好であること。
8 予備動力源	8—1 ディーゼルエンジン発電機	(1) 機能	①　エンジンの回転数を測定する。 ②　排気ガスの色を確認し、温度を測定する。 ③　発電機の回転数及び電圧を測定する。 ④　ディーゼルエンジン部及び発電部の音及び振動の状況を調べる。 ⑤　潤滑油の注油状態及び劣化の有無を調べる。			①　エンジンの回転数が適正であること。 ②　排気ガスの色が正常で、温度が適正であること。 ③　発電機の回転数及び電圧が適正であること。 ④　ディーゼルエンジン部又は発電部に異常音又は異常振動がないこと。 ⑤　潤滑油の注油状態が良好で、異物混入又は著しい変色若しくは汚れがないこと。
		(2) ディーゼルエンジン部の各部の状態（必要に応じて一部又は全部の機器について行うこと。）	●分解して次の検査方法により行う。			●著しい損傷、腐食、摩耗又は汚れがないこと。 ●最小必要肉厚以上の肉厚を確保していること。 ●割れがないこと。 ●寸法が適正であること。
			●クランクケース	●損傷・割れ ●腐食・摩耗 ●汚れ	●目視 ●必要に応じ、次の検査 肉厚測定 寸法測定 非破壊検査	
			●シリンダ ●ピストン	●損傷・割れ ●腐食・摩耗 ●ひずみ・汚れ	●目視 ●必要に応じ、次の検査 寸法測定 非破壊検査	●著しい損傷、腐食、摩耗、ひずみ又は汚れがないこと。 ●割れがないこと。 ●寸法が適正であること。
			●組立後、試運転を行い、音及び振動の状況並びに潤滑油の注油状態を調べる。			●異常音又は異常振動がないこと。 ●潤滑油の注油状態が良好であること。
	8—2 スチームタービン発電機	(1) 機能	①　タービンの回転数並びに入口、出口の蒸気の温度、圧力及び出口流量を測定する。 ②　発電機の回転数及び電圧を測定する。 ③　スチームタービン部の各部の漏れの有無を調べる。 ④　スチームタービン部及び発電部の音及び振動の状況を調べる。 ⑤　潤滑油の注油状態及び劣化の有無を調べる。			①　タービンの回転数並びに入口、出口の蒸気の温度、圧力及び、出口流量が適正であること。 ②　発電機の回転数及び電圧が適正であること。 ③　スチームタービン部の各部の漏れがないこと。

参考資料

					④　スチームタービン部及び発電部に異常音又は異常振動がないこと。 ⑤　潤滑油の注油状態が良好で、異物混入又は著しい変色若しくは汚れがないこと。
	(2) スチームタービン部の各部の状態（必要に応じて一部又は全部の機器について行うこと。）	●分解して次の検査方法により行う。			
		●ケーシング	●損傷・割れ ●腐食・摩耗 ●汚れ	●目視 ●必要に応じ、次の検査 肉厚測定 寸法測定 非破壊検査	●著しい損傷、腐食、摩耗又は汚れがないこと。 ●最小必要肉厚以上の肉厚を確保していること。 ●割れがないこと。 ●寸法が適正であること。
		●ロータ	●損傷・割れ ●腐食・摩耗 ●ひずみ・汚れ	●目視 ●必要に応じ、次の検査 寸法測定 非破壊検査	●著しい損傷、腐食、摩耗、ひずみ又は汚れがないこと。 ●割れがないこと。 ●寸法が適正であること。
		●ガバナ	●損傷・割れ ●腐食・摩耗 ●汚れ・当たり		●著しい損傷、腐食、摩耗又は汚れがないこと。 ●割れがないこと。 ●当たりが良好であること。 ●寸法が適正であること。
		●組立後、試運転を行い、漏れの有無、音及び振動の状況並びに潤滑油の注油状態を調べる。			●著しい漏れがないこと。 ●異常音又は異常振動がないこと。 ●潤滑油の注油状態が良好であること。
8—3 蓄電池	(1) 機能	①　各電槽の電圧を測定する。 ②　電解液の量及び比重を調べる。			①　各電槽の電圧が適正であること。 ②　電解液の量及び比重が適正であること。
	(2) 各部の状態	●容器	●損傷・漏れ ●汚れ	●目視	●損傷、漏れ又は汚れがないこと。
		●端子	●損傷・腐食 ●緩み・汚れ		●著しい損傷、腐食又は汚れがないこと。 ●緩みがないこと。
8—4 計装用空気溜め	(1) 機能	●レシーバーの入口、出口の空気圧力を測定する。			●入口と出口の圧力に異常な差がないこと。

		(2) 各部の状態（必要に応じて一部又は全部の機器について行うこと。）	●分解して次の検査方法により行う。			●著しい損傷、腐食、摩耗又は汚れがないこと。 ●最小必要肉厚以上の肉厚を確保していること。 ●割れがないこと。
			●本体	●損傷・割れ ●腐食・摩耗 ●汚れ	●目視 ●必要に応じ、次の検査 肉厚測定 非破壊検査	
			●フィルター	●損傷・腐食 ●汚れ・詰まり	●目視	●著しい損傷、腐食又は汚れがないこと。 ●詰まりがないこと。
			●組立後、フランジガスケット面及び溶接部の漏れの有無を調べる。			●フランジガスケット面又は溶接部の漏れがないこと。
9 計測・制御装置等	9—1 圧力計	(1) 機能	●増圧しながら圧力計が零点、中間点及び最大圧力点を適正に示すことを確認する。減圧しながら同様の確認を行う。			●示度が適正であること。
		(2) 各部の状態	●圧力計本体	●損傷・割れ ●腐食	●目視	●著しい損傷又は腐食がないこと。 ●割れがないこと。
			●導圧管	●損傷・割れ ●腐食・漏れ ●汚れ		●著しい損傷、腐食又は汚れがないこと。 ●割れ又は漏れがないこと。
			●目盛表示板	●変色・汚れ		●著しい変色又は汚れがないこと。
	9—2 温度計〔圧力式温度計 熱電対温度計 抵抗温度計〕	(1) 機能	●検査すべき温度計がその目盛の最高値及び最低値付近の温度並びにその中間点の温度を適正に示すことを確認する。			●示度が適正であること。
		(2) 各部の状態	●保護管	●損傷・割れ ●腐食・保護管取付け部の漏れ	●目視	●著しい損傷又は腐食がないこと。 ●割れ又は保護管取付部の漏れがないこと。
			●感温部	●損傷		●著しい損傷がないこと。
			●目盛表示板	●変色・汚れ		●著しい変色又は汚れがないこと。
	9—3 液面計〔直視式液面計 フロート式液面計 差圧式液面計〕	(1) 機能	●計器が正常にその液位を指示することを確認する。			●指示が適正であること。
		(2) 各部の状態	●本体	●損傷・ガラスゲージの割れ ●腐食・直視式液面計及び差圧式液面計の漏れ	●目視	●著しい損傷又は腐食がないこと。 ●ガラスゲージの割れ又は直視式液面計若しくは差圧式液面計の漏れがないこと。
			●目盛表示板	●変色・汚れ		●著しい変色又は汚れがないこと。

参考資料

項目	点検項目	部位	点検内容	方法	判定基準
9―4 調節弁	(1) 機能	●取り付けた状態で調節計又はポジショナーにより、0、50、100％の開閉信号を与え、調節弁の弁棒の位置により弁の開閉度をそれぞれ確認するとともに弁の開閉作動を調べる。			●弁棒の位置が適正であり、かつ弁の開閉作動が良好であること。
	(2) 各部の状態（必要に応じて一部又は全部の機器について行うこと。）	●分解して次の検査方法により行う。			●著しい損傷、腐食、摩耗又は汚れがないこと。 ●割れがないこと。
		●弁箱 ●弁体 ●弁座	●損傷・割れ ●腐食・摩耗 ●汚れ	●目視 ●必要に応じ、非破壊検査	
		●弁棒	●損傷・腐食 ●曲がり・摩耗		●著しい損傷、腐食、曲がり又は摩耗がないこと。
		●駆動部	●損傷・摩耗 ●劣化	●目視	●著しい損傷、摩耗又は劣化がないこと。
		●弁作動用空気配管	●割れ・腐食 ●漏れ・汚れ ●詰まり	●目視 ●必要に応じ、非破壊検査	●著しい腐食又は汚れがないこと。 ●割れ、漏れ又は詰まりがないこと。
		●組立後、フランジガスケット面、グランド部及び弁体と弁座の当たり面の漏れの有無並びに弁の開閉作動を調べる。			●フランジガスケット面に漏れがないこと。 ●グランド部及び弁体と弁座の当たり面の著しい漏れがないこと。 ●弁の開閉作業が良好であること。
9―5 記録計	(1) 機能	●現場発信器の伝送信号（伝送信号によるチェックが困難な場合は、計器内端子からの入力）を変化させて、チャートの記録を確認する。			●チャートの記録が適正であること。
	(2) 各部の状態	●ペン印字機構 ●チャートギヤ機構 ●コネクター	●損傷・汚れ ●緩み	●目視	●著しい損傷又は汚れがないこと。 ●緩みがないこと。
9―6 調節計	(1) 機能	●現場発信器の伝送信号（伝送信号によるチェックが困難な場合は計器内端子からの基準入力）を変化させて、調節計の開閉信号の出力を確認する。			●開閉信号の出力が適正であること。
	(2) 各部の状態	●リンク機構 ●ノズルフラッパー ●ベローズ	●損傷・汚れ ●緩み	●目視	●著しい損傷又は汚れがないこと。 ●緩みがないこと。
9―7 自動警報装置	(1) 機能	① 模擬入力を行い、警報発信を確認する。 ② 警報スイッチの設定値を確認する。			① 警報発信が良好であること。 ② 設定値が適切であること。
10―1 安全弁	(1) 機能	① 吹出し圧力及び吹止り圧力を測定する。 ② 弁閉止時の漏れの有無を調べる。			① 吹出し圧力及び吹止り圧力が適正であること。 ② 弁閉止時に漏れがないこと。

10 安全装置		(2) 各部の状態	●分解して次の検査方法により行う。			●著しい損傷、腐食、摩耗又は汚れがないこと。 ●割れがないこと。
			●弁箱 ●弁体 ●弁座	●損傷・割れ ●腐食・摩耗 ●汚れ	●目視 ●必要に応じ、非破壊検査	
			●弁棒	●損傷・腐食 ●曲がり・摩耗		●著しい損傷、腐食、曲がり又は摩耗がないこと。
			●弁バネ ●ベローズ	●損傷・割れ ●腐食		●著しい損傷又は腐食がないこと。 ●割れがないこと。
			●弁バネ調整部	●損傷・腐食	●目視	●著しい損傷、腐食又は摩耗がないこと。
			●テコ式安全弁のレバー	●摩耗		
	10—2 緊急しゃ断弁	(1) 機能	●開閉の信号を与え、弁の開閉作動を調べる。			●弁の開閉作動が良好であること。
		(2) 各部の状態（必要に応じて一部又は全部の機器につ いて行うこと。）	●分解して次の検査方法により行う。			●著しい損傷、腐食、摩耗又は汚れがないこと。 ●割れがないこと。
			●弁箱 ●弁体 ●弁座	●損傷・割れ ●腐食・摩耗 ●汚れ	●目視 ●必要に応じ、非破壊検査	
			●弁棒	●損傷・腐食 ●曲がり・摩耗		●著しい損傷、腐食、曲がり又は摩耗がないこと。
			●駆動部	●損傷・摩耗 ●劣化	●目視	●著しい損傷、摩耗又は劣化がないこと。
			●弁作動用空気配管	●割れ・腐食 ●漏れ ●汚れ・詰まり	●目視 ●必要に応じ、非破壊検査	●著しい腐食又は汚れがないこと。 ●割れ、漏れ又は詰まりがないこと。
			●組立後、フランジガスケット面、グランド部及び弁体と弁座の当たり面の漏れの有無並びに弁の開閉作動を調べる。			●フランジガスケット面に漏れがないこと。 ●グランド部及び弁体と弁座の当たり面の著しい漏れがないこと。 ●弁の開閉作動が良好であること。
	10—3 ガス漏洩検知警報装置	(1) 機能	●テストガス又は信号を与え、指示計の指示、警報の作動状況（警報の発生及びその終了の状況をいう。）を調べる。			●指示計の指示が適正であり、かつ警報作動及び機能の復帰状況が良好であること。
		(2) 各部の状態	●分解して次の検査方法により行う。			●著しい損傷、腐食、摩耗又は汚れがないこと。 ●緩みがないこと。 ●詰まりがないこと。
			●検知部 ［サンプリング配管 フィルター］	●損傷・腐食 ●緩み ●摩耗・汚れ ●詰まり	●目視	

参考資料

			検知エレメント、吸引ポンプ ●発信部 ●電気ターミナル			
	10—4 ブリーザ弁	(1) 機能	●弁の開閉作動を調べる。			●弁の開閉作動が良好であること。
		(2) 各部の状態（必要に応じ又は一部又は全部の機器について行うこと。）	●分解して次の検査方法により行う。			●著しい損傷、腐食、摩耗又は汚れがないこと。 ●割れがないこと。
			●弁箱 ●弁体 ●弁座	●損傷・割れ ●腐食・摩耗 ●汚れ	●目視 ●必要に応じ、非破壊検査	
			●弁棒	●損傷・腐食 ●曲がり・摩耗		●著しい損傷、腐食、曲がり又は摩耗がないこと。
			●放出管	●腐食・汚れ ●詰まり	●目視	●著しい腐食又は汚れがないこと。 ●詰まりがないこと。
	10—5 フレームアレスタ	(1) 機能	●金網の通気状態を調べる。			●通気状態が良好であること。
		(2) 各部の状態（必要に応じ又は一部又は全部の機器について行うこと。）	●分解して次の検査方法により行う。			●著しい損傷、変形、腐食又は汚れがないこと。 ●金網に詰まりがないこと。
			●本体 ●金網	●損傷・変形 ●腐食・汚れ ●金網の詰まり	●目視	
	10—6 破裂板	(1) 機能	●規格品が装着されていることを確認する。			●規格品が装着されていること。
		(2) 各部の状態	●破裂板	●損傷・割れ ●変形・腐食 ●汚れ	●目視	●著しい損傷、変形、腐食又は汚れがないこと。 ●割れがないこと。
			●ホルダー ●ボルト及びナット	●損傷・腐食 ●ボルト及びナットの緩み		●著しい損傷又は腐食がないこと。 ●ボルト又はナットに緩みがないこと。
			●放出管	●腐食・汚れ ●詰まり		●著しい腐食又は汚れがないこと。 ●詰まりがないこと。

3　化学設備の非定常作業における安全衛生対策のためのガイドライン

（平成8年6月10日基発第364号）
（最終改正　平成20年2月28日基発第0228001号）

1　目的

本ガイドラインは、労働安全衛生関係法令と相まって、化学設備（労働安全衛生法施行令（昭和47年政令第318号）第9条の3第1号に規定する化学設備、同条第2号に規定する特定化学設備のほか、化学物質を製造し、又は取り扱う設備全般をいう。以下同じ。）の非定常作業（日常的に反復・継続して行われることが少ない作業をいう。）における安全衛生対策として必要な措置を講ずることにより、化学設備の非定常作業における労働災害の防止を図ることを目的とする。

2　対象とする非定常作業

本ガイドラインの対象とする非定常作業は、次の作業とする。

(1)　保全的作業

不定期に又は長い周期で定期的に行われる改造、修理、清掃、検査等の作業

(2)　トラブル対処作業

異常、不調、故障等の運転上のトラブルに対処する作業

(3)　移行作業

原料、製品等の変更作業又はスタートアップ、シャットダウン等の移行作業

(4)　試行作業

試運転、試作等結果の予測しにくい作業

3　事業者等の責務

化学設備の非定常作業を行う事業者、注文者、元方事業者、関係請負人等は、それぞれ労働安全衛生関係法令を遵守するほか、本ガイドラインに基づき適切な措置を講ずることにより、化学設備の非定常作業における労働災害の防止に努めるものとする。

4　危険性又は有害性等の調査

「危険性又は有害性等の調査等に関する指針」（平成18年指針公示第1号）、「化学物質等による危険性又は有害性等の調査等に関する指針」（平成18年指針公示

参考資料

第2号）及び「機械の包括的な安全基準に関する指針」（平成19年7月31日付け基発第0731001号）の第3に基づき、化学設備の非定常作業について危険性又は有害性等の調査を実施すること。

また、危険性又は有害性等の調査を実施する際には、次の危険性又は有害性及びこれに対応する措置を考慮すること。

設備の管理権原を有する注文者は、注文する仕事に関する危険性又は有害性等の調査を実施するとともに、請負人（元方事業者及び関係請負人を含む。）が行う危険性又は有害性等の調査に必要な情報提供、指導及び援助を行うこと。

(1) 爆発、火災及び破裂

ア 引火性液体又は可燃性ガスの除去、漏えい防止、遮断及び換気措置

イ 引火性液体又は可燃性ガスの漏えい時の検知及び対応措置

ウ 電気機械器具、工具等の防爆構造化、溶接、溶断等による火花の飛散防止措置及び静電気の除去措置

エ 異種の物が接触することにより発火等のおそれのある物の接触防止措置

オ 設備の内部圧力又は温度の異常上昇防止措置

(2) 高温物等との接触

ア 高温物等の除去、漏えい防止及び遮断措置

イ マンホール、バルブ、フランジ等を開放した際の内容物の流出防止措置

ウ 高温部分への接触防止措置

エ 液状物質の凝固による配管、ノズル等の内部の閉そく防止措置

オ 保護具の適切な使用

(3) 有害物等との接触

ア 有害物等の除去、漏えい防止、遮断及び換気措置

イ 酸素及び硫化水素その他予測される有害ガスの濃度の測定

ウ 溶断、研磨等により発生する有害物のばく露防止措置

エ 有害物等の漏えい等の異常時における対応措置

オ 送気マスクへの空気供給源の誤操作による酸素欠乏症又はガス中毒の防止措置

カ 保護具の適切な使用

(4) はさまれ、巻き込まれ

ア 回転機器等の電源の施錠等による誤作動の防止措置

イ 可動部分への手指等の接触防止措置

ウ　回転機器等に対する緊急停止スイッチの設置

エ　組立、解体作業の安全を確保するための固定治具、吊り具等の使用

(5)　墜落、転落

ア　昇降設備、作業床、手すり等の設置

イ　不安定な作業姿勢を避ける措置

ウ　移動足場、架台等の安定性を確保するための措置

エ　危険箇所への立入禁止措置

オ　親綱又は墜落防止ネットの取付け設備の設置

カ　安全帯の着用及び適切な使用

5　安全衛生管理体制の確立

(1)　非定常作業実施者の体制

非定常作業の実施に当たっては、労働安全衛生関係法令に定めるほか、非定常作業の種類、リスク等に応じ、あらかじめ作業の総括責任者、部門責任者、作業指揮者、立会者等を定め、その責任範囲及び業務分担を明確にするとともに、作業が複数の部門にわたる場合には、連絡会議を設置する等連絡調整の徹底を図ること。

また、元方事業者は、その業種に応じて、「元方事業者による建設現場安全管理指針」（平成7年4月21日付け基発第267号の2）又は「製造業における元方事業者による総合的な安全衛生管理のための指針」（平成18年8月1日付け基発第0801010号）（以下これらを「元方指針」という。）に基づき、必要な事項を実施すること。

ア　総括責任者

作業全般を統括するとともに、連絡会議を開催し、作業方法、工程等を決定する。

イ　部門責任者

部門の責任者として当該部門の作業を統括する。

ウ　作業指揮者

部門責任者の指示に従い、作業を指揮するとともに、毎日、作業の開始前及び終了時に作業の実施計画及び実施結果の報告を行う。

エ　立会者

火気作業、入槽作業、高所作業等の危険有害性の高い作業について作業の開始時及び終了時に立ち会い、必要な指示及び確認を行う。

参考資料

オ　連絡会議

総括責任者、部門責任者、作業指揮者等が参加し、作業計画の検討立案、作業進捗状況等の連絡及び調整を行う。元方事業者は、元方指針に基づき関係請負人との協議を行う場を設置し、運営すること。

(2)　注文者の留意事項

注文者は、労働者の危険及び健康障害を防止するための措置を講じる能力のある事業者、必要な安全衛生管理体制を確保することができる事業者等労働災害を防止するための事業者責任を遂行することができる事業者に仕事を請け負わせること。

また、仕事の期日等について安全で衛生的な作業の遂行を損なうおそれのある条件を付さないように配慮する必要があること（労働安全衛生法（昭和47年法律第57号。以下「法」という。）第3条第3項)。

化学設備の改造等の作業における設備の分解又は設備の内部への立入りを請負人に行わせる場合には、作業が開始される前に、当該設備で製造し、取り扱う物の危険性及び有害性、注意すべき安全衛生に関する事項、当該作業について講じた安全又は衛生を確保するための措置、事故が発生した場合の対応等の事項を記載した文書等を作成し、当該請負人に交付する必要があること（法第31条の2)。

以上の事項は、仕事の一部を注文し自らもその仕事を行う事業者、仕事の全部を注文し自らはその仕事を行わない事業者、元方事業者及び注文者である関係請負人が実施するものであること。

なお、仕事の全部を注文し自らは仕事を行わない発注者（注文者のうち、仕事を他の者から請け負わないで注文している者をいう。）にあっては、一つの場所（製造施設作業場の全域、事業場の全域等）において行われる仕事を二以上の請負人に請け負わせている場合において、当該場所において当該仕事に係る二以上の請負人の労働者が作業を行うときは、請負人で当該仕事を自ら行う事業者であるもののうちから元方事業者の義務を負うものを指名する必要があること（法第30条第2項及び第30条の2第2項)。

さらに、当該発注者は、元方事業者による元方指針に基づく措置が履行されるよう必要な指導及び援助を行うこと。

6　作業計画書の作成

非定常作業の実施に当たっては、危険性又は有害性等の調査の結果等を踏まえ、次の事項等を記載した作業計画書を作成し、総括責任者（請負人にあっては、設備の管理権原を有する注文者）の承認を得ること。

また、作業計画の変更の必要が生じた場合には、その都度改めて承認を得ること。

なお、作業計画書は、予期されない作業を除き、あらかじめ作成しておくとともに、設備、作業方法等を新規に採用し、又は変更した場合等で危険性又は有害性等の調査を実施した場合のほか必要に応じ見直しを行うこと。

設備の管理権原を有する注文者は、請負人が行う作業計画書の作成に必要な情報提供、指導及び援助を行うこと。

(1)　作業日程

(2)　指揮・命令系統

(3)　作業目的及び作業手順

(4)　各部門（請負人を含む。）の業務分担及び責任範囲

(5)　危険性又は有害性等の調査及びその結果に基づく必要な措置の内容

(6)　保護具の種類

(7)　作業許可を要する事項

(8)　注意事項及び禁止事項

7　作業の実施

非定常作業は、次の事項に留意して実施すること。

(1)　実施に当たっての基本方針

ア　指揮・命令系統の明確化

イ　作業手順の明確化

ウ　業務分担及び責任範囲の明確化

エ　連絡及び合図の方法の周知徹底

オ　注意事項及び禁止事項の周知徹底

(2)　一般的留意事項

ア　作業内容を作業前のツールボックスミーティング、危険予知等により、作業に関わる者全員に周知徹底するとともに、あらかじめ作業の段取りを整える等、できるだけ事前準備を周到にしておくこと。

イ　作業の実施は、あらかじめ当該作業に係る必要な教育を受けた者が行う

参考資料

必要があること（法第59条）。

ウ　電源等の動力源を確実に遮断するとともに、施錠、札掛け等誤操作を防止する措置を講ずる必要があること（労働安全衛生規則（昭和47年労働省令第32号。以下「安衛則」という。）第107条）。

エ　作業の種類に応じ、呼吸用保護具、保護手袋、保護衣、保護めがね等の保護具を準備する必要があること（安衛則第593条から第598条まで等）。

オ　単独で実施することができる作業を限定するとともに、各個人の判断による単独作業を実施させないこと。

カ　単独作業を実施させる場合は、必要に応じ、作業者との間で随時連絡がとれるように通信機器等を携帯させること。

(3)　火気使用作業に関する留意事項

ア　作業開始時及び当該作業中、随時、作業箇所の引火性の物の蒸気又は可燃性ガスの濃度を測定すること（安衛則第275条の2）。

イ　作業場所へは、容器内部の可燃性ガス等の完全排気等爆発又は火災の危険が生ずるおそれがない措置が講じられている場合を除き、火気又は点火源となるおそれのある機械等を一切持ち込まないこと（安衛則第279条から第283条まで）。

ウ　作業場所には、消火器等を配置するとともに、避難方法をあらかじめ定め、かつ、これを関係労働者に周知すること。

エ　作業場所においては、必要に応じて不燃性シート等を用いて養生を行うこと。

(4)　入槽作業に関する留意事項

ア　作業を行う設備から危険物、有害物等を確実に排出し、かつ、作業箇所に危険物、有害物等が漏えいしないように、バルブ若しくはコックを二重に閉止し、又はバルブ若しくはコックを閉止するとともに閉止板等を施す必要があること。また、バルブ、コック、閉止板等は施錠し、又は開放してはならない旨を表示する必要があること（安衛則第275条及び特定化学物質障害予防規則（昭和47年労働省令第39号。以下「特化則」という。）第22条）。

当該措置は、設備の管理権原を有する注文者自らが実施し、又は請負人の実施状況を確認するとともに、施錠等による開放禁止措置の履行状況についても必要に応じ確認すること。

また、設備の管理権原を有する注文者において作業対象関連設備の運転を休止したうえで作業が行われることが望ましいが、やむを得ず設備の一部を稼働しつつ作業を実施する場合にあっては次のことを行うこと。

(ア)　異常発生時に特定化学物質等が作業場所へ逆流する事態等も想定し、作業対象設備につながる流路の確実な二重閉止措置を確認すること。

(イ)　稼働設備の運転状況について、作業の実施に影響を及ぼすおそれのある異常が認められた場合には、速やかに請負人に連絡するとともに、必要な場合には退避を勧告すること。

イ　設備内部の残圧の確認は、圧力計によるほか、ベント、ドレン等の開放口を徐々に開けて行うこと。

ウ　設備内に入る直前に、可燃性ガス、酸素及び硫化水素その他予測される有害ガスの濃度の測定を行い、安全を確認した後に入槽すること。

測定は、作業中断後、再入槽時も同様に行うこと（安衛則第275条の2、酸素欠乏症等防止規則(昭和47年労働省令第42号。以下「酸欠則」という。)第3条及び特化則第22条第1項第5号)。

エ　酸素及び硫化水素の濃度の測定は、それぞれ必要な資格を有する酸素欠乏危険作業主任者が行うこと（酸欠則第11条)。

また、測定は原則として水平、垂直方向にそれぞれ3点以上行うこと。

オ　槽内は、可燃性ガス濃度は、爆発下限界の1/5以下、酸素濃度は18%以上、硫化水素濃度は10ppm以下、その他予測される有害ガスの濃度は、健康障害を受けるおそれのない濃度以下になるように常時換気すること（安衛則第577条及び酸欠則第5条)。

カ　監視人を置き、入槽作業者との連絡が途絶えることのないようにすること（酸欠則第13条)。

キ　作業開始前及び作業終了後に人員の確認を行うこと（酸欠則第8条)。

ク　適切な性能を有する保護具、救急用具等を使用できる状態にしておくこと（酸欠則第4条、第5条の2、第7条及び第15条)。

(5)　高所作業に関する留意事項

ア　昇降設備、作業床の設置、安全帯の使用等必要な墜落防止措置を講ずるとともに、必要に応じ監視人を置くこと（安衛則第518条から第521条まで及び第526条)。

イ　強風、大雨、大雪等悪天候のため危険が予想される場合は、作業を中止すること（安衛則第522条）。

ウ　上下での同時作業は、行わないこと。やむを得ず行う場合は、相互に密接な連絡を行うこと。

エ　高所作業中である旨を作業場所の下部に掲示すること。

オ　工具類は、落下しないよう必要な措置を講ずること。

(6)　作業許可

火気使用作業、入槽作業及び高所作業等の災害発生の危険性の高い作業は、あらかじめ部門責任者（請負人にあっては、設備の管理権原を有する注文者）の書面による許可を得ること。

ア　作業許可書には、次の事項等について記載すること。

(ア)　部門責任者（許可責任者）、作業指揮者、立会者、監視人、作業者

(イ)　作業内容

(ウ)　作業に係る注意事項及び禁止事項

(エ)　作業年月日、作業開始時刻、終了予定時刻

イ　作業内容の変更が必要な場合は、新たに作業許可を受けること。また、予定時間内に作業が終了しなかった場合は、改めて許可を受けること。

ウ　作業許可書は、作業場所に掲示すること。

エ　作業中に設備関連の異常（緊急事態を除く。）が発生したときには、直ちに部門責任者（請負人にあっては、設備の管理権原を有する注文者）に連絡し、当該異常への対処方法及び必要に応じ作業内容の変更等について指示を受けること。

8　緊急事態への対応

非定常作業実施中に爆発、火災、危険物・有害物等の漏えい、労働災害の発生等の緊急事態が生じた場合に対応するため、次の措置を講ずること。

(1)　次の事項について、緊急事態対応マニュアルを定めること。

また、設備の管理権原を有する注文者は、請負人が当該マニュアルを定める際には、緊急時の連絡体制の整備、退避経路の明示、事故発生時の救助・事故処理体制についての設備の管理権原を有する注文者と請負人との役割分担について明確化を図る等必要な援助を行うこと。

ア　緊急事態発生時の連絡方法

イ　爆発、火災、危険物・有害物等の漏えい等に対する対応措置及び指揮・命令系統

(2)　消火栓、消火器、洗眼器、シャワー等を設置すること。

(3)　爆発、火災、危険物・有害物等の漏えい等の想定訓練、負傷者に対する救急措置訓練を実施すること。

(4)　取り扱う有害物の情報を産業医、救急措置を依頼する医療機関等にあらかじめ連絡しておくこと。

(5)　緊急事態発生時には、直ちに緊急時の連絡体制により連絡（請負人にあっては、設備の管理権原を有する注文者に連絡）を行うとともに、被災者の救助に当たる者以外の人員は退避させ、二次災害の防止を図ること。また、救助に当たる者については、適切な保護具を着用させること。

9　安全衛生教育の実施

非定常作業に従事する作業者等の関係者に対し、あらかじめ次の事項等について必要な安全衛生教育を実施すること。

(1)　取り扱う物質の性状及び取扱い上の注意事項

(2)　製造工程及び化学設備の概要

(3)　作業計画書及び緊急事態対応マニュアル

(4)　作業許可を必要とする作業の種類、注意事項及び禁止事項

(5)　保護具の種類及び使用方法

(6)　類似作業の災害事例

(7)　関連法令及び事業場の安全衛生基準

4　化学プラントの爆発火災災害防止のための変更管理の徹底等について

平成25年4月26日
基発0426第2号

近年、我が国を代表する化学プラントにおいて重大な爆発火災災害が相次いでおり、関係労働者や消防隊員が死亡する等多くの方が被災していることは誠に遺憾である。厚生労働省においては、災害調査を行うとともに再発防止に係る指導等を行っているところであるが、災害の発生状況をみると、これらの災害はいずれも非定常作業において発生しており、異常反応の発生に際し適切な反応制御ができなかったものである。その背景として、異常事態をも想定してのリスクアセスメント及びその結果に基づくリスク低減措置が適切に実施されていないことが懸念されるほか、団塊の世代の引退や経営環境の悪化などにより知識や技術力が適切に伝承されていないことや、情報伝達の不備、専門人材の不足等によるいわゆる現場力の低下も懸念されるところである。

ついては、化学プラントにおける爆発火災等の重大な災害を防止するため、化学設備に関する労働安全衛生関係法令の遵守はもとより、下記の事項について、貴局管内の関係団体に要請する等により、特殊化学設備を設置する事業場に対する周知に努めるとともに、当該設備に関する計画の届出に対する審査及び労働安全衛生規則第4条第3号の指定について遺漏なきを期されたい。

なお、一般社団法人日本化学工業協会会長、石油連盟会長及び石油化学工業協会会長に対し、別添（略）のとおり要請を行っているので了知されたい。

記

1　化学プラントの変更時等のリスクアセスメントの実施

化学プラントの変更時等のリスクアセスメントを確実に実施すること。その実施に当たっては、平成18年3月30日付け指針公示第2号「化学物質等による危険性又は有害性等の調査等に関する指針」（以下「リスクアセスメント指針」という。）、平成18年3月30日付け基発第0330004号「化学物質等による危険性又は有害性等の調査等に関する指針について」及び「化学プラントにかかるセーフティ・アセスメントに関する指針」（平成12年3月21日付け基発第149号別添）（以下「セーフティ・アセスメント指針」という。）に基づくとともに、特に以下の事項に留意の上、リスク低減措置を徹底すること。

(1)　リスクアセスメントを実施すべき化学プラントの変更時等とは、リスクアセスメント指針の記の5の(1)のアからオに掲げるときであること。なお、保守点検に伴う補修、ソフトウェアの変更、組織体制や人員体制の変更によって、リスクに変化が生ずることがあり得るので留意すること。

また、リスクアセスメントの実施に当たっては、当該変更のあった設備のみを対象とするのではなく、当該変更のあった設備と関連する設備を含めて対象とすること。

(2)　化学プラントの設計・設置段階において実施されたリスクアセスメント及びその結果に基づく措置について、当該リスクアセスメントの前提とした反応等に係る条件や、その結果に基づき講じたリスク低減措置の適用範囲を確認すること。確認すべき情報としては、化学物質の反応特性や設備の耐久性等の特性に関する情報、想定する異常反応やその結果生ずる緊急事態のシナリオ、当該シナリオのうち工学的対策が対応する範囲、異常反応の発生や緊急時の対応を定めたマニュアル等がある。なお、過去の運転実績のみに基づき反応等に係る条件を想定して措置することは、リスクアセスメントとして適切ではないこと。

また、確認の結果、現時点での化学プラントがこれらの前提条件や適用範囲から外れている場合、又はリスクアセスメントを実施していると認められない場合には、当該化学プラントに係るリスクアセスメントを実施し、その結果に基づくリスク低減措置を講ずること。

(3)　リスクアセスメントの実施に当たっては、「化学設備の非定常作業における安全衛生対策のためのガイドライン」（平成20年2月28日付け基発第0228001号別添）も踏まえ、非定常作業時も想定したものとすること。

非定常作業には、保守点検作業のほか、異常反応の反応制御や事故の発生等の緊急時の対応が含まれる。化学プラントの運転の状況等について通常時からのずれが生じた場合を仮定し、そのずれによって生じうる異常反応や事故、そのずれが発生する経路や原因となる要素を系統的に解析する等を通じて、的確にリスクを洗い出すこと。検討に当たっては、誤認や誤操作による事象のほか、リスク低減措置が機能しない場合として、例えば、生産能力の向上により安全装置の対応できる量以上の原料や中間体を取り扱う場合、センサの設置方法等や設定値が適切でない場合、安全装置を作業員が意図的に又は判断ミスにより無効にしてしまう場合等についても想定すること。また、異常反応の想定に当たっては、反応が完結していない化学物質は反応が進行することから、反応槽のみを対象とするのではなく、貯蔵槽等についても異常反応の可能性があることに留意すること。

また、リスクの洗い出しに際しては、過去の異常反応の発生事案について、事故にまでは至らなかった事案も含めて活用すること。

(4) 化学プラントを通常運転する事業者又は部門と、当該化学プラントを設計、建設し、又は保守点検を実施する事業者又は部門とが異なる場合、設計、建設段階において実施したリスクアセスメントの結果や、保守点検における補修の内容等、リスクアセスメントの実施に必要な情報を確実に伝達することのできる体制を確立すること。

2　実施体制の整備等による現場力の維持・向上

上記1のリスクアセスメント及びその結果に基づく措置を適切に実施するため、セーフティ・アセスメント指針の3の（5）のロに基づき、特に以下の事項に留意の上、人員の適正配置、教育訓練、非定常作業における対応マニュアルの策定及び関係者への周知徹底を実施することにより、現場力の維持・向上を図ること。

(1) セーフティ・アセスメント指針の3の（5）のロの（イ）の適正な人員配置については、休日及び深夜であっても、異常反応の反応制御への対応も含め、適切な状況把握及び対応の決定・指示といった緊急時に必要な措置が十分とれるものとすること。

(2) セーフティ・アセスメント指針の3の（5）のロの（ロ）の教育訓練は、リスクアセスメントを実施する者に対する知識、技能の向上を含むものとすること。また、教育訓練の内容は、リスクアセスメント等の結果を踏まえたものとし、残留リスクその他のリスクアセスメント等の結果を周知するとともに、異常反応の反応制御など緊急時の対応を含むものとすること。

(3)　セーフティ・アセスメント指針の3の(5)のロの(ハ)の非定常作業における対応マニュアルは、上記1の(3)に掲げる異常反応の反応制御を含め、緊急時の対応を含むものとするとともに、誤認や誤操作等の可能性を考慮したリスクアセスメントに基づくものとすること。また、通常化学プラントを運転する事業者又は部門と異なる事業者又は部門が保守点検を行うなど、関係する事業者又は部門が複数に渡る場合には、これらの事業者又は部門との連携を含むマニュアルとすること。

参考資料

5　電気機械器具防爆構造規格

（昭和 44 年 4 月 1 日労働省告示第 16 号）
（最終改正　平成 20 年 3 月 13 日厚生労働省告示第 88 号）

第 1 章　総則（第 1 条―第 5 条）

第 1 条　この告示において、次の各号に掲げる用語の意義は、それぞれ当該各号に定めるところによる。

1　容器　電気機械器具の外箱、外被、保護カバー等当該電気機械器具の防爆性能を保持するための包被部分をいう。

2　接合面　電気機械器具の部材の接合部分であつて、容器の内部から外部に通ずる隙(すき)間を有しているものにおける当該部材相互の相対する面をいう。

3　耐圧防爆構造　全閉構造であつて、可燃性のガス（以下「ガス」という。）又は引火性の物の蒸気（以下「蒸気」という。）が容器の内部に侵入して爆発を生じた場合に、当該容器が爆発圧力に耐え、かつ、爆発による火炎が当該容器の外部のガス又は蒸気に点火しないようにしたものをいう。

4　内圧防爆構造　容器の内部に空気、窒素、炭酸ガス等の保護ガスを送入し、又は封入することにより、当該容器の内部にガス又は蒸気が侵入しないようにした構造をいう。

5　安全増防爆構造　電気機械器具を構成する部分(電気を通じない部分を除く。)であつて、当該電気機械器具が正常に運転され、又は通電されている場合に、火花若しくはアークを発せず、又は高温となつて点火源となるおそれがないものについて、絶縁性能並びに温度の上昇による危険及び外部からの損傷等に対する安全性を高めた構造をいう。

6　油入防爆構造　電気機械器具を構成する部分であつて、火花若しくはアークを発し、又は高温となつて点火源となるおそれがあるものを絶縁油の中に収めることにより、ガス又は蒸気に点火しないようにした構造をいう。

7　本質安全防爆構造　電気機械器具を構成する部分の発生する火花、アーク又は熱が、ガス又は蒸気に点火するおそれがないことが点火試験等により確認された構造をいう。

8　樹脂充てん防爆構造　電気機械器具を構成する部分であつて、火花若しくはアークを発し、又は高温となつて点火源となるおそれがあるものを樹脂の中に囲むことにより、ガス又は蒸気に点火しないようにした構造をいう。

9　非点火防爆構造　電気機械器具を構成する部分が、火花若しくはアークを発せず、若しくは高温となつて点火源となるおそれがないようにした構造又は火花若しくはアークを発し、若しくは高温となつて点火源となるおそれがある部分を保護することにより、ガス若しくは蒸気に点火しないようにした構造（第3号から前号までに規定する防爆構造を除く。）をいう。

10　特殊防爆構造　第3号から前号までに規定する防爆構造以外の防爆構造であつて、ガス又は蒸気に対して防爆性能を有することが試験等により確認されたものをいう。

11　粉じん防爆普通防じん構造　接合面にパツキンを取り付けること、接合面の奥行きを長くすること等の方法により容器の内部に粉じんが侵入し難いようにし、かつ、当該容器の温度の上昇を当該容器の外部の可燃性の粉じん（爆燃性の粉じんを除く。）に着火しないように制限した構造をいう。

12　粉じん防爆特殊防じん構造　接合面にパツキンを取り付けること等により容器の内部に粉じんが侵入しないようにし、かつ、当該容器の温度の上昇を当該容器の外部の爆燃性の粉じんに着火しないように制限した構造をいう。

13　スキ　耐圧防爆構造の電気機械器具の内部に圧力が加わつていない状態における容器の相対するはめあい部若しくは接合面の最大の隙（すき）間又は穴と軸若しくは棒との最大直径差をいう。

14　スキの奥行き　スキが第7条第1項及び第8条に規定する許容値以下に保たれている場合における当該スキに対応する隙（すき）間の最小の長さをいう。

15　特別危険箇所　労働安全衛生規則（昭和47年労働省令第32号。以下「規則」という。）第280条第1項に規定する箇所のうち、連続し、長時間にわたり、又は頻繁に、ガス又は蒸気が爆発の危険のある濃度に達するものをいう。

16　第1類危険箇所　規則第280条第1項に規定する箇所のうち、通常の状態において、前号及び次号に該当しないものをいう。

17　第2類危険箇所　規則第280条第1項に規定する箇所のうち、通常の状態において、ガス又は蒸気が爆発の危険のある濃度に達するおそれが少なく、又は達している時間が短いものをいう。

18　爆発等級　試験器を用いてガス又は蒸気の爆発試験を行なつた場合に、火炎

参考資料

が外部に逸走するときの当該試験器の接合する面の隙(すき)間の最小の間隔(以下「火炎逸走限界」という。)により区分したガス又は蒸気の点火の危険性の程度をいう。

19　発火度　発火点の値により区分したガス又は蒸気の発火の危険性の程度をいう。

20　錠締め構造　電気機械器具に用いるネジ類を特殊な工具を用いなければゆるめることができないようにした構造をいう。

21　沿面距離　裸充電部分とこれと絶縁しなければならない他の部分との間の絶縁物の表面に沿つた最短距離をいう。

22　絶縁空間距離　裸充電部分とこれと絶縁しなければならない他の部分との間の空間の最短距離をいう。

23　耐トラッキング性　固体絶縁材料の表面に発生する導電路の形成が起こりにくいことの程度をいう。

第２条　規則第280条第1項に規定する電気機械器具の構造は、次の各号の区分に応じ、それぞれ当該各号に定める防爆構造でなければならない。

1　特別危険箇所　本質安全防爆構造（第43条第2項第1号に定める状態においてガス又は蒸気に点火するおそれがないものに限る。)、樹脂充てん防爆構造（第53条第1号に定める状態においてガス又は蒸気に点火するおそれがないものに限る。）又はこれらと同等以上の防爆性能を有する特殊防爆構造

2　第1類危険箇所　耐圧防爆構造、内圧防爆構造、安全増防爆構造、油入防爆構造、本質安全防爆構造、樹脂充てん防爆構造又はこれらと同等以上の防爆性能を有する特殊防爆構造

3　第2類危険箇所　耐圧防爆構造、内圧防爆構造、安全増防爆構造、油入防爆構造、本質安全防爆構造、樹脂充てん防爆構造、非点火防爆構造又は特殊防爆構造

②　規則第281条第1項に規定する電気機械器具の構造は、粉じん防爆普通防じん構造又は粉じん防爆特殊防じん構造でなければならない。

③　規則第282条第1項に規定する電気機械器具の構造は、粉じん防爆特殊防じん構造でなければならない。

第３条　電気機械器具は、容易に点検し、かつ、補修することができる構造とし、その材料は、電気的、機械的、熱的及び化学的に十分な耐久性を有するものでなければならない。

第４条　電気機械器具は、その見やすい箇所に、次の各号に掲げる事項を標示した銘板が取り付けられているものでなければならない。

1　防爆構造の種類。２種類以上の防爆構造の電気機械器具が組み合わされているものについては、取扱い上必要な場合又は安全性を保証するために必要な場合を除き、主体部分の電気機械器具の防爆構造の種類のみを標示することができる。

2　対象とするガス又は蒸気の爆発等級（耐圧防爆構造の電気機械器具に限る。）及び発火度。対象とするガス又は蒸気が特定されているときは、当該ガス又は蒸気の名称を標示することにより、爆発等級及び発火度の標示を省略することができる。

3　本質安全防爆構造又は特殊防爆構造の電気機械器具の回路の定格値及び使用条件の要点

②　前項に規定する防爆構造の種類、爆発等級及び発火度は、それぞれ次の各表に掲げる記号で表わすものとする。

1　防爆構造の種類

防爆構造の種類	記　号
耐圧防爆構造	d
内圧防爆構造	f
安全増防爆構造	e
油入防爆構造	o
本質安全防爆構造（第43条第２項第１号に定める状態においてガス又は蒸気に点火するおそれがないものに限る。）	ia
本質安全防爆構造（第43条第２項第２号に定める状態においてガス又は蒸気に点火するおそれがないものに限る。）	ib
樹脂充てん防爆構造（第53条第１号に定める状態においてガス又は蒸気に点火するおそれがないものに限る。）	ma
樹脂充てん防爆構造（第53条第２号に定める状態においてガス又は蒸気に点火するおそれがないものに限る。）	mb
非点火防爆構造	n
特殊防爆構造	s
粉じん防爆普通防じん構造	DP
粉じん防爆特殊防じん構造	SDP

2　爆発等級

火炎逸走限界（単位　ミリメートル）	記号
0.6をこえるもの	1
0.4をこえ0.6以下	2

参考資料

0.4 以下	3（3a　3b　3c　3n）
3a は水性ガス及び水素を、3b は二硫化炭素を、3c はアセチレンを、3n はすべてのガス又は蒸気を対象とするものを示す。	

3　発火度

発火点の値（単位　度）	記号
450 をこえるもの	G1
300 をこえ 450 以下	G2
200 をこえ 300 以下	G3
135 をこえ 200 以下	G4
100 をこえ 135 以下	G5

③　前二項の規定にかかわらず、樹脂充てん防爆構造若しくは非点火防爆構造の電気機械器具又は次条の規定に基づき第２章（第８節を除く。）から第４章までに規定する規格に適合しているものとみなされる電気機械器具については、前二項の規定による表示方法に代えて厚生労働省労働基準局長が認める方法によることができる。

第５条　第２章（第８節を除く。）から第４章までに規定する規格（以下この条において「規格」という。）に適合しない電気機械器具のうち、特殊な材料が用いられており、若しくは特殊な形状であり、若しくは特殊な場所で用いられるものであり、又は規格と関連する国際規格等に基づき製造されたものであつて、規格に適合する電気機械器具と同等以上の防爆性能を有することが試験等により確認されたものは、規格に適合しているものとみなす。

第２章　ガス蒸気防爆構造（第６条―第 65 条）

第１節　耐圧防爆構造

第６条　耐圧防爆構造の電気機械器具（以下この節において「電気機械器具」という。）の容器（以下この節において「容器」という。）であつて、次の表に掲げる内容積（鉄心、巻線、接点その他運転上欠くことができない部分が占める容積を除く。以下同じ。）を有するものは、同表に掲げる対象とするガス又は蒸気の爆発等級に応じて、それぞれ同表に掲げる内部の圧力に耐える強度を有するものでなければならない。

<table>
<tr><th>内容積（単位立方センチメートル）</th><th>対象とするガス又は蒸気の爆発等級</th><th>内部の圧力</th></tr>
<tr><td rowspan="2">2を超え
100以下</td><td>1又は2</td><td>0.8メガパスカル</td></tr>
<tr><td>3</td><td>爆発試験により測定した爆発圧力の1.5倍の圧力（圧力が0.8メガパスカル以下である場合には、0.8メガパスカル）</td></tr>
<tr><td rowspan="2">100を
超えるもの</td><td>1又は2</td><td>1メガパスカル</td></tr>
<tr><td>3</td><td>爆発試験により測定した爆発圧力の1.5倍の圧力（圧力が1メガパスカル以下である場合には、1メガパスカル）</td></tr>
<tr><td colspan="3">爆発試験とは、内容積及び内部の形が当該容器と同一である物の内部において、対象とするガス又は蒸気を爆発させて行う試験をいう。</td></tr>
</table>

第７条　スキ（回転軸と容器とのスキを除く。以下この条において同じ。）及びスキの奥行きは、次の表に掲げる容器の内容積に応じて、それぞれ同表に掲げるスキの許容最大値以下及びスキの奥行きの許容最小値以上でなければならない。

<table>
<tr><th rowspan="3">容積（単位立方センチメートル）</th><th colspan="4">スキ及びスキの奥行き（単位　ミリメートル）</th><th rowspan="3">接合面にボルト穴がある部分におけるスキの奥行きの許容最小値（L_1）</th></tr>
<tr><th colspan="3">スキの許容最大値（W）</th><th rowspan="2">スキの奥行きの許容最小値（L）</th></tr>
<tr><th>爆発等級１</th><th>爆発等級２</th><th>爆発等級３</th></tr>
<tr><td>２以下</td><td>0.3</td><td>0.2</td><td>0.1</td><td>5</td><td>5</td></tr>
<tr><td>２をこえ
100以下</td><td>0.2</td><td>0.1</td><td rowspan="4">爆発試験において点火波及しない最大スキの50パーセント</td><td>10</td><td>6</td></tr>
<tr><td>100をこえ
2,000以下</td><td>0.25</td><td>0.15</td><td>15</td><td>8</td></tr>
<tr><td rowspan="2">2,000を
こえるもの</td><td>0.3</td><td>0.2</td><td>25</td><td>10</td></tr>
<tr><td>0.4</td><td>0.25</td><td>40</td><td>15</td></tr>
<tr><td colspan="6">内容積が2,000立方センチメートルをこえる場合において、Wが爆発等級１において0.3と0.4との間にあるとき又は爆発等級２において0.2と0.25との間にあるときは、L及びL_1の値は表の数値から比例算出するものとする。</td></tr>
</table>

②　前項の規定は、操作又は点検のために開く必要がない接合面に次の各号に定めるところによりパツキンを取り付ける場合には、適用しない。

1　材料が金属又は不燃性の物であること。

2　パツキンと容器との接触面の奥行きは、前項Lの値によること。ただし、パツキンが常に十分の圧力をもつて押しつけられている場合には、同項L_1の値によることができる。

3　容器の内部において爆発を生じた場合に、その爆発圧力によつてパツキンが押し出されるおそれがないこと。

第８条　回転軸と容器とのスキ及びスキの奥行きは、次の表に掲げる容器の内容積及び軸受けの種別に応じて、それぞれ同表に掲げるスキの許容最大値以下及びスキの奥行きの許容最小値以上でなければならない。

<table>
<tr><td rowspan="6">内容積
（単位　立方センチメートル）</td><td colspan="12">スキ及びスキの奥行き（単位　ミリメートル）</td></tr>
<tr><td colspan="12">軸受けの種別</td></tr>
<tr><td colspan="6">コロガリ軸受け</td><td colspan="6">滑り軸受け</td></tr>
<tr><td colspan="3">スキの許容最大値
（直径差）（W）</td><td colspan="3">スキの奥行きの許容最小値
（L）</td><td colspan="3">スキの許容最大値
（直径差）（W）</td><td colspan="3">スキの奥行きの許容最小値
（L）</td></tr>
<tr><td colspan="3">爆発等級</td><td colspan="3">爆発等級</td><td colspan="3">爆発等級</td><td colspan="3">爆発等級</td></tr>
<tr><td>1</td><td>2</td><td>3</td><td>1</td><td>2</td><td>3</td><td>1</td><td>2</td><td>3</td><td>1</td><td>2</td><td>3</td></tr>
<tr><td>2 以下</td><td>0.45</td><td>0.3</td><td>0.15</td><td colspan="3">5</td><td>0.3</td><td>0.2</td><td>0.1</td><td colspan="3">5</td></tr>
<tr><td>2 をこえ
100 以下</td><td>0.3</td><td>0.2</td><td rowspan="4">爆発試験において点火波及しない最大スキの50パーセント</td><td colspan="3">10</td><td>0.2</td><td>0.1</td><td>爆発試験において点火波及しない最大スキの50パーセント</td><td colspan="3">15</td></tr>
<tr><td>100 をこえ
500 以下</td><td>0.45</td><td>0.3</td><td colspan="3">15</td><td>0.3</td><td colspan="2" rowspan="3"></td><td colspan="2">25</td><td rowspan="3"></td></tr>
<tr><td rowspan="2">500 を
こえるもの</td><td>0.45</td><td>0.3</td><td colspan="3">25</td><td rowspan="2">0.5</td><td colspan="2" rowspan="2">40</td></tr>
<tr><td>0.6</td><td>0.4</td><td colspan="3">40</td></tr>
<tr><td colspan="13">内容積が 500 立方センチメートルをこえる場合において、コロガリ軸受けの W が、爆発等級 1 において 0.45 と 0.6 との間にあるとき又は爆発等級 2 において 0.3 と 0.4 との間にあるときには、コロガリ軸受けの L の値は表の数値から比例算出するものとする。</td></tr>
</table>

第９条　前二条のスキ及びスキの奥行きに係る接合面は、次の各号に定めるところによらなければならない。

1　片面の材料が金属であること。

2　仕上げの程度は、容器の内部における爆発による火炎が当該容器の外部に逸走するおそれがないものであること。

3　塗料又は油を塗らないものであること。ただし、防錆又は防水のため油を薄く塗る場合には、この限りでない。

第１０条　開閉接点及び巻線は、油に浸されたものであつてはならない。

第１１条　ネジ類を用いる場合には、次の各号に定めるところによらなければならない。

1　防爆性能の保持に必要な箇所に用いられるネジ類であつて、外部からゆるめることのできるものについては、錠締め構造によるものとし、かつ、ゆるみ止めが施されたものであること。

2　容器の締付けに用いるネジ類については、当該容器に係る爆発圧力に十分耐える強度のものであること。

3　ネジ類が容器の壁を貫通しないものであること。ただし、容器の壁を貫通しないことが容器の構造上著しく困難な場合には、この限りでない。

②　ネジ類が容器の壁を貫通する場合において、貫通穴がバカ穴のときは、当該貫通穴とネジ類との直径差及び当該貫通穴の長さは、それぞれ第7条に定めるスキの許容最大値以下及びスキの奥行きの許容最小値以上でなければならない。

第12条　のぞき窓は、その面積が100平方センチメートル以下であり、かつ、透明板を取り換えることができるものでなければならない。

②　のぞき窓の透明板は、次の各号に定めるところによらなければならない。

1　日本工業規格R3206（強化ガラス）に定める強化ガラス、日本工業規格R3205（合せガラス）に定める合せガラス又はこれらと同等以上の強度を有する難燃性物質を用いること。

2　のぞき窓に取り付けた状態において、重量200グラムの鋼球を200センチメートルの高さから落下させた場合に、破損しないものであること。

第13条　容器の内部の接点、巻線等の充電部分の発熱による容器の外面の温度の上昇は、次の表に掲げる対象とするガス又は蒸気の発火度に応じて、それぞれ同表に掲げる温度上昇限度の値以下でなければならない。

対象とするガス又は蒸気の発火度	温度上昇限度の値（単位　度）
G1	320
G2	200
G3	120
G4	70
G5	40

第14条　電気機械器具と外部導線とを接続する場合には、耐圧防爆構造又は安全増防爆構造の端子箱を用いなければならない。

②　2個以上の電気機械器具が組み合わされて1組の電気機械器具を構成する場合において、それぞれの電気機械器具を相互に接合する外部導線が安全に保護されているときは、前項の規定にかかわらず、電気機械器具を相互に接続する端子箱を用いないことができる。

第15条　耐圧防爆構造の端子箱の内部は、次の各号に定めるところによらなければならない。

1　導線を接続するのに十分な広さを有すること。

2　端子は、締付けが確実にできる箇所に配置されていること。

② 第27条の規定は前項の端子箱の内部の裸充電部分に係る沿面距離及び絶縁空間距離について、第28条の規定は前項の端子箱の内部の充電部分相互の接続について、準用する。

第16条 耐圧防爆構造の端子箱は、内部及び外部に接地端子を設けたものでなければならない。ただし、ネジ込み接続した金属電線管を接地線として用いる場合又は移動用の電気機械器具の端子箱の内部に接地端子を設けた場合には、この限りでない。

第17条 耐圧防爆構造の端子箱から電気機械器具の本体へ引き込む導線の引込み方式は、耐圧スタッド式又は耐圧パッキン式でなければならない。

② 前項の規定は、安全増防爆構造の端子箱から電気機械器具の本体へ引き込む導線の引込み方式について準用する。

第2節 内圧防爆構造

第18条 内圧防爆構造の電気機械器具（以下この節において「電気機械器具」という。）の容器（以下この節において「容器」という。）の内部に保護ガスを送入する構造の電気機械器具の通風装置は、当該電気機械器具の起動時及び通電中に当該電気機械器具及びこれに接続する通風管の内部の圧力を周囲の圧力より水柱で5ミリメートル以上高く保持することができるものでなければならない。

第19条 前条の電気機械器具は、次の号に掲げる保護装置を有するものでなければならない。

1 容器の内容積の5倍以上の容積の保護ガスが当該容器の内部を通過した後でなければ通電することができない装置

2 通電中に保護ガスの圧力が周囲の圧力より水柱で5ミリメートル以上高く保持することができないおそれが生じた場合に、自動的に、警報を発し、又は通電を停止することができる装置

第20条 容器の内部に保護ガスを封入した構造の電気機械器具は、通電中に当該保護ガスの圧力が対象とするガス又は蒸気が容器の内部に侵入することを防止するため必要な圧力以下に低下した場合に、自動的に警報を発し、又は通電を停止することができる装置を有するものでなければならない。ただし、保護ガスが漏れるおそれがない電気機械器具であつて、当該保護ガスの圧力を標示する装置を有するものについては、この限りでない。

第21条　第13条の規定は、容器の外面及び容器から排出される保護ガスの温度の上昇について準用する。

第22条　防爆性能の保持に必要な箇所に用いられるネジ類であつて、外部からゆるめることのできるものについては、錠締め構造によらなければならない。

第23条　電気機械器具と外部導線とを接続する場合には、内圧防爆構造、耐圧防爆構造又は安全増防爆構造の端子箱を用いなければならない。

②　第14条第2項の規定は、2個以上の電気機械器具が組み合わされて1組の電気機械器具を構成する場合について準用する。

第24条　内圧防爆構造の端子箱は、次の各号に定めるところによらなければならない。

1　電気機械器具の本体と通気する部分以外は、全閉構造とし、排気口を設けないこと。

2　接合面及びふたは、密閉することができる構造とすること。

②　第15条第1項及び第16条の規定は前項の端子箱について、第27条の規定は前項の端子箱の内部の裸充電部分に係る沿面距離及び絶縁空間距離について、第28条の規定は前項の端子箱の内部の充電部分相互の接続について、準用する。

第25条　内圧防爆構造の端子箱から電気機械器具の本体へ引き込む導線の引込み方式は、スタッド式、パッキン式、固着式、ブッシング式又はクランプ式でなければならない。

②　第17条第1項の規定は耐圧防爆構造の端子箱から電気機械器具の本体へ引き込む導線の引込み方式について、前項の規定は安全増防爆構造の端子箱から電気機械器具の本体へ引き込む導線の引込み方式について、準用する。

第3節　安全増防爆構造

第26条　安全増防爆構造の電気機械器具（以下この節において「電気機械器具」という。）の充電部分（以下この節において「充電部分」という。）は、全閉構造でなければならない。ただし、充電部分が十分に保護されている高圧回転機、金属抵抗器、蓄電池等については、この限りでない。

②　前項本文の場合において、裸充電部分を内部に有する容器のふたの締付けに用いるネジ類については、その1以上を錠締め構造によらなければならない。

第27条　沿面距離は、使用電圧、固体絶縁材料の耐トラッキング性及び絶縁物の表面形状に応じて、放電するおそれがない大きさでなければならない。

② 絶縁空間距離は、使用電圧に応じて、放電するおそれがない大きさでなければならない。

第28条 充電部分相互の接続は、次の各号のいずれかの方法によらなければならない。

1 ゆるみ止めを施したネジ締め

2 びよう締め又は圧着

3 スリーブ、バインド線等で補強したハンダづけ

4 硬ろうづけ

5 溶接

第29条 のぞき窓は、その面積が必要最小限度であり、かつ、透明板を取り換えることができるものでなければならない。

② のぞき窓の透明板は、のぞき窓に取り付けた状態において、重量50グラムの鋼球を100センチメートルの高さから落下させた場合に、破損しないものでなければならない。

第30条 電気機械器具における絶縁巻線の温度の上昇は、当該電気機械器具と同種のものであつて防爆構造でない電気機械器具の一般規格により定められた値よりも10度低い値を限度とするものでなければならない。

第31条 第13条の規定は、ガス又は蒸気に触れるおそれがある部分の温度の上昇について準用する。

第32条 電気機械器具と外部導線とを接続する場合には、安全増防爆構造又は耐圧防爆構造の端子箱を用いなければならない。

② 第14条第2項の規定は、2個以上の電気機械器具が組み合わされて1組の電気機械器具を構成する場合について準用する。

第33条 安全増防爆構造の端子箱の接合面は、次の各号のいずれかに定めるところによらなければならない。

1 奥行き及び仕上げの程度は、端子箱の内部にじんあい、水等が容易に侵入しないものであること。

2 パツキンは、金属、ガラス繊維、合成ゴムその他耐熱性及び耐久性を有するものを用い、かつ、常に十分な圧力で押しつけられている構造であること。

② 第15条第1項及び第16条の規定は前項の端子箱について、第27条の規定は前項の端子箱の内部の裸充電部分に係る沿面距離及び絶縁空間距離について、第28条の規定は前項の端子箱の内部の充電部分相互の接続について、準用する。

第34条　第17条第1項の規定は耐圧防爆構造の端子箱から電気機械器具の本体へ引き込む導線の引込み方式について、第25条第1項の規定は安全増防爆構造の端子箱から電気機械器具の本体へ引き込む導線の引込み方式について、準用する。

第4節　油入防爆構造

第35条　油入防爆構造の電気機械器具の容器は、全閉構造でなければならない。

第36条　前条の電気機械器具の絶縁油に収められていない部分は、安全増防爆構造でなければならない。

第37条　油タンクは、油面計その他油面の高さを容易に点検することができる装置を有するものでなければならない。

第38条　油面計は、次の各号に定めるところによらなければならない。

1　丈夫であり、かつ、透明板又は透明管を取り換えることができる構造のものであること。

2　透明板、透明管及びパッキンが熱油による損傷を受けないものであること。

3　温度の変化による油面位の変化が外部から認められるものであること。

第39条　第37条の装置は、その損傷等により油タンクの絶縁油が漏れた場合において、当該油タンクの油面を高温となつて点火源となるおそれがある箇所又は火花若しくはアークが油面上に出るおそれがない高さに保つ構造のものでなければならない。

第40条　防爆性能の保持に必要な箇所に用いられるネジ類であつて、外部からゆるめることのできるものについては、錠締め構造によらなければならない。

②　油タンクの排油装置のネジ類は、前項に定めるもののほか、ゆるみ止めが施されたものでなければならない。

第41条　定格開閉容量が1キロボルトアンペアをこえ、又はしや断容量が25キロボルトアンペアをこえる油入開閉器（アークによる分解ガスの蓄積が少ない構造のものを除く。）は、ガス抜きの穴を設けたものでなければならない。

第42条　油面における油の温度の上昇は、次の表に掲げる対象とするガス又は蒸気の発火度に応じて、それぞれ同表に掲げる温度上昇限度の値以下でなければならない。

参考資料

対象とするガス又は蒸気の発火度	温度上昇限度の値（単位　度）
G1　G2　G3　G4	60
G5	40

第５節　本質安全防爆構造

第43条　本質安全防爆構造の電気機械器具（以下この節において、「電気機械器具」という。）は、正常に運転され、若しくは通電されている場合又は短絡、地絡、切断等の事故の場合において生ずる火花、アーク又は熱がガス又は蒸気を発火させるおそれがない回路（以下「本質安全回路」という。）を有する構造のものでなければならない。

②　電気機械器具は、次の各号のいずれかの状態においてガス又は蒸気に点火するおそれがないものでなければならない。

1　正常に運転され、若しくは通電されている状態又は電気機械器具の部品若しくは部分に故障が２つ生じた状態

2　正常に運転され、若しくは通電されている状態又は電気機械器具の部品若しくは部分に故障が１つのみ生じた状態

第44条　本質安全回路で構成される部分は、全閉構造でなければならない。ただし、電気機械器具の機能に支障が生ずる場合であつて、当該本質安全回路に係る充電部分が十分に保護されているときは、この限りでない。

第45条　本質安全回路の導線は、直径が0.3ミリメートル以上の単線又はこれと同じ断面積を有する導体を用いたものでなければならない。

②　前項の導線がより線である場合には、その素線の直径は0.3ミリメートル以上でなければならない。

第46条　本質安全回路と非本質安全回路（本質安全回路以外の回路をいう。以下同じ。）とが組み合わされた電気機械器具（以下この節において「組合せ電気機械器具」という。）については、これらの回路の導線を相互に束ね、又は１本の多心ケーブルに納めてはならない。ただし、これらの回路が相互に確実にしやへいされている場合には、この限りでない。

第47条　組合せ電気機械器具の絶縁電線は、次の各号に定めるところによらなければならない。

1　本質安全回路の絶縁電線は交流800ボルトの絶縁耐力を、非本質安全回路の絶縁電線は交流2,000ボルトの絶縁耐力を有するものであること。

2　本質安全回路の絶縁電線と非本質安全回路の絶縁電線とが同じ色でないこと。

第48条　本質安全回路の対地絶縁耐力は、交流500ボルト以上でなければならない。

第49条　第27条の規定は、本質安全回路が他の本質安全回路又は非本質安全回路と接触することにより生ずる火花、アーク又は熱がガス又は蒸気を発火させるおそれがある場合における沿面距離及び絶縁空間距離について準用する。

第50条　組合せ電気機械器具の本質安全回路の接続端子と非本質安全回路の接続端子とを同一の接続部に設ける場合には、当該両端子を50ミリメートル以上分離させ、又は当該両端子の間に十分な強度及び絶縁性能を有する隔壁を設ける等混触のおそれのないようにしなければならない。

第51条　本質安全回路の部品のうちその回路の運転上必要な部品は、次の各号に定めるところによらなければならない。

1　半導体は、十分な容量のものであること。

2　コンデンサは密封形のもので、かつ、その定格電圧が当該コンデンサに加わる電圧の3倍以上のものであること。

3　電気的に等価な2個以上のものを併置したものであること。ただし、次のいずれかに該当するものは、この限りでない。

イ　本質安全回路と非本質安全回路とを結合する混触防止板付変圧器で、次に定める構造及び性能を有するもの

(イ)　巻線の外部端子が露出している場合には、異なる巻線の端子間の距離が50ミリメートル以上であるもの、又は絶縁物により混触するおそれがないもの

(ロ)　混触防止板は、厚さが0.1ミリメートル以上の銅板であつて、巻線を確実に隔離しているもの

(ハ)　1次巻線は、当該巻線と混触防止板との間に加えた交流2,500ボルトの電圧に対して1分間耐える絶縁性能を有するもの

(ニ)　2次巻線は、当該巻線と混触防止板との間に加えた交流1,500ボルトの電圧に対して1分間耐える絶縁性能を有するもの

ロ　電流制限のために用いられる巻線抵抗器で、断線した場合に線がはじけないように保護されているもの

ハ　合成樹脂等により表面を保護されている巻線抵抗器又は埋め込まれている巻線抵抗器であつて巻線の直径が0.2ミリメートル以上のものを、定格電力

の2分の1以下で用いるもの

ニ　制動巻線又はこれと同等の機能を有するもので、対象とする巻線と一体に組み込まれ、外部から取りはずすことのできないもの

第52条　組合せ電気機械器具の非本質安全回路の部分が防爆構造でないものについては、第4条第1項の規定による標示のほか、次の各号に掲げる事項を明示しなければならない。

1　危険な場所に設置してはならないこと。

2　電気機械器具の部品、配線等の変更等を行なつてはならないこと。

3　組合せ電気機械器具の本質安全回路の接続端子については、本質安全回路の接続端子である旨

第6節　樹脂充てん防爆構造

第53条　樹脂充てん防爆構造の電気機械器具（以下この節において「電気機械器具」という。）は、次の各号のいずれかの状態においてガス又は蒸気に点火するおそれがないものでなければならない。

1　正常に運転され、若しくは通電されている状態又は電気機械器具の部品若しくは部分に故障が2つ生じた状態

2　正常に運転され、若しくは通電されている状態又は電気機械器具の部品若しくは部分に故障が1つのみ生じた状態

第54条　電気機械器具は、定格電圧が10キロボルトを超えないものでなければならない。

②　電気機械器具（前条第1号に定める状態においてガス又は蒸気に点火するおそれがないものに限る。）は、回路のいずれの点においても動作電圧が1キロボルトを超えないものでなければならない。

第55条　充てん樹脂は、次の各号に掲げる要件を満たすものでなければならない。

1　充てん樹脂を囲む容器の有無及び容器の材質に応じ、適切な厚さを有すること。

2　ガス、蒸気又は水分の侵入を確実に防止できるものであること。

3　吸水性がなく、かつ、熱安定性を有すること。

第56条　容器の内部の接点、巻線等の充電部分の発熱による容器の外面の温度は、対象とするガス又は蒸気の種類に応じて、発火するおそれがないものでなければならない。

第57条　ガス又は蒸気に触れるおそれがある部分の温度上昇を防ぐために保護装置を必要とする場合には、電気機械器具の内部又は外部に取り付け、手動で復帰させる方式のものとしなければならない。

②　前項の保護装置は、第53条第1号に定める状態においてガス又は蒸気に点火するおそれがない電気機械器具にあつては2つ以上、同条第2号に定める状態においてガス又は蒸気に点火するおそれがない電気機械器具にあつては1つ以上設けなければならない。

第58条　外部から電気機械器具へ引き込む導線の引込み部は、ガス又は蒸気が電気機械器具に侵入しない構造のものでなければならない。

第7節　非点火防爆構造

第59条　非点火防爆構造の電気機械器具（以下この節において「電気機械器具」という。）は、次のいずれかに該当するものでなければならない。

1　電気機械器具が正常に運転され、又は通電されている場合に、当該電気機械器具を構成する部分が、火花若しくはアークを発せず、又は高温となつて点火源となるおそれがないこと。

2　電気機械器具が正常に運転され、又は通電されている場合に、当該電気機械器具を構成する部分が、火花若しくはアークを発し、又は高温となつて点火源となるおそれがある場合にあつては、ガス又は蒸気に点火しないよう、当該部分が保護されていること。

第60条　容器の内部の接点、巻線等の充電部分の温度及び当該充電部分の発熱による容器の外面の温度は、対象とするガス又は蒸気の種類に応じて、発火するおそれがないものでなければならない。

第61条　電気機械器具の充電部分は、全閉構造でなければならない。ただし、充電部分が十分に保護されている高圧回転機、蓄電池等については、この限りでない。

第62条　接続端子部は、接触圧力が十分に維持されるものでなければならない。

第63条　沿面距離及び絶縁空間距離は、使用電圧に応じて、それぞれ放電するおそれがない大きさでなければならない。

第64条　第58条の規定は、外部から電気機械器具へ引き込む導線の引込み部について準用する。

第８節　特殊防爆構造

第65条　特殊防爆構造の電気機械器具は、ガス又は蒸気に対して防爆性能を有することが試験等により確認された構造のものでなければならない。

第３章　粉じん防爆構造（第66条―第82条）

第１節　粉じん防爆普通防じん構造

第66条　粉じん防爆普通防じん構造の電気機械器具（以下この節において「電気機械器具」という。）の容器（以下この節において「容器」という。）の接合面（操作軸又は回転軸と容器との接合面を除く。以下この条において同じ。）は、パッキンを取り付けたものでなければならない。ただし、当該容器が内部に粉じんが容易に侵入しない構造のものである場合には、この限りでない。

② 前項に規定するパッキンは、次の各号に定めるところによらなければならない。

1　材料が接合面の温度の上昇による熱に耐え、かつ、容易に摩耗（まもう）、腐食等の損傷を生じないものであること。

2　接合面の形状に適合した形状のものであること。

第67条　操作軸と容器との接合面は、パッキングランド又はパッキン押えを用いて接合面にパッキンを取り付けること、操作軸の外側にゴムカバーを取り付けること等により、外部から粉じんが侵入し難いようにしたものでなければならない。

第68条　回転軸と容器との接合面は、パッキンを取り付けること、間隔が0.5ミリメートル以下で奥行きが30ミリメートル以上のラビリンス構造とすること等により、外部から粉じんが侵入し難いようにした構造のものでなければならない。

第69条　第66条第２項の規定は、前二条のパッキンの材料及び形状について準用する。

第70条　防じん性の保持に必要な箇所に用いられるネジ類は、ゆるみ止めが施されたものでなければならない。

② 前項の箇所において、ネジ込み結合方式を用いる場合には、ネジの有効部分は５山以上でなければならない。

第71条　電気機械器具の各部の温度の上昇は、当該電気機械器具と同種の電気機械器具であつて防爆構造でないものの一般規格により定められた値よりも10

パーセント低い値を限度としなければならない。ただし、粉じんのたい積による温度の上昇が少ない構造のものは、5パーセント低い値を限度とすることができる。

② 粉じんに接触するおそれのある容器の外面の温度の上昇は、電動機、電力用変圧器等過負荷のおそれのある電気機械器具にあつては80度、その他の電気機械器具にあつては110度を限度としなければならない。

第72条 電気機械器具と外部導線とを接続する場合には、粉じん防爆普通防じん構造の端子箱を用いなければならない。ただし、電気機械器具の内部に火花を生ずる部分がない場合には、この限りでない。

② 第14条第2項の規定は2個以上の電気機械器具が組み合わされて1組の電気機械器具を構成する場合について、第15条第1項及び第16条の規定は前項の端子箱について、第25条の規定は前項の端子箱から電気機械器具の本体へ引き込む導線の引込み方式について、準用する。

第73条 第27条の規定は、電気機械器具の裸充電部分に係る沿面距離及び絶縁空間距離について準用する。

第2節 粉じん防爆特殊防じん構造

第74条 粉じん防爆特殊防じん構造の電気機械器具（以下この節において「電気機械器具」という。）の容器（以下この節において「容器」という。）の接合面（操作軸又は回転軸と容器との接合面を除く。以下この条において同じ。）はパッキンを取り付けかつ、当該パッキンが離脱し、又はゆるむおそれがないものでなければならない。ただし、容器を開くことがない箇所で構造上パッキンを用いることが困難なところについて、容器の内部に粉じんが容易に侵入しない構造のものである場合には、この限りでない。

② 前項本文の場合において、板状パツキンを用いたときは、当該パツキンと容器との接触面の奥行きは、次の表に掲げる接合面の亘長（こうちょう）に応じて、それぞれ同表に掲げる接触面の最小奥行きの値以上でなければならない。

接合面の亘長（こうちょう） （単位　センチメートル）	接合面の最小奥行き （単位　ミリメートル）
30以下	5
30をこえ50以下	8
50をこえるもの	10

参考資料

第75条　操作軸と容器との接合面は、奥行きが10ミリメートル以上であり、かつ、パッキングランドを用いてパッキンを取り付けた構造のものでなければならない。

第76条　回転軸と容器との接合面は、パッキンを2段以上取り付けること又は間隔が0.5ミリメートル以下で奥行きが45ミリメートル以上のラビリンス構造とすること等により、外部から粉じんが侵入しないようにした構造のものでなければならない。

第77条　第66条第2項の規定は、前三条のパッキンの材料及び形状について準用する。

第78条　防じん性の保持に必要な箇所に用いられるネジ類であつて、外部からゆるめることのできるものについては、錠締め構造によるものとし、かつ、ゆるみ止めが施されたものでなければならない。

②　前項の箇所において、ネジ込み結合方式を用いる場合には、ネジの有効部分は5山以上とし、かつ、ロツクナツト又はパッキンを用いなければならない。

第79条　電気機械器具と外部導線との接続は、粉じん防爆特殊防じん構造の端子箱を用いなければならない。

②　第14条第2項の規定は2個以上の電気機械器具が組み合わされて1組の電気機械器具を構成する場合について、第15条第1項及び第16条の規定は前項の端子箱について、準用する。

第80条　粉じん防爆特殊防じん構造の端子箱から電気機械器具の本体へ引き込む導線の引き込み方式は、特殊防じんスタツド式又は特殊防じんパッキン式でなければならない。

第81条　第71条の規定は電気機械器具の各部の温度の上昇について、第30条の規定は絶縁巻線の温度の上昇について、準用する。

第82条　第27条の規定は、電気機械器具の裸充電部分に係る沿面距離及び絶縁空間距離について準用する。

第4章　雑則（第83条―第97条）

第83条　かご形回転子巻線を有する安全増防爆構造の電動機における許容拘束時間は、5秒以上でなければならない。ただし、保護装置により当該かご形回転子巻線の温度が許容拘束時間に対応する温度をこえないことが明らかな場合には、この限りでない。

②　前項の電動機は、第4条第1項（第3号を除く。）に定めるもののほか、許容拘束時間及び拘束電流を標示した銘板が取りつけられているものでなければならない。

第84条　高圧と低圧との間の変成に用いる変圧器は、高圧側巻線と低圧側巻線との間に混触防止板を設けたものでなければならない。ただし、低圧側を接地して用いる計器用変成器については、この限りでない。

②　前項の規定は、300ボルトをこえる低圧と300ボルト以下の低圧との間の変成に用いる変圧器について準用する。

第85条　しや断器並びに直流回路に用いられる開閉器及び制御器は、油入防爆構造としてはならない。

第86条　断路器は、1操作で全極が開閉し、かつ、外部から開閉状態を識別できるものでなければならない。

②　前項の断路器は、負荷電流を開閉しないように電力開閉器と連動させ、又は操作部分を錠締め構造としたものでなければならない。

第87条　耐圧防爆構造及び内圧防爆構造のヒユーズは、消弧剤を封入した筒形ヒユーズ等溶断によつて容器の内部圧力が増大するおそれのないものでなければならない。

②　油入防爆構造のヒユーズは、計器用変成器又は操作用変圧器の高圧側保護用以外に用いてはならない。

③　前項のヒユーズは、定格電流6アンペア以下で定格電圧6,900ボルト以下とし、かつ、包装形ヒユーズ等でなければならない。

第88条　液体抵抗器は、安全増防爆構造とし、かつ、次の各号に定めるところによらなければならない。

1　液面表示装置を備えたものであること。

2　液体に浸されるおそれのある箇所には、耐食性の絶縁物を用いたものであること。

3　排液装置は、液体が漏れない構造であること。

4　排液装置に用いられるネジ類は、錠締め構造によるものとし、かつ、ゆるみ止めを施したものであること。

第89条　安全増防爆構造の半導体整流器は、整流素子が故障しても火花若しくはアーク又は熱を発せず、かつ、一部の整流素子が故障した状態で運転を継続する場合にガス又は蒸気に触れるおそれがある部分の温度の上昇が第13条に規定

参考資料

する値をこえないものでなければならない。

第90条　蓄電池は、次の各号に定めるところによらなければならない。

1　ガス排出口は、電解液の飛散しない構造であること。

2　単電池は、外装を堅固な構造とし、収納箱に納めたものであること。

3　収納箱は、高さが電池箱の深さの2分の1以上であり、かつ、電池箱に確実に固定されたものであること。

4　収納箱内の隣接単電池間の沿面距離は、35ミリメートル以上とし、放電電圧が24ボルトをこえる場合には、2ボルトごとに1ミリメートルずつ増加させたものであること。

5　蓄電池は、50ボルト以下の電圧を単位として、それぞれ別個の収納箱に納め、又は収納箱内に隔壁を設けること。この場合には、隔壁の高さは、電池箱の深さの2分の1以上とすること。

第91条　端子箱から耐圧防爆構造の計測器の本体へ引き込む導線の引込み方式は、交流電圧250ボルト以下又は直流電圧110ボルト以下及び電流1アンペア以下で用いる計測器にあつては、耐圧樹脂固着式とすることができる。

第92条　計測器は、次の各号に定める場合には、安全増防爆構造とすることができる。

1　電圧回路又は電流回路において、次のいずれかに該当する場合

イ　可動通電部分を有しないこと。

ロ　可動通電部分を有する計測器にあつては、短絡又は接触により生ずる温度の上昇が、計測器のいかなる部分においても第13条に規定する値をこえないこと。

2　内蔵するグロー放電管、増幅管その他の高真空管の電力消費が100ボルトアンペアをこえない場合

3　切換開閉器、抵抗発信器又は回転式若しくは摺(しゅう)動式可変抵抗器が、開閉時、摺(しゅう)動接触子の浮き上り時又は抵抗導体の破損時において、回路電圧6ボルト以下、しや断電流20ミリアンペア以下及び回路インダクタンス0.1ヘンリー以下であり、かつ、キヤパシタンスが含まれていない場合（対象とするガス又は蒸気が爆発等級3の場合を除く。）

4　純抵抗のみを有する回路の電圧が6ボルトであつて、しや断電流が100ミリアンペア以下である場合（対象とするガス又は蒸気が爆発等級3の場合を除く。）

5　内蔵する電源変圧器の出力側の温度の上昇が、短絡時において、第13条に定

める値をこえない場合

第93条　安全増防爆構造の計測器は、次の各号に定めるところによることができる。

1　通電部分の断面積が2.5平方ミリメートル以下のものを接続する場合には、ハンダづけとすること。

2　内部の部品及び回路で最高使用電圧220ボルト以下のものの充電部分が絶縁ワニス等で絶縁されている場合の沿面距離及び絶縁空間距離は、それぞれ1.5ミリメートル以上及び1ミリメートル以上とすること。

第94条　照明器具及び表示燈類は、ランプ保護カバー及びガードが取り付けられたものでなければならない。ただし、損傷のおそれのない場所に設置するもの又は損傷のおそれの少ない構造のものについてランプ保護カバーを取り付けた場合には、この限りでない。

②　前項のランプ保護カバーは、次の各号に定めるところによらなければならない。

1　良質のガラスを用いること。ただし、電池付携帯電燈又は安全増防爆構造のけい光燈若しくは表示燈類であつて、使用中の最高温度に耐え、かつ、物理的、化学的に安定した合成樹脂を用いる場合には、この限りでない。

2　厚さ、強度、ランプとの間隔等について、十分な安全性を有するものであること。

3　取付け部にネジを切つたものでないこと。

③　第1項のガードは、強度、格子目の大きさ、ランプ保護カバーとの間隔等について、十分な安全性を有するものでなければならない。

第95条　照明器具及び表示燈類の各部の温度の上昇は、当該部品について定められた温度上昇限度をこえないものでなければならない。

第96条　可搬型照明器具は、次の各号に定めるところによらなければならない。

1　移動燈の移動電線の引込み部は、15ニュートンの荷重に耐えるものであること。

2　手下げ形電池付携帯電燈は、電圧12ボルト以下、容量40ボルトアンペア以下のものであること。

3　キヤツプランプ形及び探見燈形電池付携帯電燈は、電圧6ボルト以下、容量7.5ボルトアンペア以下のものであること。

第97条　コンセント型差込み接続器は、次の各号に定めるところによらなければならない。

1　プラグとコンセントとの抜差しが、開閉器の開路状態のときでなければできない構造のものであること。

2　接地用接触子は、電気的及び機械的に主接触子と同等以上のものであり、かつ、差込みにあたつては、主接触子よりも早く又は主接触子と同時に接触する構造のものであること。

3　移動電線は、1心を専用の接地線とするクロロプレンキヤブタイヤケーブルを用いたものであること。

4　移動電線の引込み部は、150 ニュートンの荷重に耐えるものであること。

■協力（50音順）
東ソー株式会社
株式会社日本触媒
三井化学株式会社

特殊化学設備取扱者安全必携
—特別教育用テキスト—

平成30年7月30日　第1版第1刷発行
令和6年5月30日　第3刷発行

編　者　中央労働災害防止協会
発行者　平山　剛
発行所　中央労働災害防止協会
〒108-0023
東京都港区芝浦3丁目17番12号
吾妻ビル9階
電話　販売　03（3452）6401
編集　03（3452）6209
表紙デザイン　スタジオトラミーケ
印刷・製本　新日本印刷株式会社

ISBN　978-4-8059-1815-9　C3053
中災防ホームページ　https://www.jisha.or.jp/